Planung der Materialbereitstellung in der Montage

Von Univ.-Prof. Dr.-Ing. habil.
Prof. e.h. Dr. h.c. Hans-Jörg Bullinger,
Universität Stuttgart und Fraunhofer-Institut
für Arbeitswirtschaft und Organisation (IAO), Stuttgart

und Dipl.-Ing. Martin M. Lung, Fraunhofer-Institut
für Arbeitswirtschaft und Organisation (IAO), Stuttgart

Springer Fachmedien Wiesbaden
GmbH 1994

Das Projekt „Planung der Materialbereitstellung bei reduzierter Arbeitsteilung und erweitertem Handlungsspielraum in der Montage" wurde vom Bundesministerium für Forschung und Technologie gefördert.

Förderkennzeichen: 01 HH 075/3

Die Deutsche Bibliothek – CIP-Einheitsaufnahme

Bullinger, Hans-Jörg:
Planung der Materialbereitstellung in der Montage /
von Hans-Jörg Bullinger und Manfred M. Lung. –
  ISBN 978-3-663-11047-7   ISBN 978-3-663-11046-0 (eBook)
  DOI 10.1007/978-3-663-11046-0
NE: Lung, Martin M.:

Vorwort

Die komplexe Thematik neuer Formen der Arbeitsorganisation besitzt mehrere unterschiedliche Dimensionen. Im Hinblick auf ihre gesellschafts- und tarifpolitische Dimension können neue Formen der Arbeitsorganisation als sichtbares Zeichen für die Bemühungen um mehr Humanisierung im Arbeitsleben angesehen werden, wobei die Tarifparteien naturgemäß unterschiedliche Beweggründe für die Einführung und das Betreiben von mitarbeiterorientierten Strukturen ins Feld führen.

Aufgrund der wissenschaftlichen Begleitforschung im Rahmen des Programms zur Humanisierung des Arbeitslebens (HdA) wurden schwerpunktmäßig für die Teilefertigung und Montage sogenannte Handlungsanleitungen zur Lösung unterschiedlichster Probleme und Fragestellungen, getrennt nach einzelnen Fachdisziplinen wie Ingenieurwissenschaften, Arbeitspädagogik, Arbeitspsychologie und Ergonomie, entwickelt. Diese "isolierte Betrachtungsweise" spiegelt sich auch bei der Ergebnisdarstellung zur Planung der Materialbereitstellung in der Montage wider. Technikplanung und mitarbeiterorientierte Fragestellungen wurden bisher getrennt betrachtet und ausgeführt, wobei bisher eine starke Technikzentrierung im Planungsablauf festzustellen ist.

Hier wird nun der Versuch gemacht, sowohl technisch-wirtschaftliche als auch mitarbeiterorientierte Fragestellungen in Form eines Leitfadens für die Planung der Materialbereitstellung bei reduzierter Arbeitsteilung und erweitertem Handlungsspielraum in der Montage darzustellen.

Stuttgart, im Frühjahr 1994   H.-J. Bullinger
                                                           M. Lung

Inhaltsverzeichnis

1   Einleitung

Die Unternehmen sehen sich heute mit einem Markt konfrontiert, der durch einen harten internationalen Wettbewerb gekennzeichnet ist. Neben einem enormen Preisdruck der zu konsequenten Kostensenkungen zwingt, stehen die Unternehmen dadurch vor der Notwendigkeit, sich auf die vielfältigen Wünsche der Kunden einzustellen und die Lieferzeiten zu verkürzen.
Vielfach wird auf diese Situation durch die Erhöhung der Typen- und Variantenvielfalt sowie die Reduzierung der Produktlebenszeiten reagiert, um auf dem Markt schnell präsent zu sein und dem Kunden ein individuell zugeschnittenes Produkt bieten zu können. In Kombination mit wirtschaftlichen Überlegungen, möglichst wenig Kapital zu binden, führt diese Typen- und Variantenvielfalt zu immer kleiner werdenden Losgrößen und schwankenden Stückzahlen.

Diese Veränderungen wirken sich besonders in der Montage mit ihren komplexen Abläufen aus, wo aufgrund der Nähe zum Kunden kurzfristig auf Änderungswünsche reagiert werden muß, und die größere Anzahl von Varianten zu einer erhöhten Teilevielfalt bei der Bereitstellung von Werkstücken und Material im System führt.
Die Maßnahmen der Unternehmen, sich den geänderten ökonomischen und marktseitigen Anforderungen anzupassen, konzentrierten sich in der Vergangenheit vorwiegend auf die Automatisierung, die Flexibilisierung der Montagestrukturen und die technische Gestaltung des Material- und Informationsflusses.
Damit verändern sich auf der einen Seite die Anforderungen der Unternehmen an das Personal. Andererseits haben sich die sozialen, qualifikatorischen und gesellschaftlichen Rahmenbedingungen gewandelt und veranlassen den arbeitenden Menschen seinerseits Forderungen an die menschengerechte Gestaltung der Montagesysteme zu stellen.

Für die Planung von Montagesystemen resultieren daraus zum einen die Forderung der Unternehmen nach kostengünstigen und flexiblen Arbeitssystemen, mit denen dem Bedarf des Absatzmarkts entsprochen werden kann, zum anderen der Wunsch der Mitarbeiter nach attraktiveren Arbeitsbedingungen.
Um diesen Forderungen gerecht zu werden, müssen zukunftsorientierte Montagesysteme technisch hoch flexibel sein und moderne, menschengerechte Arbeitsplätze bieten.
Kennzeichnend hierfür ist insbesondere die Abwendung vom lange Zeit favorisierten Taylorismus zugunsten einer Reduzierung der Arbeitsteilung bei gleichzeitiger Erweiterung der Handlungsspielräume der Mitarbeiter.

Aufgrund der vergrößerten Teilevielfalt und infolge der reduzierten Arbeitsteilung wird gerade die Materialbereitstellung immer aufwendiger, da bei erweiterten Arbeitsinhalten in der Regel auch zusätzliche Montageteile bereitgestellt werden müssen. Die Materialbereitstellung ist daher inzwischen zu einem Bereich mit höchsten ablauforganisatorischen und planerischen Anforderungen geworden.

Aus diesen Gegebenheiten folgt, daß bei der wirtschaftlichen und menschengerechten Gestaltung von Montagesystemen auch die Planung der Materialbereitstellung ein zentrales Thema ist. Mehr als bisher sind neben den technischen gerade auch die humanen Aspekte der Systemgestaltung zu berücksichtigen.

Im vorliegenden Buch werden die derzeitige Praxis der Materialbereitstellung und ihre Planung anhand von Fallbeispielen nach technischen, organisatorischen und personellen Gesichtspunkten analysiert sowie Leitlinien zur Einbindung der menschengerechten Planung der Materialbereitstellung in eine ganzheitliche Montagesystemplanung vorgestellt.

Auf die Definition und Abgrenzung des Gegenstandsbereichs, welche einen Überblick über die Begriffe im Umfeld der Materialbereitstellung gibt, folgt eine Beschreibung der gängigen Organisationsprinzipien der Materialbereitstellung.

Da in der Materialbereitstellung eingesetzte technische Hilfsmittel eine wichtige Grundlage für den wirkungsvollen Einsatz der Organisationsprinzipien darstellen, beinhaltet das anschließende Kapitel eine Übersicht der in der Materialbereitstellung eingesetzten technischen Hilfsmittel beim Fördern, Lagern, Bereitstellen und im Informationsfluß.

Grundlage für die humanorientierte Bewertung des Istzustands in Montagesystemen und der Gestaltungsspielräume in der Materialbereitstellung bilden die im darauffolgenden Abschnitt entwickelten Leitlinien für die menschengerechte Gestaltung der Materialbereitstellung in der Montage.

Auf der Basis der Materialbereitstellungsanalyse in unterschiedlichen Montagesystemen werden Möglichkeiten der Gestaltung aufgezeigt sowie Ansatzpunkte zur Verbesserung der Planung der Materialbereitstellung bei reduzierter Arbeitsteilung und erweitertem Handlungsspielraum entwickelt. Ein erweiterter Planungsleitfaden faßt die wesentlichen Ergebnisse der Untersuchung zusammen und gibt konkrete Hilfestellung zur systematischen Planung der Materialbereitstellung.

2 Gegenstandsbereich

Literaturrecherchen haben ergeben, daß der Begriff Materialbereitstellung in seiner Komplexität nur sehr unzureichend definiert ist. Vor allem die inhaltliche Eindeutigkeit und Abgrenzung zu den Begriffen Logistik und Materialfluß ist oft vom jeweiligen Blickwinkel des Verfassers abhängig. Dies führt dazu, daß vielfältige Interpretationen für ein und denselben Begriff Verwendung finden. Im folgenden sollen daher diese Begriffe erläutert, der Gegenstandsbereich aufgespannt und die Organisationsprinzipien der Materialbereitstellung vorgestellt werden.

2.1 Begriffsbestimmungen

Im Rahmen der Begriffsbestimmungen werden im nun folgenden Teilkapitel die für die Einordnung der Materialbereitstellung im Gesamtzusammenhang eines Produktionsbetriebs wichtigen Begriffe

o Logistik,
o Materialfluß und
o Materialbereitstellung

näher erläutert und definiert.

Logistik
Logistik ist die ganzheitliche und integrierte Planung, Steuerung, Durchführung und Kontrolle aller Güter- und der dazugehörigen Informationsströme von der Beschaffung der Roh- und Einsatzstoffe beim Lieferanten über die Produktion bis zur Verteilung der Erzeugnisse an den Kunden (vgl. Biberstein 1988; Kuhn 1987).
Die Logistik ist damit zunehmend eine wichtige Querschnittsfunktion mit dem Ziel einer Abstimmung zwischen Informationsfluß und Materialfluß sowie den benötigten Betriebsmitteln und dem Personal (vgl. Pawallek 1990). Diese Abstimmung verfolgt das Ziel, den Produktionsprozeß eines Unternehmens zu ermöglichen bzw. aufrecht zu erhalten.
Übertragen auf den physischen Materialfluß umfaßt die Logistik damit alle Maßnahmen, die es ermöglichen Güter von ihrem Entstehungsort weg in richtiger Menge, Zusammensetzung und Qualität zum richtigen Zeitpunkt, an den richtigen Bedarfsorten,

zu minimalen Kosten und mit optimalem Lieferservice verfügbar zu machen (vgl. Mahr 1991).
Verschiedene Autoren unterteilen die Querschnittsfunktion Logistik je nach Schwerpunkt des Einsatzgebiets in unterschiedliche Disziplinen (vgl. Pfohl 1985; "Logistikkonzepte..." 1986).

Es kristallisieren sich dabei folgende Begriffe heraus:

o   Beschaffungslogistik,
o   Produktionslogistik und
o   Distributionslogistik.

Die Beschaffungslogistik umfaßt die im Entscheidungsfeld der Unternehmung liegende Gestaltung, Durchführung und Steuerung von objektbezogenen Versorgungsprozessen. Sie dient zur Überwindung von Mengen-, Zeit-, Informations- und Raumverschiedenheiten zwischen der Bereitstellung betriebsfremder Bedarfsgüter durch Beschaffungsquellen und der Bereitstellung zur zweckbestimmten Verwendung im Unternehmen (vgl. Hlubek; Schlechter 1985). Ihre Aufgabe ist damit die Versorgung der Produktion mit den benötigten Einsatzgütern.

Die Produktionslogistik umfaßt die zielgerichtete, organisatorische und technische Gestaltung, Planung, Steuerung und Kontrolle des im Unternehmen selbst anfallenden Materialflusses und des zugehörigen Informationsflusses. Sie hat damit die Optimierung des innerbetrieblichen Material- und Informationsfluß zu und zwischen den Produktionsstellen zum Ziel (vgl. Pawallek 1989).

Die Aufgabe der Distributionslogistik ist die Warenverteilung an Abnehmer. Sie erzeugt die notwendigen Güterflüsse, um dem Kunden die von ihm gekauften Güter in der Form von Fertigprodukten oder Ersatzteilen in der gewünschten Weise körperlich verfügbar zu machen (vgl. Pfohl 1985).

In der Literatur werden die Begriffe Beschaffungslogistik und Distributionslogistik auch unter der Bezeichnung Marketing-Logistik zusammengefaßt (vgl. Ihde 1978). Sie umfassen im wesentlichen die externen Beziehungen eines Unternehmens zu seinen Zulieferanten und Kunden und spielen daher bei der Betrachtung der Materialbereitstellung in der Montage nur eine untergeordnete Rolle.

Materialfluß

Allgemein werden unter Materialfluß alle Vorgänge beim Gewinnen, Be- und Verarbeiten von stofflichen Gütern innerhalb bestimmter, festgelegter Produktionsbereiche verstanden (vgl. VDI 3300). Zum Materialfluß eines komplexen Montagesystems gehören in diesem Sinne alle Einrichtungen, die für die Ver- und Entsorgung aller Betriebsmittel mit Werkstücken, Werkzeugen, Vorrichtungen, Meßmitteln und Hilfsstoffen erforderlich sind (vgl. "Planung und Gestaltung..." 1987).
Man gliedert den Materialfluß in 4 Stufen (Abb. 2.1):

Der **Materialfluß erster Ordnung** umfaßt die Transporte zwischen dem Unternehmen und seinen Lieferanten oder Abnehmern, beispielsweise einem Rohstofflieferanten und dem verarbeitenden Produktionsbetrieb. Er ist damit die Stufe des Materialflusses, die in das Aufgabengebiet der Beschaffungslogistik fällt.

Der **Materialfluß zweiter Ordnung** beinhaltet Transporte innerhalb eines Werksgeländes zwischen den verschiedenen Bereichen des Betriebs. Dazu gehören auch die im vorliegenden Zusammenhang wichtigen Transporte vom Lager außerhalb eines Montagesystems in das System und Transporte zwischen den verschiedenen Montagesystemen.

Der **Materialfluß dritter** Ordnung umfaßt
a) Transporte zwischen den Abteilungen einzelner Betriebsbereiche, z.B. zwischen Maschinengruppen und Arbeitsplatzgruppen oder der Vor- und der Endmontage;
b) Transporte zwischen einzelnen Betriebseinrichtungen innerhalb der Abteilungen, z.B. Montagearbeitsplätzen, Maschinen.

Zur Beschreibung des Materialflusses zwischen Maschinen und Maschinengruppen bzw. Arbeitsplätzen eines abgegrenzten Arbeitssystems ist auch der Begriff Verkettung gebräuchlich, wenn der Materialfluß mechanisch unterstützt oder automatisch erfolgt (vgl. "Planung und Gestaltung..." 1987).

Der **Materialfluß vierter Ordnung** ist im wesentlichen arbeitsplatzbezogen und beinhaltet die Transporte im System, d.h. von, zu und innerhalb einzelner Arbeitsplätze. Während es beim Materialfluß 3. Ordnung um eine Weitergabe von Material von einem Arbeitsplatz zum anderen geht, umfaßt der Materialfluß 4. Ordnung die Versorgung mit Material und die Handhabung am Arbeitsplatz.

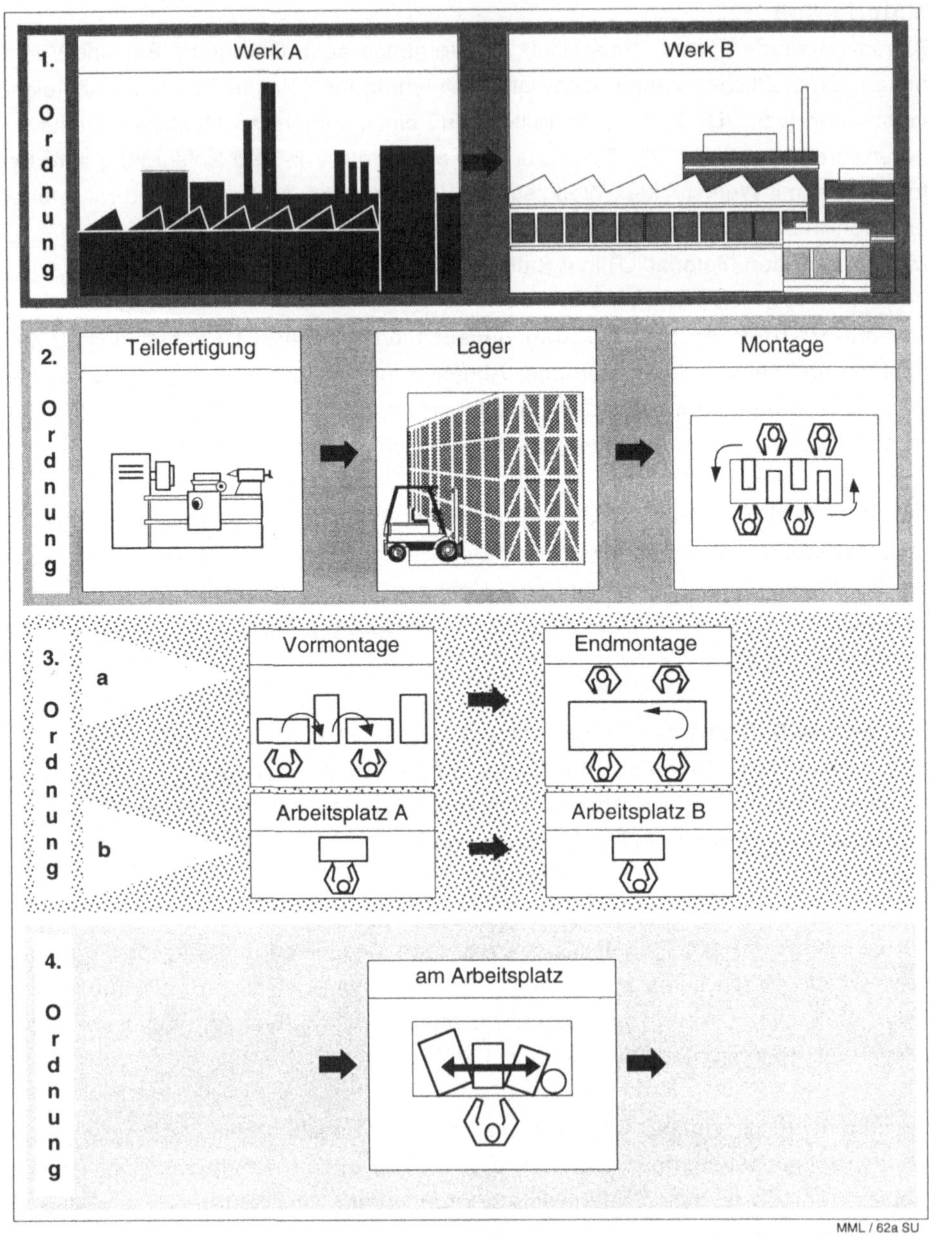

Abb. 2.1:   Ordnungen des Materialflusses

Die Stufen 2 bis 4 des Materialflusses umfassen die Bewegung stofflicher Güter innerhalb eines Werks und werden daher als innerbetrieblicher Materialfluß bezeichnet. Sie sind damit entsprechend obiger Definition Gegenstandsbereich der Produktionslogistik.

Wesentlich für die Betrachtung des Materialflusses ist, daß dieser nicht isoliert vom zugehörigen innerbetrieblichen Informationsfluß gesehen werden darf, da Materialflußsysteme auf zeitgerechte und zuverlässige Vorgaben eines Informationssystems, das in Abhängigkeit vom jeweiligen Transportbedarf Materialflußvorgänge auslöst und ihre Ausführung überwacht, angewiesen sind.

Materialbereitstellung

Die Aufgabe der Materialbereitstellung wird bei REFA folgendermaßen beschrieben (vgl. "Methodenlehre..." 1979):

Nach REFA

Die Materialbereitstellung hat die Aufgabe, das im Betrieb verfügbare Material für die Verwendung bei der Aufgabendurchführung in der benötigten Art und Menge termingerecht am Bereitstellungsplatz zur Verfügung zu stellen.

Abb. 2.2: Definition der Materialbereitstellung nach REFA

Die Definition nach REFA bezieht sich auf die operative Seite der Bereitstellung am Bereitstellplatz. Insgesamt gliedert sich die Materialbereitstellungsaufgabe in die drei Bereiche Planen, Steuern und Durchführen (Abbildung 2.3).

Die planerischen Aufgaben sind hierbei die Festlegung geeigneter Bereitstellungsprinzipien, die organisatorische Gestaltung der intermediären logistischen Prozesse, d.h. die organisatorische Gestaltung von Transport-, Umschlags- und Lagerungsmaßnahmen sowie die technische Gestaltung des Bereitstell- und des Informationsflußsystems.

> **Planen der Materialbereitstellung**
> ❑ Festlegen von organisatorischen Bereitstellungs-Prinzipien
> ❑ Festlegung organisatorischer Abläufe
> ❑ Zuweisung von Kompetenz und Verantwortungsbereichen
> ❑ Auswahl von Bereitstellungstechniken
> ❑ Auswahl von Informationstechniken
>
> **Steuern der Materialbereitstellung**
> Veranlassen, Überwachen und Sichern der Durchführung
> der Materialbereitstellung
>
> **Durchführen der Materialbereitstellung**
> Physische Vorgänge wie Lagern, Kommissionieren,
> Transportieren und Handling am Arbeitsplatz.

Abb. 2.3:   Aufgaben der Materialbereitstellung

Die Steuerung der Materialbereitstellung beinhaltet alle Aufgaben zur Überwachung und Sicherung der Materialbereitstellung angefangen bei der Auslösung des Bereitstellauftrags bis zur Rückmeldung des abgeschlossenen Bereitstellvorgangs.

Bei der Durchführung der Materialbereitstellung können verschiedene Funktionsträger, d.h. Mitarbeiter beteiligt sein, die Aufgaben wie Ein- und Auslagern, Kommissionieren, Transportieren und Handling am Arbeitsplatz ausführen.
Unter "Kommissionieren" versteht man hierbei die Entnahme von Material aus dem jeweiligen Lagerort und die Zusammenstellung für einen bestimmten Auftrag.

Ihde (vgl. Ihde 1979) erweitert sowohl die Systemgrenzen als auch das Aufgabenspektrum der Materialbereitstellung. Danach läßt sich die Aufgabe der Materialbereitstellung in eine externe und interne Materialbereitstellung aufgliedern. Die externe Materialbereitstellung betrifft den Materialfluß vom Lieferanten zum Unternehmen, die interne Materialbereitstellung den innerbetrieblichen Materialfluß zu und zwischen den Produktionsstellen. Materialbereitstellprozesse sind somit logistische Aktivitäten, wobei die Materialbereitstellung die in den zwischenbetrieblichen und innerbetrieblichen Zulieferungsanweisungen enthaltenen Freiheitsgrade ablauforganisatorisch ausführt.

Die planerischen Aufgaben sind hierbei die Festlegung geeigneter Bereitstellungs-prinzipien, die organisatorische Gestaltung der intermediären logistischen Prozesse, d.h. die organisatorische Gestaltung von Transport-, Umschlags- und Lagerungs-maßnahmen sowie die technische Gestaltung des Materialflußsystems und des In-formationsflußsystems.

In anderer Literatur (vgl. Hlubek 1985; Pfohl 1985) werden die Aufgaben der exter-nen Materialbereitstellung der Beschaffungslogistik, die der internen Materialbereit-stellung der Produktionslogistik zugeordnet.
Die Materialbereitstellung ist somit eine Querschnittsfunktion, deren Einzelaufgaben in der konventionellen Ablauforganisation unterschiedlichen Kompetenz- und Ver-antwortungsbereichen zugeordnet sind.

In den genannten konventionellen Definitionen versteht man unter der Gestaltung der Materialbereitstellung vornehmlich eine Funktion der technischen und ablaufor-ganisatorischen Optimierung des Materialflusses. Personalaspekte finden lediglich im Rahmen der ergonomischen Arbeitsplatzgestaltung eine Berücksichtigung.

Erkenntnisse aus der Arbeitswissenschaft zeigen jedoch, daß für eine menschenge-rechte Gestaltung der Arbeit weitere Aspekte wie beispielsweise die Reduzierung der Arbeitsteilung und Erweiterung des Handlungsspielraums der Mitarbeiter eine we-sentliche Rolle spielen.

Der folgende, im Rahmen dieses Buchs aufzuspannende, Gegenstandsbereich der Materialbereitstellung muß aus diesem Grund in besonderem Maße auch diese per-sonalorientierten Gesichtspunkte beinhalten.
Entsprechend wird daher unter Materialbereitstellung die technische, organisatori-sche und personelle Gestaltung, Durchführung und Steuerung des Materialflusses 2. bis 4. Ordnung sowie des begleitenden und steuernden Informationsflusses verstan-den.

2.2   Gegenstandsbereich der Materialbereitstellung

Für die Beschreibung des Gegenstandsbereichs der Materialbereitstellung im Umfeld eines Produktionsbetriebs sind zwei Aspekte von besonderem Interesse.

Es ist dies zum einen die Einordnung der operativen Tätigkeit "Material bereitstellen" in das Gesamtsystems eines Unternehmens, die als Konkretisierung der in Kapitel 2.1 vorgenommenen Begriffsbestimmung zu verstehen ist.

Zum anderen müssen diejenigen Einflußfaktoren betrachtet werden, die eine mitarbeiterorientierte Gestaltung der Bereitstellung determinieren und damit indirekt den Gegenstandsbereich der Materialbereitstellung aufspannen.

Die folgende Einordnung der operativen Tätigkeit "Material bereitstellen" in das Gesamtsystem eines Unternehmens, dient zum einen der Abgrenzung der Materialbereitstellung von anderen Aufgaben im Betrieb und ist zum anderen als Konkretisierung der oben vorgenommenen Begriffsbestimmung zu verstehen.

Einordnung der Materialbereitstellung ins Unternehmen

Der physische Materialfluß eines Unternehmens beginnt im Wareneingang, der als materialflußtechnische Schnittstelle zwischen Beschaffungsmarkt und Unternehmen fungiert (vgl. Eversheim 1981). Dort werden die angelieferten Materialien geprüft und als Bestand gebucht. Sie stehen damit der Montage als einbaufertige Komponenten oder der Fertigung als Rohmaterial und Halbfertigteile zur Bearbeitung zur Verfügung. Nach Abschluß der Fertigung kann die Anlieferung an die Montage erfolgen. Fertig montiert wird das Produkt, entweder nach dem Durchlaufen eines oder mehrerer nachgelagerter Bereiche z.B. Verpacken und Endkontrolle oder direkt ohne weitere Arbeitsgänge zum Warenausgang transportiert. Dieser als ideal zu bezeichnende Materialfluß wird in der Realität jedoch von zahlreichen Lagerprozessen, die zur Bevorratung, Sortierung, Pufferung und Verteilung des Materials dienen, unterbrochen.
In Abb. 2.4 sind unterschiedliche Materialflußwege von und zur Montage dargestellt.

Der im vorliegenden Buch betrachtete Bereich der Materialbereitstellung in der Montage beginnt entweder mit dem Transport der Materialien direkt aus dem Wareneingang bzw. anderen vorgelagerten Bereichen zum Montagesystem oder der Auslagerung aus unterschiedlichen Lagern bzw. Zwischenlagern und der Anlieferung ans System. Er schließt außerdem alle weiteren Materialflußwege innerhalb eines betrachteten Montagesystems ein.

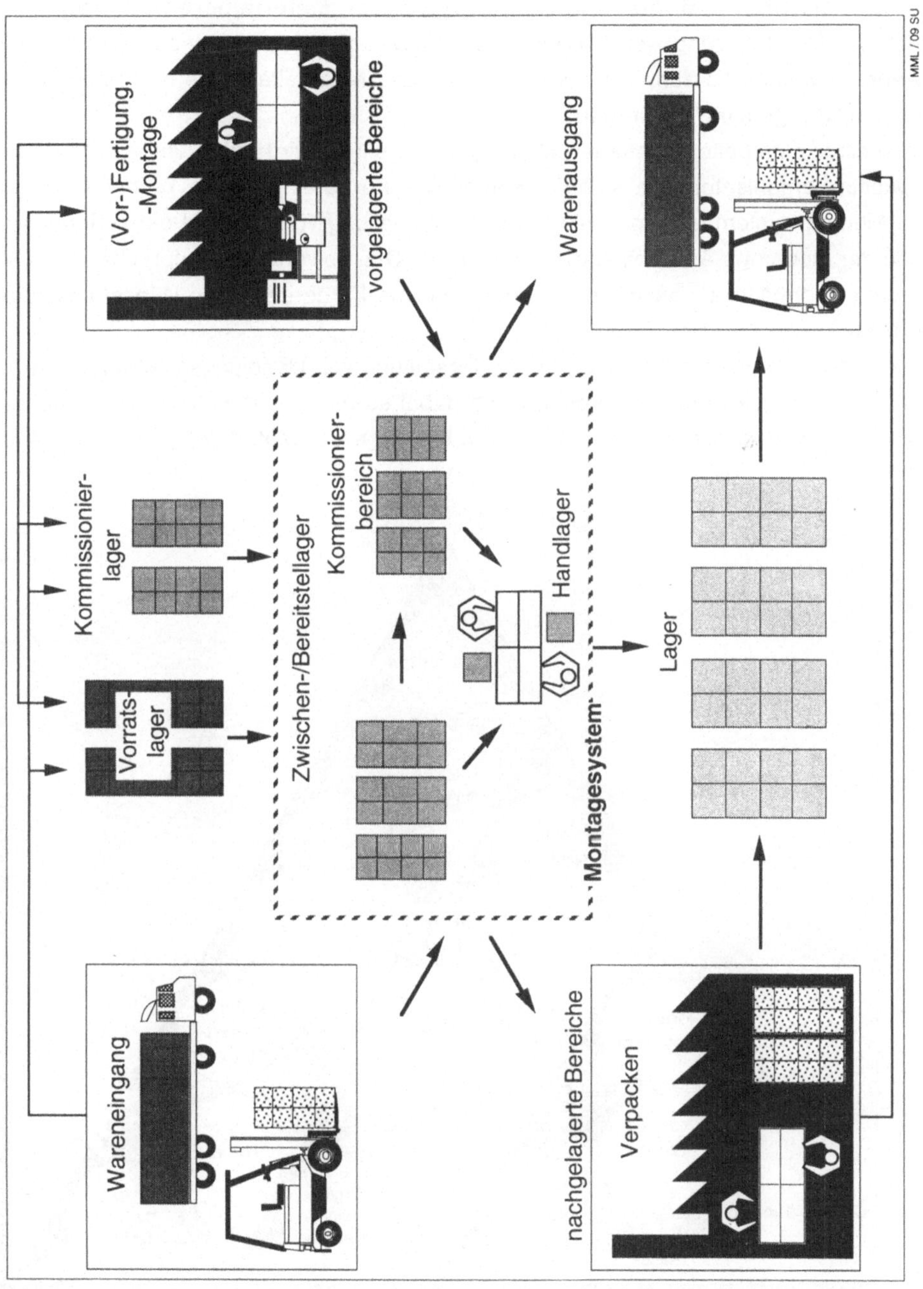

Abb. 2.4: Beispielhafte Materialflußwege im Unternehmen aus Sicht der Montage

Einflußfaktoren auf die mitarbeiterorientierte Materialbereitstellung

Bei der Durchführung der Materialbereitstellung sind unterschiedliche Aufgaben wahrzunehmen, die zum Teil von verschiedenen Mitarbeitern aus mehreren Abteilungen wahrgenommen werden.

Von einer mitarbeiterorientierten Materialbereitstellung wird dabei verlangt, daß Tätigkeiten, organisatorische Abläufe, Kompetenzen und eingesetzte Technikelemente im Montagesystem und speziell bei der Bereitstellung von Material den Erfordernissen der modernen Arbeitswelt gerecht werden. D.h. sowohl den Ansprüchen der Mitarbeiter genügen als auch die unternehmerische Forderung nach Wirtschaftlichkeit erfüllen.

Freiheitsgrade und Restriktionen für die Gestaltung von Handlungsspielraum und Arbeitsinhalten des Personals ergeben sich dabei sowohl aus den Gegebenheiten des Montagesystems als auch aus den Charakteristika der Materialbereitstellung (Abb. 2.5).

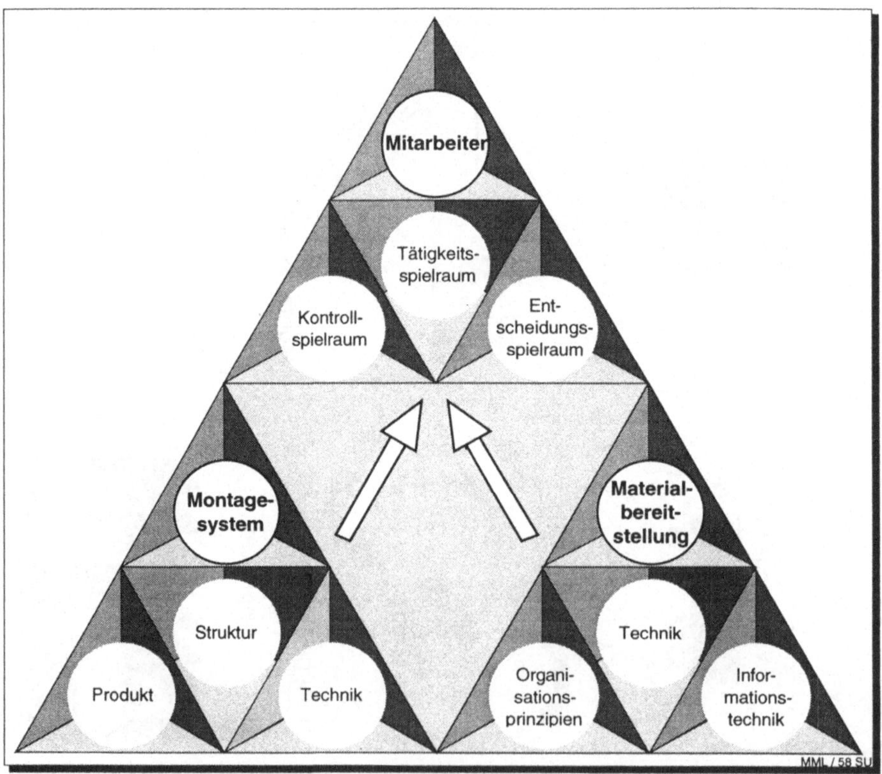

Abb. 2.5:   Montagesystem und Materialbereitstellung als Einflußfaktoren auf die Mitarbeiter

Die Aufgabenstellung des Vorhabens erfordert daher zuerst eine Analyse, die den Einfluß der Faktoren Montagesystem und Materialbereitstellung auf das Personal in der Montage determiniert. Daraus sind dann Gestaltungsregeln für die Planung der Materialbereitstellung abzuleiten.

Einfluß des Montagesystems
Faktoren für die Charakterisierung der Montagesysteme sind:

o   Produkt,
o   Organisation und Struktur sowie
o   Technik.

Anhand von Kriterien, die aus diesen Faktoren zu entwickeln sind, lassen sich verschiedene Montagesystemtypen bilden, die das gesamte Spektrum der gängigen Montagesysteme repräsentativ abbilden. Dadurch wird es möglich die Gesamtmenge der Montagesysteme anhand repräsentativer Systemtypen bezüglich der Materialbereitstellung zu untersuchen und daraus Aussagen über die Wechselwirkung zwischen Montagesystemtyp und den Freiheitsgraden bei der Gestaltung der Bereitstellung abzuleiten.

Bei der Betrachtung des Faktors Technik sind neben der Montagetechnik auch die im System eingesetzten Lager- und Fördermittel zu betrachten. Dies liegt darin begründet, daß gerade in der Materialbereitstellung die Mitarbeiter direkten Kontakt mit der Lager- und Fördertechnik haben, so daß die Gestaltung dieser Mensch-Technik-Schnittstellen einen wesentlichen Teil zu den Arbeitsbedingungen im Montagesystem beiträgt.

Einfluß der Materialbereitstellung
Die Materialbereitstellung läßt sich ihrerseits durch die Faktoren

o Organisation und Materialfluß,
o Technik sowie
o Informationstechnik

beschreiben.

Da die Materialbereitstellung organisatorisch meist als Bestandteil der Fertigungssteuerung und technisch als Bestandteil des innerbetrieblichen Materialflusses angesehen werden kann, müssen die gegenseitigen Einflußgrößen aufgezeigt und die
Probleme, die durch die Abhängigkeit entstehen, analysiert werden.

Bezüglich der Technik in der Materialbereitstellung ist beispielsweise zu untersuchen, inwieweit eine Kompatibilität der Materialbereitstellungs-Einrichtungen mit den
Förder- und Lagerhilfsmitteln besteht und ob diese Hilfsmittel auch für die Materialbereitstellung verwendet werden können.

Information als zentraler Produktionsfaktor gewinnt besonders in der Materialbereitstellung immer mehr an Bedeutung, da aufgrund kleinerer Losgrößen und höherer
Variantenanzahl immer mehr unterschiedliche Teile bereitgestellt werden müssen
und die den Materialfluß begleitenden Informationen rechtzeitig am richtigen Ort zur
Verfügung stehen müssen.
Sollen Organisationsstrukturen geschaffen werden, die im Hinblick auf die Erweiterung von Handlungsspielräumen den Mitarbeitern mehr Freiheitsgrade und Entscheidungsspielräume ermöglichen, so spielen moderne, dezentral einsetzbare Informationstechniken, wie Barcode-Leser oder Handterminals eine zukunftsweisende
Rolle, da sie diese Strukturen aufgrund ihrer Einsatzflexibilität besonders unterstützen.

Mit dieser Betrachtung der Organisation, Technik und Informationstechnik im Arbeitssystem werden die Zusammenhänge zwischen Materialbereitstellung und Montagesystem sowie den Produktionsfaktoren Mensch, Betriebsmittel und Information von
Grund auf erarbeitet und einer Planungsvorgehensweise zugrunde gelegt.
So wird es möglich moderne Arbeitssysteme zu konzipieren, die den gestiegenen
Marktanforderungen nach Flexibilität ebenso gerecht werden wie den Ansprüchen
der Mitarbeiter, die Arbeitsplätze mit attraktiveren Arbeitsbedingungen fordern.

2.3   Prinzipien der Materialbereitstellung in der Montage

Im folgenden Kapitel wird der Stand der Technik grundsätzlicher Organisationsprinzipien der Materialbereitstellung aufgezeigt.

Legt man die Definition der Materialbereitstellung aus Kapitel 2.1 zu Grunde, so lassen sich die in Abb. 2.8 dargestellten gängigen Prinzipien unterscheiden.

o Bei einer **bedarfsgesteuerten** Art der Bereitstellung wird von einer zentralen Fertigungssteuerung ausgehend vom Produktionsprogramm für jede Montagestufe festgelegt, welche Stückzahlen eines Montageteils zu welchem Termin für die nachfolgenden Abteilungen zur Verfügung gestellt werden müssen ("Wirtschaftliche Gestaltung..." 1988). Die Informations- und Materialbereitstellung erfolgt bei der Bedarfssteuerung nach dem Bring-Prinzip, d.h. die zentrale Fertigungssteuerung koordiniert den Informationsfluß und löst die Materialbereitstellung aus (Abbildung 2.6).

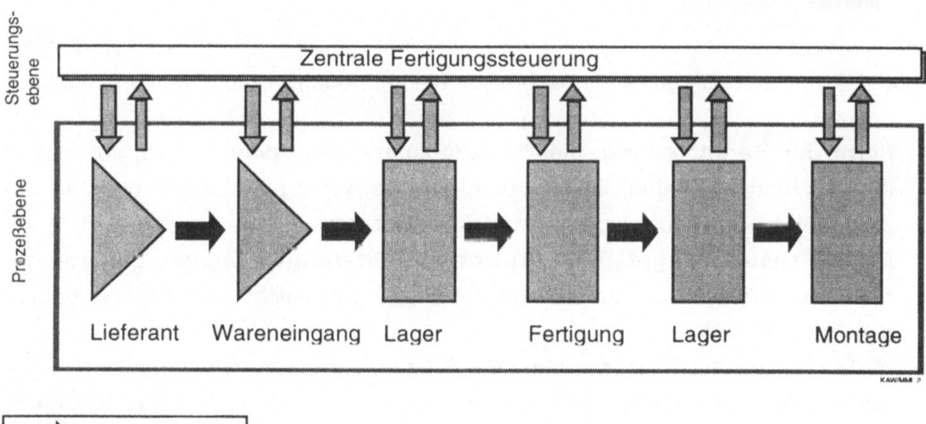

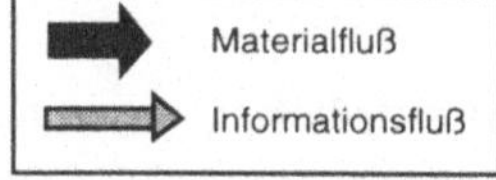

Abb. 2.6:   Material- und Informationsfluß bei bedarfsgesteuerter Bereitstellung

o Das Prinzip der **verbrauchsgesteuerten** Materialbereitstellung besteht darin, daß Material meist nach dem Hol-Prinzip bereitgestellt wird. Das bedeutet, daß die nachgelagerte Stelle die vorgelagerte Produktionseinheit steuert, indem sie das von ihr benötigte Material direkt anfordert, den Auftrag gibt oder aus einem Zwischenlager abholt (Wildemann 1982). Bei diesem Materialbereitstellungsprinzip beschränkt sich die Aufgabe der Fertigungssteuerung auf die Planung und Kontrolle der letzten Produktionsstufe, also beispielsweise der Endmontage (vgl. Abbildung 2.7).

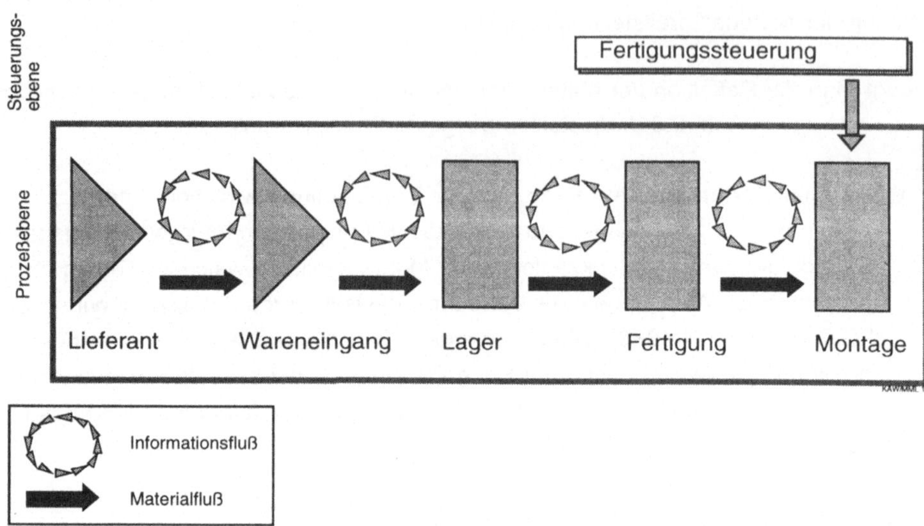

Abb. 2.7:   Material- und Informationsfluß bei verbrauchsgesteuerter Bereitstellung

o **Form der Bereitstellung:** Montageteile können prinzipiell in Form von zusammengefaßten Aufträgen, Gesamtaufträgen, Teilaufträgen, Einzelprodukten oder Einzelteilen bzw. Baugruppen bereitgestellt werden.

Bei der **zusammengefaßten Auftragsbereitstellung** werden zur Verringerung des Bereitstellaufwands mehrere Aufträge die Gleichteile aufweisen gemeinsam bereitgestellt.

Von einer Bereitstellung des **Gesamtauftrags** spricht man, wenn alle, für einen aus mehreren Produkten bestehenden Auftrag, benötigten Teile bei Beginn der Montage bereitgestellt werden.

Material für nur einen **Teil eines Auftrags** wird meist dann angeliefert, wenn für alle Teile des gesamten Auftrags nicht genügend Bereitstellfläche zur Verfügung steht.

Vornehmlich bei Losgröße 1 funktioniert die Bereitstellung für **Einzelprodukte** dergestalt, daß genau diejenigen Montageteile angeliefert werden, die zur Montage genau eines Produkts nötig sind.

Morphologie der Prinzipien der Materialbereitstellung im Montagesystem

<table>
<tr><th>Kriterien</th><th colspan="5">Ausprägungen</th></tr>
<tr><td>Art der Bereitstellung</td><td colspan="2">nach Bedarf</td><td colspan="3">nach Verbrauch</td></tr>
<tr><td>Form der Bereitstellung</td><td>zusammengefaßte Aufträge</td><td>Gesamtauftrag (Losgröße > 1)</td><td>Teilauftrag</td><td>Einzelprodukt (Losgröße = 1)</td><td>Einzelteile/ Baugruppen</td></tr>
<tr><td>Bereitstellmenge</td><td colspan="2">gebindeorientiert</td><td colspan="3">stückzahlgenau</td></tr>
<tr><td>Bereitstellquelle</td><td>Arbeitsplatznähe</td><td>Arbeitssystem (Zwischenlager)</td><td colspan="2">Arbeitssystem neutrales Lager</td><td>sonstige vorgelagerte Bereiche
Liefe-rant/WE | Vor-montage | Ferti-gung</td></tr>
<tr><td>Bereitstellort</td><td colspan="2">am Arbeitsplatz</td><td>in Arbeitsplatznähe</td><td colspan="2">im Arbeitssystem</td></tr>
<tr><td rowspan="2">Auslösung der Bereitstellung</td><td colspan="4">Bring-Prinzip</td><td>Hol-Prinzip</td></tr>
<tr><td>übergeordnetes zentrales System
Logistik | Fert.-steuerg.</td><td>dezentral, vorgelagerter Bereich
Lager | WE | Fert. | Vorm.</td><td colspan="2">dezentral, Arbeitssystembetreuer</td><td>dezentral, Montage
Vorar-beiter | Sprin-ger | Mitar-beiter</td></tr>
<tr><td rowspan="2">Durchführung der Bereitstellung</td><td colspan="4">Bring-Prinzip</td><td>Hol-Prinzip</td></tr>
<tr><td colspan="2">Arbeitssystemversorger</td><td colspan="2">vorgelagerte Bereiche
Lager | Transport-wesen</td><td>Montage
Vorar-beiter | Sprin-ger | Mitar-beiter</td></tr>
</table>

MML / 01 b SU

Abb. 2.8:　　Morphologie der Materialbereitstellungsprinzipien

Die Bereitstellung von **Einzelteilen** oder **Baugruppen** ist rein teileorientiert und besonders bei verbrauchsgesteuerten Kleinteilen vorzufinden.

o Die **Bereitstellmenge** läßt sich in gebindeorientiert und stückzahlgenau unterscheiden.
  Unter **gebindeorientiert** sind dabei alle Bereitstellvorgänge zu verstehen, bei denen die benötigte Materialmenge nicht stückzahlgenau bereitgestellt wird. Kleinteile können beispielsweise in Beutel mit einer standardisierten Stückzahl verpackt sein. Gebindeorientierte größere Montageteile werden meist in einem vollen Transportbehälter bereitgestellt.

o Die **Bereitstellquelle**, von der aus die Bereitstellung erfolgt, kann in **Arbeitsplatznähe** beispielsweise in einem arbeitsplatzbezogenen Regal liegen. Ebenso ist es denkbar, daß die Bereitstellung aus einem Zwischenlager im **Arbeitssystem** erfolgt, das mehrere Arbeitsplätze versorgt.
  Vom Arbeitsplatz meist weiter entfernt als die beiden vorgenannten Orte befinden sich **arbeitssystem-neutrale Lager,** die verschiedene Arbeitssysteme beliefern.
  Genauso kann die Bereitstellung direkt aus **vorgelagerten Bereichen** wie der Vormontage oder dem Wareneingang erfolgen.

o Der **Bereitstellort** ist diejenige Stelle von der aus die Montageteile für den Montagevorgang vom Montagemitarbeiter selbst geholt werden.
  Die häufigste Art ist die Bereitstellung in Behältern **am Arbeitsplatz.** Bei größeren Montageinhalten ist es oft notwendig den Bereitstellort in **Arbeitsplatznähe** zu haben, da nicht mehr alle Teile am Arbeitsplatz untergebracht werden können. Für Montageteile, die von mehreren Montageplätzen benötigt werden, aber eine relativ geringe Umschlagshäufigkeit haben, bietet sich eine Bereitstellung **im Arbeitssystem** an.

o Unter dem Stichwort **Auslösung der Bereitstellung** soll die für den Vorgang der "Bestellung" von Bereitstellteilen zuständige organisatorische Einheit verstanden werden. Dabei ist nach dem Bring- und Hol-Prinzip zu unterscheiden. In allen Fällen, in denen nicht die Mitarbeiter des Montagesystems die Bereitstellung initiieren, findet eine Auslösung nach dem **Bring-Prinzip** statt. Diese Auslösung kann durch ein übergeordnetes System, vorgelagerte Bereiche oder einen nicht der Montage unterstellten Systembetreuer geschehen.

o Die **Durchführung** der Materialbereitstellung kann analog zur Auslösung nach dem Bring- oder Hol-Prinzip erfolgen.

Eine Grundsatzentscheidung für die Optimierung der Materialbereitstellung liegt in der Wahl geeigneter Materialbereitstellungsstrategien, die sich durch die Kriterien Art der Bereitstellung, Bereitstellmenge, und Form der Bereitstellung eindeutig charakterisieren lassen. Typische Vertreter der Strategien und ihr Zusammenhang mit den Kriterien sind in Abb. 2.9 dargestellt. Eine Einordnung der Bereitstellungsstrategien in die in Abbildung 2.8 aufgezeigten Kriterien erfolgt in Abb. 2.10.

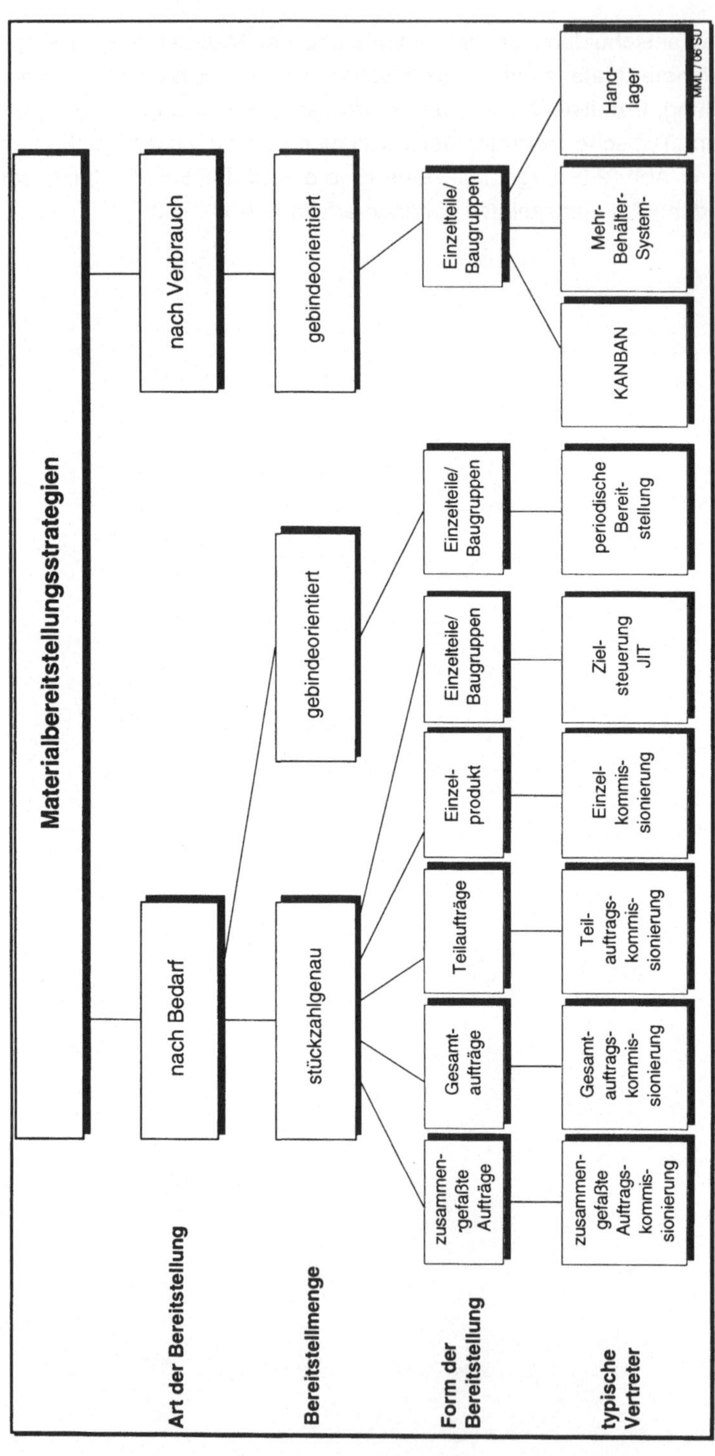

Abb. 2.9: Materialbereitstellungsstrategien

	Art		Form					Menge	
	Bedarf	Verbrauch	zusammengefaßte Aufträge	Gesamtauftrag	Teilauftrag	Einzelprodukt	Einzelteil/ Baugruppe	gebindeorientiert	stückzahlgenau
Kommissionierung zusammengefaßter Auftr.	●	○	●	○	○	○	○	◐	●
Gesamtauftragskommissionierung	●	○	○	●	○	○	○	◐	●
Teilauftragskommissionierung	●	○	○	○	●	○	○	◐	●
Einzelkommissionierung	●	○	○	○	○	●	○	○	●
Zielsteuerung (JIT)	●	○	○	○	○	○	●	○	●
periodische Bereitstellung	●	○	○	○	○	○	●	●	○
KANBAN	○	●	○	○	○	○	●	●	○
Mehr-Behälter-System	○	●	○	○	○	○	●	●	○
Handlager, dezentrale Quelle	○	●	○	○	○	○	●	●	○

Legende: ● trifft zu   ◐ trifft teilweise zu   ○ trifft nicht zu   MML / 05 SU

Abb. 2.10a: Einordnung der Materialbereitstellungsstrategien in die Morphologie

Legende:

● trifft zu
◐ trifft teilweise zu
○ trifft nicht zu

x1 = Meisterebene
x2 = abhängig von Produktgröße
x3 = wahlfreier Puffer
x4 = Kurzzeitpuffer

MMI / 05 SU

			Kommissionierung zusammengefaßter Auftr.	Gesamtauftragskommissionierung	Teilauftragskommissionierung	Einzelkommissionierung	Zielsteuerung (JIT)	periodische Bereitstellung	KANBAN	Mehr-Behälter-System	Handlager, dezentrale Quelle
Durchführung		Hol	◐	◐	◐	◐	◐ x3	○	●	◐	●
		Bring	●	●	●	●	●	●	●	●	●
Auslösungsprinzip	Hol-	Montage	◐ x1	◐ x1	◐	◐ x2	○	○	●	●	●
	Bring-	dezentraler Arbeitssystembetreuer	○	○	○	○	○	○	◐	●	◐
		dezentral, vorgelagerter Bereich	◐	◐	◐	◐	○	○	○	○	○
		übergeordnetes zentrales System	●	●	●	●	●	●	○	○	○
Ort		im Arbeitssystem	●	●	◐	◐	◐ x4	●	◐	◐	○
		in Arbeitsplatznähe	◐	●	●	◐	◐	●	●	●	◐
		am Arbeitsplatz	◐	●	●	●	●	●	●	●	●
Quelle	vorgelagerter Bereich	Vormontage / Fertigung	○	○	○	○	◐	◐	●	◐	○
		WE/Lieferant	○	○	○	○	●	●	●	◐	○
		zentrales Lager	●	●	●	●	◐	●	○	●	○
		dezentrales Lager	◐	●	●	●	○	●	○	●	●
		Arbeitsplatznähe	○	○	○	○	○	◐	○	●	●

Abb. 2.10b: Einordnung der Materialbereitstellungsstrategien in die Morphologie

o **Zusammengefaßte Auftragskommissionierung / Gesamtauftragskommissionierung / Teilauftragskommissionierung / Einzelkommissionierung**

Bei diesen Organisationsprinzipien der Materialbereitstellung handelt es sich um eine bedarfsgesteuerte, stückzahlgenaue und auftragsorientierte Materialbereitstellung. Dies bedeutet konkret, daß bei freigegebenen Montageaufträgen die Teile anhand einer auftragszugehörigen Stückliste kommissioniert und bereitgestellt werden.

Den oben genannten Strategien ist die prinzipielle Steuerung der auftragsorientierten Kommissionierung (vgl. Abbildung 2.11) gemeinsam.

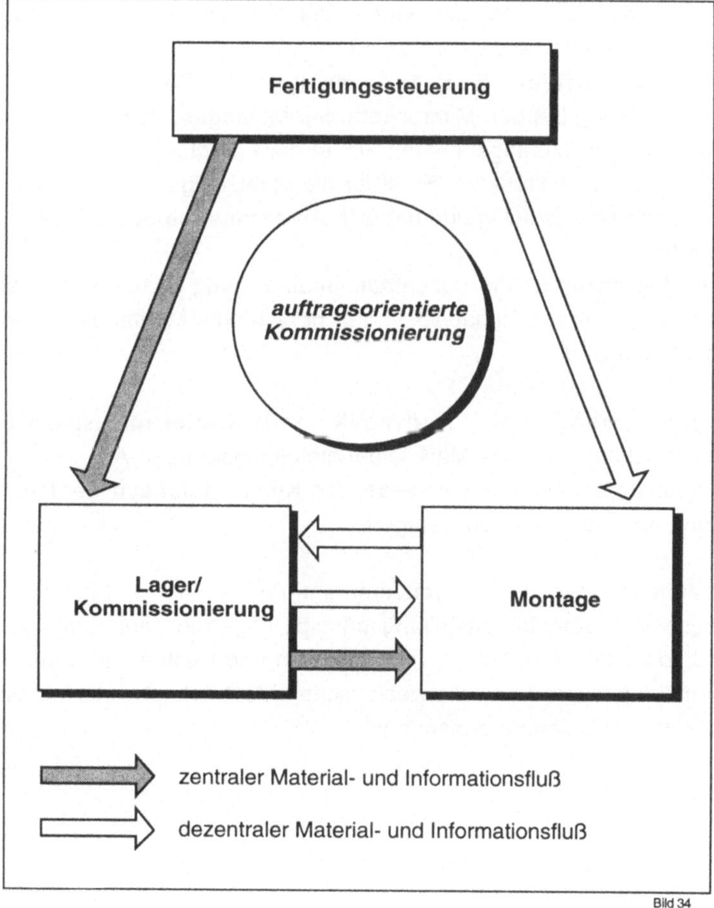

Abb. 2.11:   Prinzipielle Steuerung der auftragsorientierten Kommissionierung

Grundsätzlich werden hierbei die zwei Möglichkeiten

o zentrale Beauftragung (Druck) und
o dezentrale Beauftragung (Sog) unterschieden.

Diese lassen sich folgendermaßen beschreiben:

o Bei der **zentralen Beauftragung** liegt die Verantwortung der Nachschubauslösung bei der Fertigungssteuerung, die das Lager bzw. den Kommissionierbereich
  zur Materialbereitstellung beauftragt. Hier setzt man sich jedoch häufig der Gefahr
  aus, daß aufgrund des Informationsdefizits bzgl. des aktuellen Fertigungsfort-
  schritts in der Montage kurzfristige Änderungen und Umstellungen im Montageablauf nicht mehr berücksichtigt werden können oder unnötig viel Material durch die
  Kommissionierung bereitgestellt wird.
  Bei der **dezentralen Beauftragung** liegt die Bedarfserkennung und Nachschubauslösung bei den Mitarbeitern des Montagesystems und hier insbesondere
  beim jeweiligen Montagearbeiter, wobei die Fertigungssteuerung nur den Auftrag
  an die Montage weiterleitet. Er ist für die rechtzeitige Nachbestellung der benötigten Materialien zuständig und hat evtl. Arbeitsausfälle durch fehlende Teile zu ver-
  antworten.
  Nach Möglichkeit ist die dezentrale Beauftragung anzustreben, da der optimale
  Zeitpunkt der Nachschubauslösung sicherlich vom Montagearbeiter selbst am besten erkannt wird.

o Die **zusammengefaßte Auftragskommissionierung** ist ein bedarfsgesteu-
  ertes, stückzahlgenaues Materialbereitstellungsprinzip. Anhand der innerhalb eines bestimmten Zeitraums vorliegenden Kundenaufträgen werden die Teile ermittelt und artikelorientiert ausgelagert.

Die Vorteile dieses für die Serienfertigung mit kleiner und hoher Variantenvielfalt
geeigneten Materialbereitstellungsprinzips liegen in geringem Kommissionierauf-
wand sowie der Vermeidung von Fehlteilen und Restmengen. Abbildung 2.12 faßt
nochmals in kurzer Form die wesentlichen Merkmale der zusammengefaßten Auftragskommissionierung zusammen.

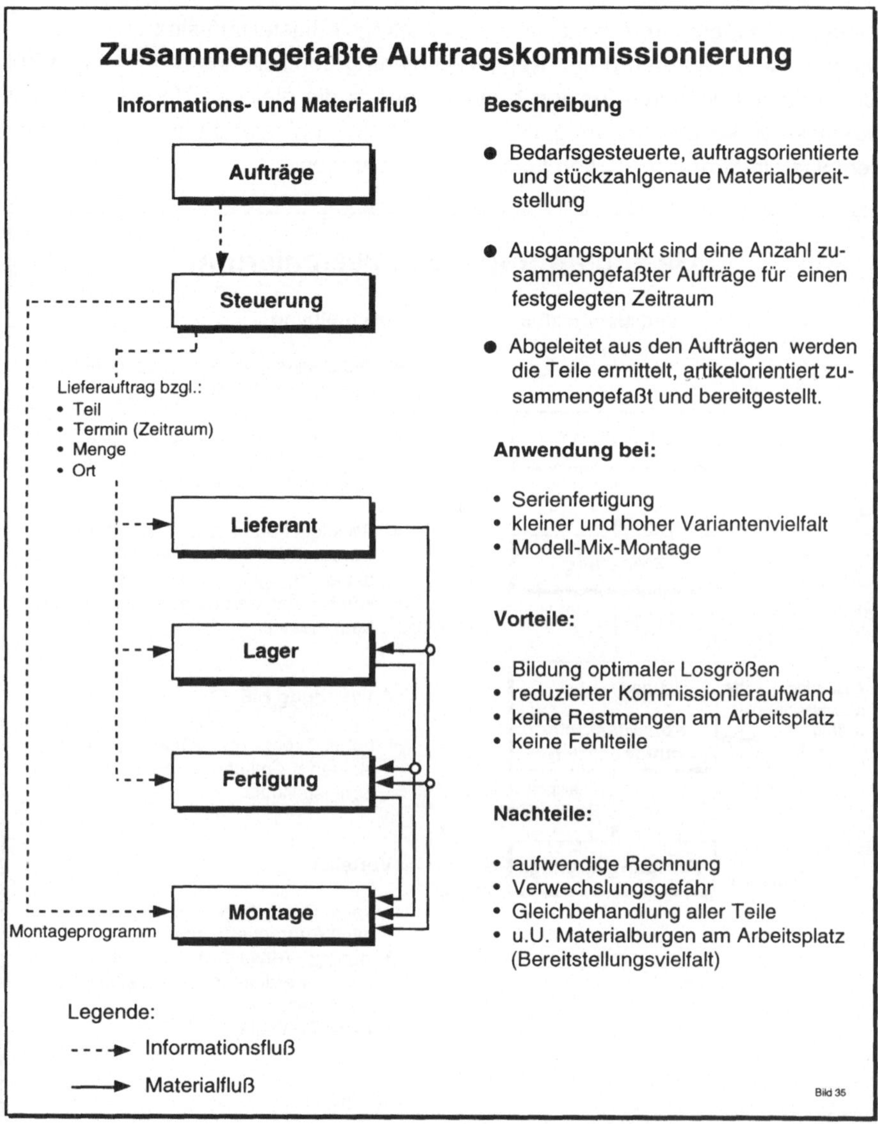

Abb. 2.12:   Zusammengefaßte Auftragskommissionierung

o Die **Gesamtauftragskommissionierung** (vgl. Abb. 2.13) findet vor allem bei hoher Typen- und Variantenvielfalt sowie kleinen bis mittleren Losgrößen oder in Verbindung mit bereitstellkritischen Teilen Verwendung.

Dies setzt ein entsprechend groß dimensioniertes Lager voraus und bedingt einen hohen Bereitstellungsaufwand. Vorteilhaft ist allerdings die geringe Verwechslungsgefahr, das alleinige Vorhandensein der auftragszugehörigen Teile und daß keine Restmengen am Arbeitsplatz nach Auftragsfertigstellung sind.

Die Lagerung (Pufferung) und Kommissionierung der Teile kann auch beim Zulieferer erfolgen, wodurch für den Kunden nahezu die gleichen Vorteile entstehen, wie dies bei der Zielsteuerung JIT der Fall ist. Auch hier wird dann die Bedarfsreihenfolge direkt on-line an den Lieferanten übertragen.

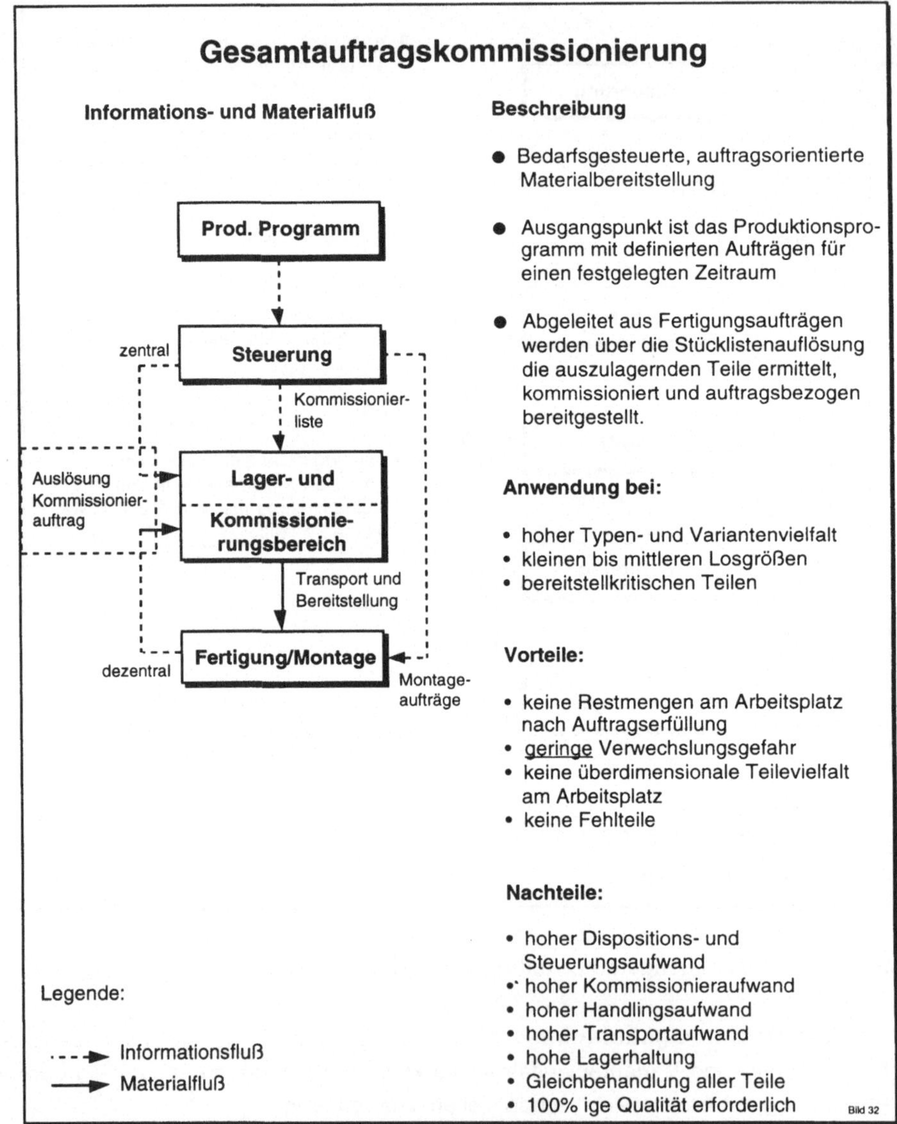

Abb. 2.13:   Gesamtauftragskommissionierung

o Im Gegensatz zur Gesamtauftragskommissionierung wird bei der **Einzelkommissionierung** (vgl. Abb. 2.14) für die Losgröße 1 bereitgestellt, was vor allem bei großvolumigen, variantenreichen und empfindlichen Produkten sinnvoll ist. Für die Einzelkommissionierung bestehen die gleichen Vor- und Nachteile, wie für die Gesamtauftragskommissionierung, sie sind aber in ihrer Bedeutung höher einzustufen.

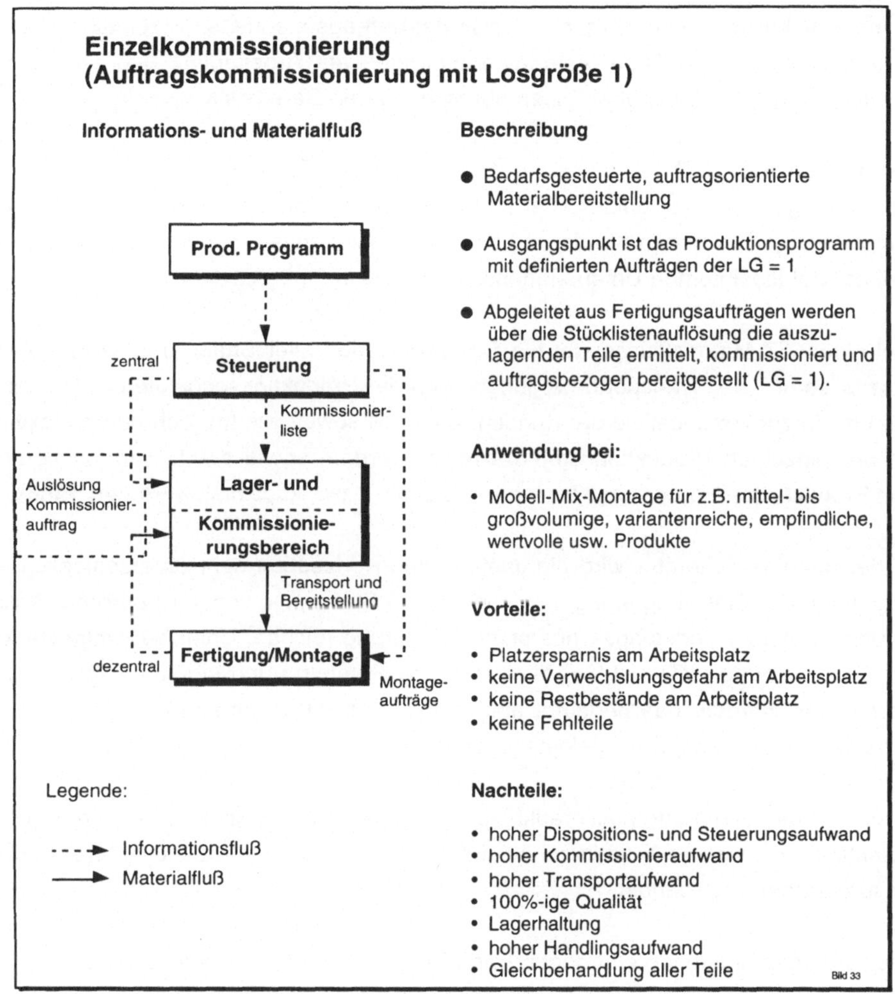

Abb. 2.14:	Einzelkommissionierung

o Bei der **Teilauftragskommissionierung** sind es nicht die kleinen Losgrößen, sondern die sehr großen Losgrößen, die eine spezielle Form der Bereitstellung erzwingen. Hier handelt es sich um quantitativ sehr umfangreiche Aufträge, so daß eine komplette Kommissionierung und Bereitstellung der Teile eines Auftrages nicht mehr möglich ist. Es muß also eine Aufsplittung stattfinden. Dies geschieht in der Form, daß eine ausreichend große Teilmenge von Teilen bereitgestellt wird und bei entsprechendem Freiwerden von Kapazitäten die nächste Teilmenge bereitgestellt wird. Diese Vorgehensweise der auftragsorientierten Materialbereitstellung verhindert unnötige Materialanhäufungen am Arbeitsplatz und ermöglicht auch bei großen Losgrößen einen überschaubaren Bereitstellungsablauf.

Zielsteuerung (JIT)

Der Grundgedanke der zielgesteuerten Bereitstellung darf sich nicht nur auf die Lieferbeziehungen zwischen Kunde und Lieferant beschränken, sondern muß ebenfalls Teil der betriebsinternen Unternehmensstrategie sein (vgl. Zeilinger 1989).

Ziel eines JIT-Materialflusses ist die Synchronisation aller Stufen des Produktionsprozesses und der Transportbewegungen von der Produktionsendstufe der Lieferanten bis hin zur Montagelinie der Kunden. Dies soll soweit wie möglich durch Flexibilität der einzelnen Produktionsstufen erreicht werden, sowie durch Harmonisierung von Produktions-, Förder- und Transportsystemen bzw. -kapazitäten (Bogert 1988).

In der gängigen Literatur wird die Just-in-Time-Konzeption sehr unterschiedlich interpretiert. Die Einteilung erfolgt in verschiedene Stufen, die von wöchentlicher Anlieferung bis hin zur fertigungssynchronen Anlieferung reichen. Unter der zielgesteuerten Bereitstellung (JIT) soll hier die synchrone Fertigung und Lieferung (Abb. 2.15) verstanden werden; das bedeutet eine punkt- und termingenaue (stundengenaue) Materialbereitstellung in festgelegter Reihenfolge.

Diese Art der Steuerung beschränkt sich auf sogenannte "Super"-A-Teile, d.h. großvolumige, hochwertige Teile in zahlreichen Varianten und wird bei stabilem Produktionsprogramm angewendet.

Die Varianten entstehen erst gegen Ende des Fertigungsprozesses. Bei einer hohen Fertigungssicherheit kann die Produktionsendstufe, in der die Varianten entstehen, hochflexibel, d.h. stückgenau auf die Bedarfsanforderung des Kunden reagieren.

Über eine On-line-Verbindung wird die Bedarfsreihenfolge mit einem relativ geringen Vorlauf direkt an die Fertigungsendstufe des Lieferanten übertragen, die dieser auch dann so produziert. Die Transportstrecke zwischen Lieferant und Kunde ist relativ kurz. Ein evtl. Notfallager ist allein von den Risikofaktoren in der Fertigung und beim Transport abhängig.

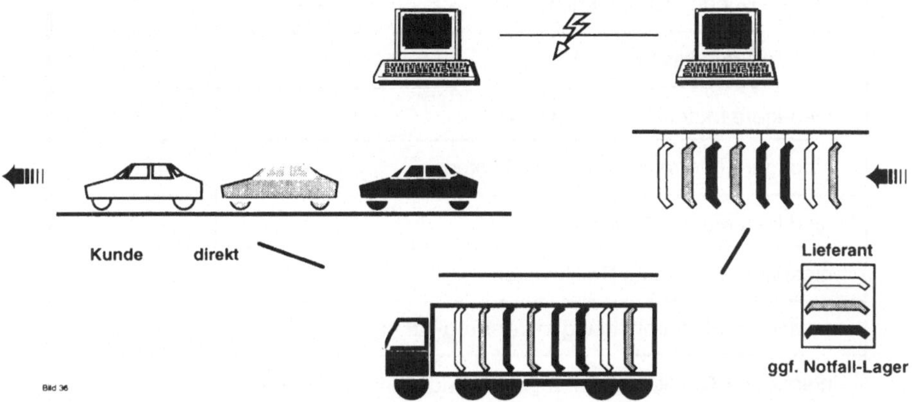

Abb. 2.15:   Synchrone Fertigung und Lieferung (vgl. Bogert 1988)

Fragt man nach der Bedeutung von Just-in-Time für einzelne Unternehmen, so wird diese Frage meist mit der Aufzählung von zu verbessernden Kenngrößen beantwortet, die für dieses Unternehmen z.Zt. eine besondere Rolle spielen. Je nach Branchenzugehörigkeit, Umsatzstufe, Fertigungsbroite und -tiefe usw. werden unterschiedliche Aspekte in den Vordergrund geschoben. Die dabei angesprochene Bedeutung von Just-in-Time bezieht sich dann sowohl auf die Verbesserung betriebswirtschaftlicher, organisatorischer, technischer als auch auf die Beeinflussung und Realisierung projektbezogener Ziele (Abb. 2.16).

Neben all diesen erreichbaren positiven Auswirkungen gibt es auch Nachteile, die eine Just-in-Time-Konzeption mit sich bringt, wie eine Erhöhung des Steuerungs- und Transportaufwands, einer 100 %-igen Qualitätserfordernis sowie einer Risikozunahme (Produktionsstillstand) bei auftretenden Störungen.

Zielgrößen / Ergebnisse	Direkte Wirkungen
höhere Lieferbereitschaft bzw. Termineinhaltung	+ + +
höhere Flexibilität	+ +
höhere Kundenzufriedenheit	+ + +
höhere Produktivität	+ +
niedrigere Materialdurchlaufzeiten	+ + +
niedrigere Informationsdurchlaufzeiten	+ + +
niedriges Materialhandling	+
niedrigere Bestände, Reichweiten	+ + +
niedrigere Flächenbindung in der Produktion	+ + +
niedrigerer Qualitätssicherungsaufwand beim Abnehmer	+ o
höhere Material- und Teileverfügbarkeit	+ + +
niedrigere Beschaffungsvorläufe	+ + +
niedrigere Lagerhaltung	+ + +
niedrigere Kapitalbindung	+ + +
höhere Transparenz	+ + +
eindeutigere Abläufe	+ + +
niedrigere Verwechslungsgefahr	+ + +

Bild 37

+ geringe, + + mittlere, + + + hohe, o mit Zusatzaufwand
erreichbare positive Auswirkungen durch Just-in-Time

Abb. 2.16:　Auswirkungen von Just-in-Time (vgl. Schmidt 1988)

Abbildung 2.17 gibt nochmals einen zusammenfassenden Überblick über das beschriebene Organisationsprinzip der Materialbereitstellung, der Zielsteuerung (JIT).

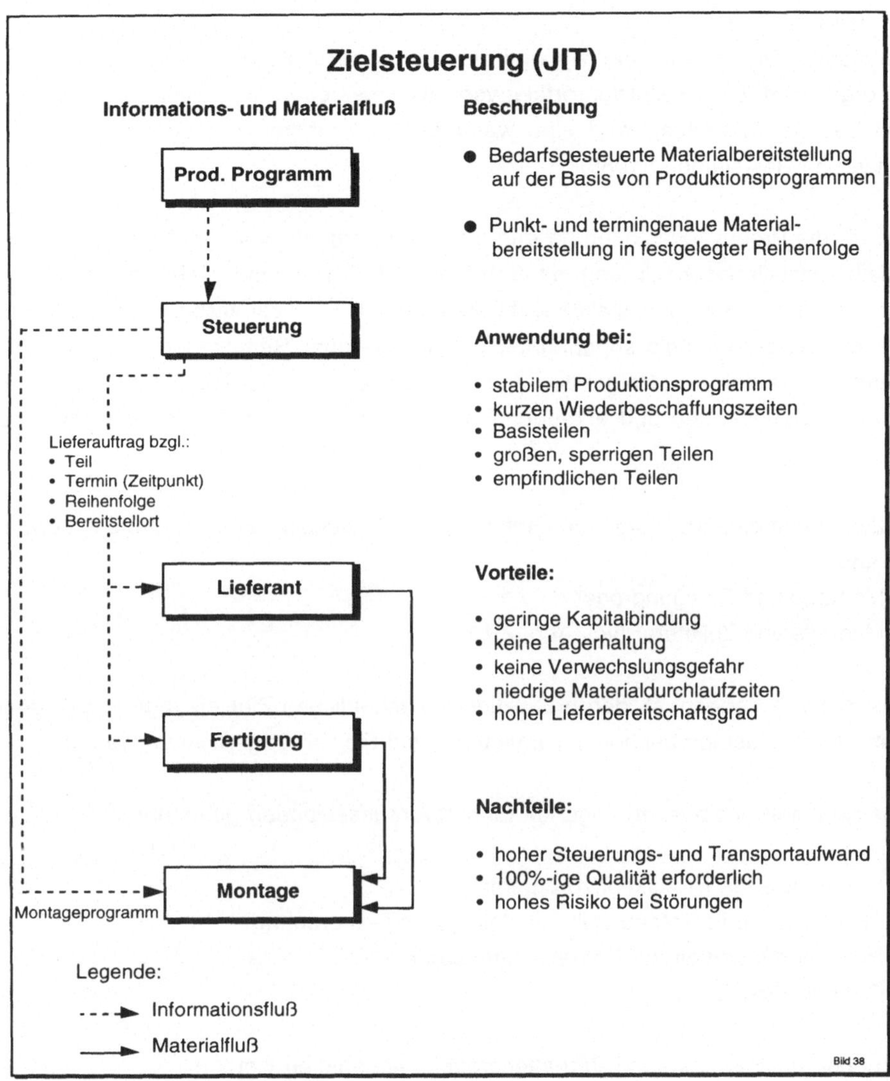

Abb. 2.17:   Zielsteuerung (JIT)

Kanban

Bei diesem Organisationsprinzip wird die Materialbereitstellung nach dem Hol-Prinzip organisiert. Die Produktion erfolgt verbrauchsgesteuert, d.h. zwischen Nachfrage und Leistungserstellung wird eine weitgehende Synchronisierung erreicht ("Wirtschaftliche Gestaltung..." 1988).

Der für die Produktionssteuerung erforderliche Informationsfluß wird bei diesen Materialbereitstellungsprinzip eng mit dem Materialfluß verknüpft. Dabei erfolgt die Beauftragung der Fertigungsstellen nicht mehr zentral über sämtliche Fertigungsstufen hinweg, sondern mittels sogenannter selbststeuernder Regelkreise zwischen zwei unmittelbar aufeinanderfolgenden Arbeitssystemen. Solche Regelkreise zwischen einer verbrauchenden und erzeugenden Stelle können sein (Wildemann "Materialfluß..." 1984):

o Zwei hintereinander folgende Stufen in der Produktion, z.B. Montage - Vormontage,
o Montage und Fertigung oder
o Montage und Zulieferer (vgl. Abb. 2.18).

Das Ziel von Kanban ist, den produktionswirtschaftlichen Zielsetzungen nach geringem Materialbestand bei hoher Termintreue und Flexibilität gerecht zu werden.

Das Kanban-Prinzip ist an folgende Einsatzvoraussetzungen gebunden:

o Harmonisiertes Produktionsprogramm,
o Ablauforientierte Betriebsmittelgestaltung und -anordnung,
o Hohe Verfügbarkeit der Betriebsmittel sowie
o Geringe Rüstzeiten.

Daneben müssen folgende Verhaltensregeln eingehalten werden:

o Selbstkontrolle der Mitarbeiter dahingehend, daß nur fehlerfreie Werkstücke weitergegeben werden.
o Die verbrauchende Stelle holt terminbezogen nur die benötigte Menge aus der Quelle, so daß kein Materialübergang in den Folgestufen entsteht.
o Es wird nur die vom jeweiligen Verbraucher nachgefragte Menge gefertigt, so daß keine wilden Zwischenlager entstehen bzw. ein hohes Maß an Transparenz des Material- und Fertigungsflusses entsteht.

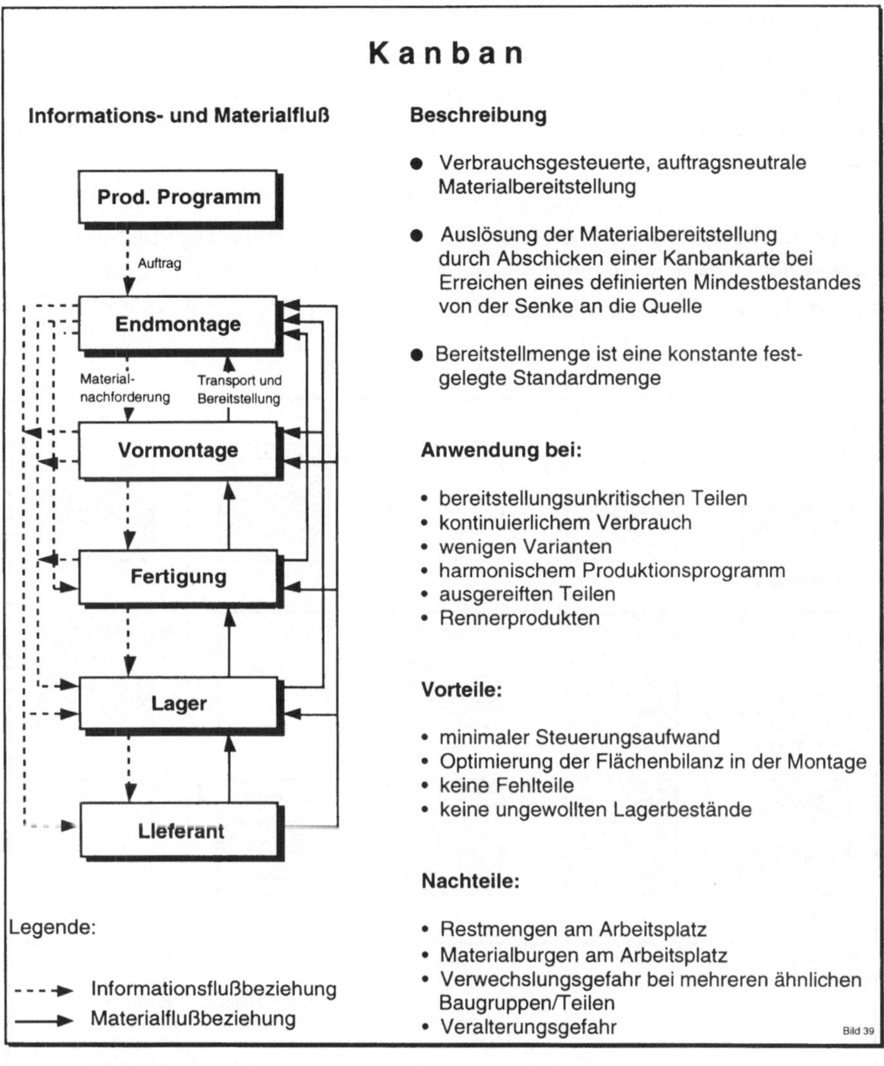

Abb. 2.18:   Kanban

Zusammengefaßt läßt sich das Kanban-Prinzip durch folgende Elemente beschreiben (Wildemann "Just-in-Time" 1984):

o Schaffung von vermaschten, selbststeuernden Regelkreisen

o Einführung des Hol-Prinzips für die jeweils nachgelagerten Verbrauchsstufen

o flexibler Personal- und Betriebsmitteleinsatz

o Übertragung der kurzfristigen Fertigungssteuerung an die ausführenden Mitarbeiter mit Hilfe von Kanban-Karten als Informationsträger.

Mehr-Behälter-System

Bei bereitstellungsunkritischen Teilen und kontinuierlichem Verbrauch bietet sich oftmals die Materialbereitstellung mittels eines Standardbehälters an. Dies geschieht verbrauchsgesteuert. D.h., daß ein leerer Behälter am Verbrauchsort die Bereitstellung auslöst.

Dabei unterscheidet man die Zwei-Behälter-Methode und die Drei-Behälter-Methode, wobei die letztere gegenüber der erstgenannten Methode den Vorteil eines zusätzlichen Sicherheitsbestands bietet. Das Prinzip der Drei-Behälter-Methode zeigt Abb. 2.19.

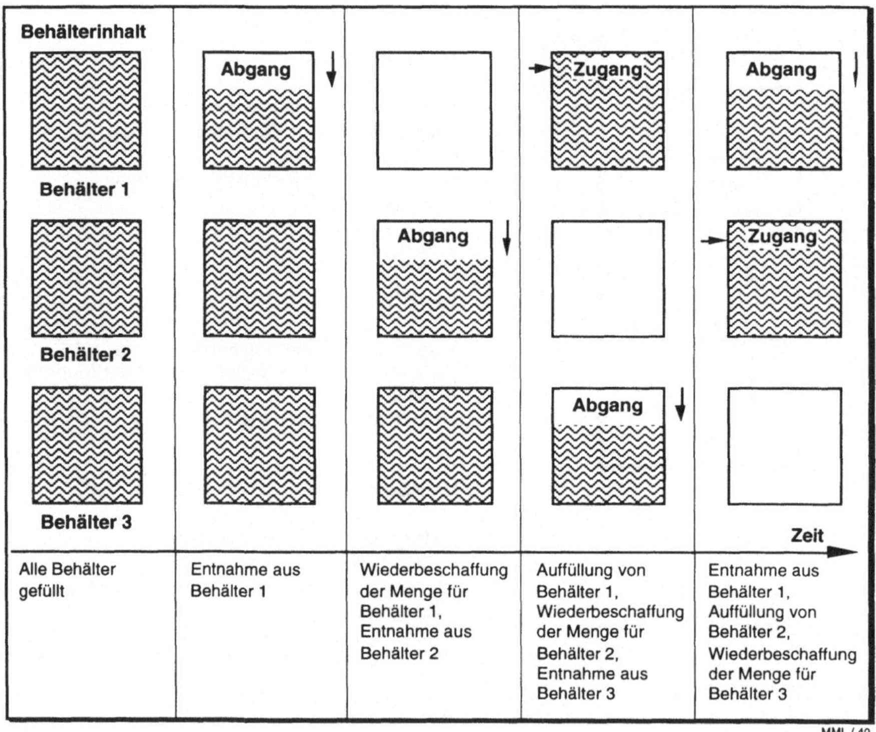

Abb. 2.19:   Drei-Behälter-Methode ("Methodenlehre..." 1985)

Durch die Anwendung der Drei-Behälter-Methode wird auch eine Forderung erfüllt, die bei jedem Lager besteht: first in - first out.

Somit läßt sich erreichen, daß das Material, das zuerst angeliefert wurde, auch als erstes wieder verbraucht wird. Längere Liegezeiten, die eine Beeinträchtigung

(Beschädigung, Veralterung usw.) des Materials verursachen könnten, werden somit vermieden. Dazu müssen die entsprechenden baulichen (z.B. Durchlauflager) und organisatorischen Voraussetzungen (z.B. fortlaufende Benummerung der eingelagerten Einheiten und eine dementsprechende Entnahme) gegeben sein ("Methodenlehre..." 1985).

Bei Anwendung der Zwei-Behälter-Methode muß zur Wahrung des reibungslosen Produktionsablaufes gewährleistet sein, daß vor dem Materialaufbrauch des zweiten Behälters der erste Behälter aufgefüllt wieder bereit steht.

Die Vorteile dieser beiden Methoden liegen eindeutig in der Einfachheit, dem damit verbundenen geringen Steuerungsaufwand und den kurzen Bereitstellwegen.

Allerdings birgt ein Mehr-Behälter-System (vgl. Abb. 2.20) auch die Gefahr des Teileschwunds sowie Veralterungsgefahr durch sogenannte Materialburgen.

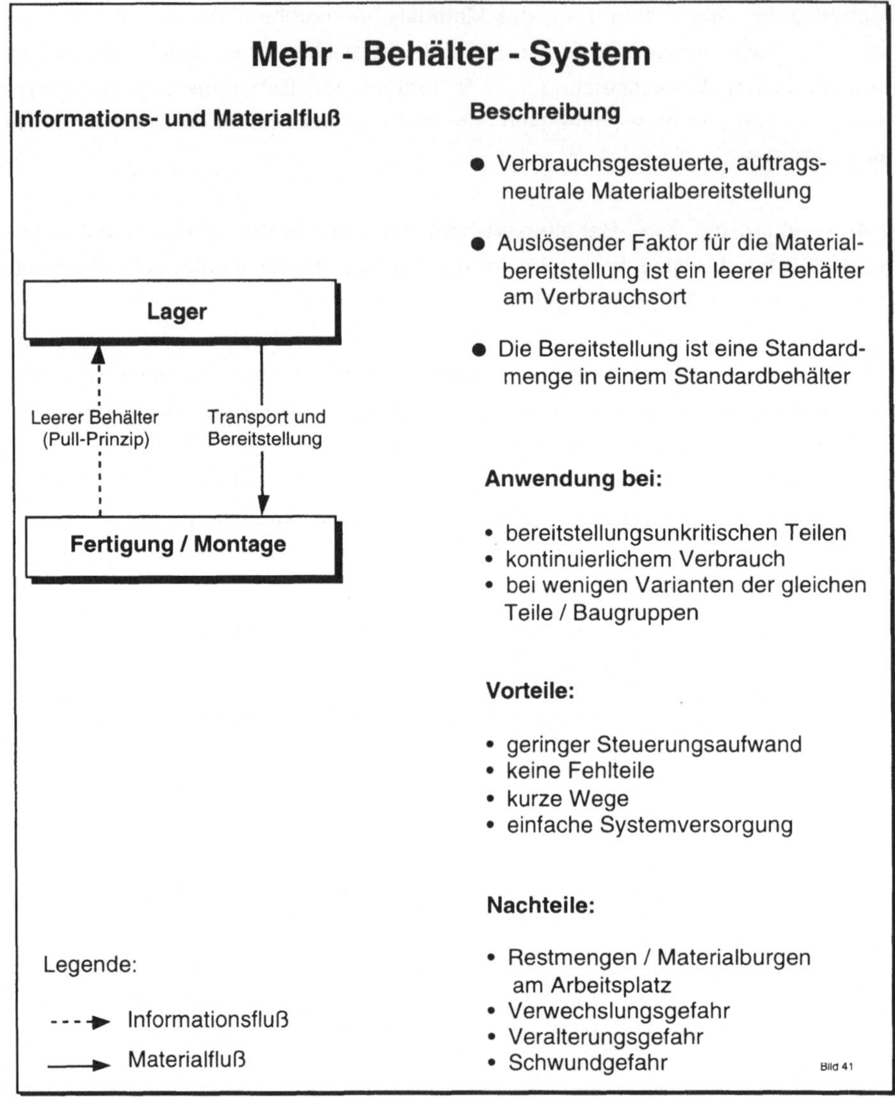

Abb. 2.20:   Mehr-Behälter-System

Handlager

Wie auch das Kanban-Prinzip und das Mehr-Behälter-System ist das Handlager (vgl. Abb. 2.21) eine verbrauchsgesteuerte, auftragsneutrale Form der Materialbereitstellung.

Das Handlager findet vor allem bei C-Teilen (geringwertige Teile mit wenigen Varianten und großen Stückzahlen) seine Anwendung, wobei diese beim Erreichen eines definierten Mindestbestands oder eines definierten Zeitpunktes in Standardbehältern bereitgestellt werden. Dies bedeutet einen geringen Steuerungsaufwand und kurze Bereitstellwege. Allerdings besteht auch hier, wie auch beim Mehr-Behälter-System, eine erhöhte Verwechslungs- und Schwundgefahr.

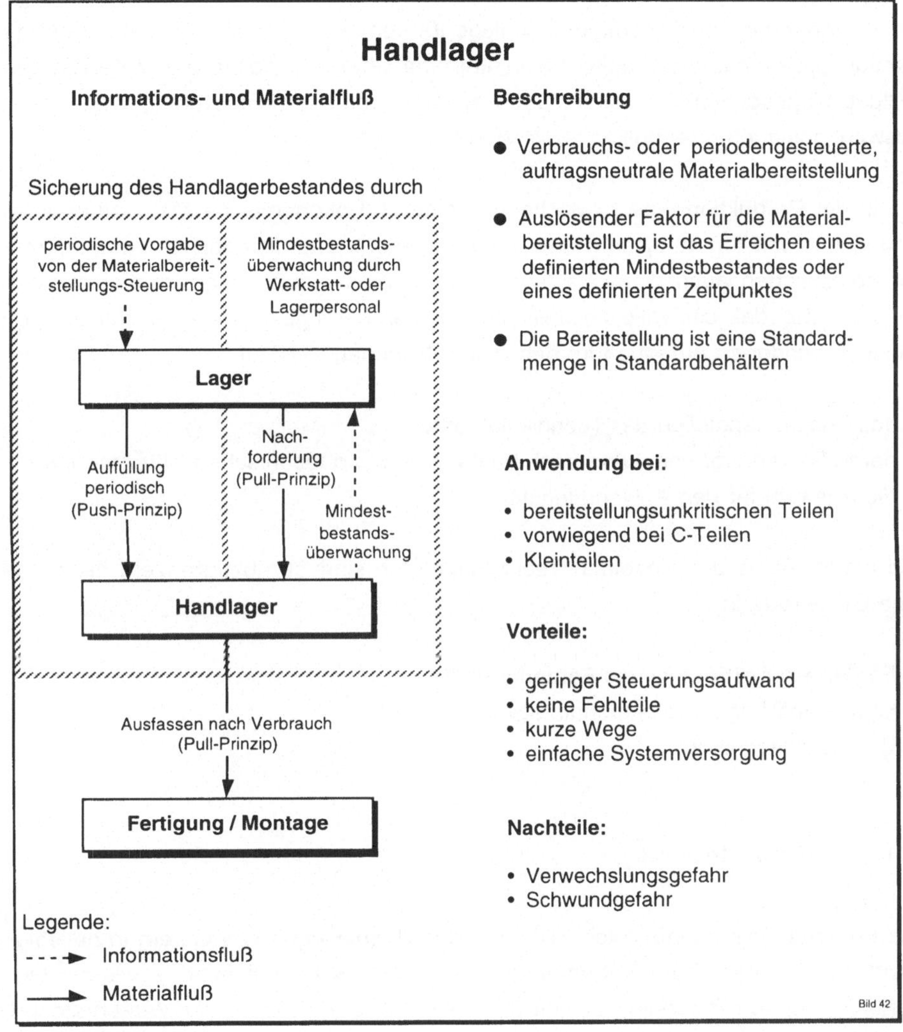

Abb. 2.21:   Handlager

Die Versorgung des Handlagers durch das Hauptlager erfolgt durch periodische Auffüllung (Bring-Prinzip), überwacht von der Materialbereitstellungssteuerung, oder durch Nachforderung (Hol-Prinzip), ausgelöst vom Werkstatt- oder Lagerpersonal.

3 Techniken in der Materialbereitstellung

Gegenstandsbereich des Buchs ist im wesentlichen die Organisation der Materialbereitstellung. Die eingesetzten technischen Hilfsmittel, im folgenden kurz "Technik" genannt, sind jedoch eine wichtige Grundlage für den wirkungsvollen Einsatz der Organisationsprinzipien. Das Kapitel beinhaltet eine Übersicht der in der Materialbereitstellung eingesetzten Techniken. Das Kapitel ist somit als Nachschlagewerk für die Auswahl geeigneter Techniken zu verstehen.

Um in der Produktion eine menschengerechte und ökonomische Materialbereitstellung sicherzustellen, müssen neben entsprechenden organisatorischen und informationstechnischen auch sinnvolle technische Voraussetzungen geschaffen werden; das bedeutet, daß sinnvolle Technikkomponenten bereitgestellt werden müssen. Die damit verbundenen Aufgaben für den Planer beziehen sich auf

o das Zusammenstellen der Technikelemente,
o deren Bewertung/Einstufung nach humanitären und technischen Kriterien und
o die Auswahl für den Anwendungsfall.

Um die Bereiche der einzelnen Technikelemente sinnvoll abzugrenzen, bietet sich eine Gliederung in

o Fördertechnik (Förder- und Förderhilfsmittel),
o Lager- und Lagerbedientechnik sowie
o Bereitstelltechnik an.

3.1 Fördertechnik

Die Fördertechnik umfaßt nach VDI 2411 das Fortbewegen von Gütern in beliebiger Richtung über begrenzte Entfernungen durch technische Hilfsmittel sowie die Ortsveränderung von Personen, soweit diese nicht in den Bereich der Verkehrstechnik fällt, einschließlich der Lehre der Fördermittel selbst. Im folgenden werden unter Fördertechnik alle zum Fördern von Gütern eingesetzten technischen Hilfsmittel verstanden, wobei Handhabungsgeräte wie Manipulatoren oder Industrieroboter, die im Grenzbereich zwischen Fertigungs- und Fördertechnik angesiedelt sind, nicht näher betrachtet werden.

Die Fördertechnik setzt sich aus Fördermitteln und Förderhilfsmitteln zusammen.

3.1.1 Fördermittel

Fördermittel sind alle technischen Einrichtungen, mit deren Hilfe Güter unmittelbar oder mittelbar fortbewegt werden können (z.B. Gabelstapler, Rollenbahn).

3.1.1.1 Bestimmungsgrößen der Fördermittel

Die grundsätzlichen Möglichkeiten des Aufbaus sowie der Funktions- und Arbeitsweise eines Fördermittels lassen sich übersichtlich in einer Morphologie darstellen (vgl. Abbildung 3.1). Anhand der aufgezeigten Kriterien und ihrer möglichen Ausprägungen können die einzelnen Fördermittel charakterisiert werden.

Die Auswahl der Kriterien beschränkt sich bewußt nicht nur auf die Beschreibung konstruktiver Merkmale, sondern berücksichtigt auch Kriterien, die den Einsatzfall und die Aufgabenstellung des Fördermittels betreffen (z.B. Förderrichtung, Funktion).

Morphologie der Fördermittel				
Kriterium	**Ausprägungen**			
Förderart	stetig		unstetig	
Flurbindung	flurgebunden		flurfrei	
Ortsbindung	stationär	zwangs-geführt	frei ver-fahrbar	zwangsgef.+ frei verfahrbar
Förder-richtung	1-dimensional vertikal	2-dimensional vertikal	1-dimensional horizontal	3-dimensional
Automati-sierungsgrad des Antriebs	manuell		mechanisiert	automatisiert
Lastmani-pulation	passiv		aktiv mechanisiert	aktiv automatisiert
Funktion	fördern		fördern + lagern	fördern + lagern + Arbeitsplatz

MML / 26 SU

Abb. 3.1:   Morphologie der Fördermittel

Förderart

Gängige Gliederungen der Fördermittel werden meist nach dem Kriterium der Förderart vorgenommen; dabei lassen sich stetige und unstetige Fördermittel unterscheiden. Nach VDI 2411 bezeichnet man Fördermittel als stetig, wenn Tragorgan, Fördergut oder beide sich auf festgelegtem Förderweg begrenzter Länge von Aufgabe- zu Abgabestelle stetig, evtl. mit wechselnder Geschwindigkeit oder im Takt, bewegen. Die Antriebe von stetigen Fördermitteln arbeiten vorwiegend im Dauerbetrieb; ihre Be- und Entladung erfolgt während des Betriebs. Bei den unstetigen Fördermitteln arbeitet der Antrieb im Aussetz- oder Kurzzeitbetrieb; das Be- und Entladen wird im Stillstand durchgeführt (Großmann 1986; Jünemann 1989; VDI 2411)

Flurbindung

Beim Kriterium Flurbindung werden die Ausprägungen flurgebunden und flurfrei unterschieden. Flurgebundene Fördermittel nutzen Verkehrswege am Boden (z.B. Gabelstapler), verfahren über Einrichtungen, die im Boden eingelassen sind (z.B. Schleppkettenförderer) oder sind fest auf dem Boden montiert (z.B. Rollenbahn). Während des Transports befindet sich das Transportgut üblicherweise oberhalb oder seitlich des Fördermittels.

Zu den flurfreien Fördermitteln zählen Einrichtungen, die an der Hallendecke oder an den Wänden befestigt sind und keine Bodenfläche beanspruchen (z.B. Kreisförderer). Darüber hinaus werden Fördermittel, die sich mit einigen wenigen Stützen auf dem Boden abstützen (z.B. Portalkrane), als flurfrei bezeichnet. Das Transportgut wird bei flurfreien Fördermitteln in der Regel hängend befördert und befindet sich unter dem Fördermittel (Jünemann 1989).

Ortsbindung

Anhand des Kriteriums Ortsbindung läßt sich die Flexibilität eines Fördermittels beurteilen. Es werden die Ausprägungen stationär, zwangsgeführt, frei verfahrbar sowie die Kombination zwangsgeführt und frei verfahrbar unterschieden.

Stationäre Fördermittel sind fest am Boden, an den Wänden oder an der Hallendecke montiert. Daraus ergibt sich eine geringe Flexibilität dieser Einrichtungen (z.B. bei Layoutänderungen). Zwangsgeführte Fördermittel können auf bestimmten festgelegten Wegen oder innerhalb begrenzter Bereiche verfahren. Die Wege sind beispielsweise durch einen im Boden eingelassenen Leitdraht (fahrerlose Transportsysteme) oder durch fest montierte Schienen, die den Arbeitsbereich begrenzen (z.B. Kran), vorgegeben. Frei verfahrbare Fördermittel bewegen sich beliebig in der Ebene und können zur Aufnahme von Fördergut nahezu jeden Punkt ansteuern.

Einen Spezialfall bilden Fördermittel, die sowohl zwangsgeführt als auch frei verfahrbar sind. Entsprechend den äußeren Gegebenheiten können sie sich entweder frei bewegen oder sie werden durch bestimmte Einrichtungen geführt. Ein Beispiel für diese Gruppe ist der Hochregalgabelstapler. In den Regalgassen wird er zur Erhöhung der Standsicherheit in Schienen geführt, außerhalb des Regalbereichs kann er wie ein normaler Gabelstapler beliebig verfahren. Auch leitliniengeführte fahrerlose Transportsysteme, die auftauchende Hindernisse losgelöst von der Leitlinie selbständig umfahren können, werden zu dieser Gruppe gezählt.

Förderrichtung
In Ergänzung zur gängigen Literatur (Martin 1978; Meyercordt 1972; Scheffler 1977; Großmann 1986), in der häufig nur Fördern mit Hub und Fördern ohne Hub unterschieden wird, sollen beim Kriterium Förderrichtung die Raumachsen beschrieben werden, in denen das Fördergut durch das jeweilige Fördermittel bewegt werden kann.

Eindimensional vertikal arbeitende Fördermittel transportieren die Last entlang einer senkrechten Linie (z.B. Aufzüge). Fördermittel, die das Fördergut frei in der Ebene bewegen können (z.B. Hubwagen, Rollenbahnen), werden als zweidimensional horizontal bezeichnet. Die Förderrichtung von Fördermitteln, die in einer senkrechten Ebene verfahren (z.B. Regalförderzeuge), ist zweidimensional vertikal. Mit Fördermitteln, die einen dreidimensionalen Arbeitsraum aufweisen (z.B. Gabelstapler, Power-and-Free-Förderer), kann das Fördergut an beliebige Punkte im Raum transportiert werden.

Automatisierungsgrad des Antriebs
Der Antrieb eines Fördermittels kann manuell, mechanisiert oder automatisiert erfolgen. Bei manuellem Antrieb wird das Fördermittel durch die Muskelkraft des Menschen fortbewegt; ebenso liegt die Fahrzeugführung und -steuerung beim Menschen. Mechanisierte Fördermittel werden motorisch angetrieben, aber weiterhin vom Menschen geführt und gesteuert. Bei automatisierten Fördermitteln erfolgt sowohl der Antrieb als auch die Steuerung ohne Einwirken des Menschen; bei ihm verbleiben lediglich überwachende Funktionen (Jünemann 1989; Martin 1987).

Lastmanipulation

Dieses Kriterium gibt an, ob das Fördermittel über Einrichtungen verfügt, die die Übernahme bzw. Übergabe des Förderguts unterstützen. Dabei werden die Ausprägungen passiv, aktiv mechanisiert sowie aktiv automatisiert unterschieden.

Passive Fördermittel (z.B. Handwagen) weisen keinerlei Vorrichtungen auf, mit denen das Fördergut aufgenommen oder abgegeben werden kann. Sie müssen entweder manuell oder durch spezielle technische Einrichtungen be- und entladen werden. Aktive mechanisierte Fördermittel verfügen über Einrichtungen, die eine direkte Übernahme bzw. Übergabe der Last ohne weitere Hilfsmittel ermöglichen. Beim Übergabevorgang ist jedoch der Mensch zur Bedienung und Steuerung erforderlich. Ein typisches Beispiel für ein aktives mechanisiertes Fördermittel ist der Gabelstapler. Fördermittel, die aktiv automatisiert sind, können das Fördergut selbsttätig ohne Einwirken des Menschen aufnehmen und abgegeben. Zu dieser Kategorie zählen zum Beispiel fahrerlose Transportsysteme.

Funktion

Fördermittel übernehmen neben dem eigentlichen Fördern auch weitergehende Funktionen. Sie werden häufig zur Lagerung des Förderguts eingesetzt, wobei unter Lagern hier eine kurzzeitige Lagerung, die vielfach als Pufferung bezeichnet wird, zu verstehen ist. Darüber hinaus können Fördermittel als Arbeitsplattform benutzt werden. Dies ist zum Beispiel der Fall, wenn auf einem Doppelgurtband der Werkstückträger mit dem Werkstück für die Montage angehalten wird oder wenn ein fahrerloses Transportsystem für die Montage des transportierten Werkstücks an einem bestimmten Platz verweilt.

Fördermittel, die im Lager eingesetzt werden, bezeichnet man auch als Lagerbediengeräte (vgl. Kap. 3.2.2).

3.1.1.2 Einteilung und Bewertung der Fördermittel

Um einen Überblick über die in den Produktionsbetrieben eingesetzten Fördermittel zu erhalten, wurde die in Abbildung 3.2 dargestellte Einteilung erarbeitet. Dort sind die wichtigsten Vertreter der im Bereich der Materialbereitstellung verwendeten Fördermittel zusammengestellt und anhand von ausgewählten Kriterien der Morphologie gegliedert.

Die beiden Hauptgruppen Stetigförderer und Unstetigförderer entsprechen der gängigen Gliederung in der Literatur (DIN 15140; VDI 2366). Weiterhin werden die Fördermittel in flurgebundene und flurfreie Ausführungen unterschieden.

In Abbildung 3.3 wurde eine vollständige Einordnung der aufgeführten Fördermittel anhand der Kriterien und Ausprägungen der Morphologie aus Kapitel 3.1.1.1 vorgenommen.

Die Zahl der Einflußgrößen im Hinblick auf eine Fördermittelauswahl ist sehr umfangreich. So sind z.B. Leistungsdaten wie Tragfähigkeit, Geschwindigkeit, Steigfähigkeit und Förderleistung sowie Anschaffungskosten und humanitäre Kriterien sehr wichtige Gesichtspunkte. Materialflußanalysen und Auflistungen von Gebäuderestriktionen und Förderguteigenschaften sind wichtig, um eine geeignete Auswahl zu treffen.

Als mögliche Orientierungshilfe für eine Bewertung kann die in Abbildung 3.4 abgebildete Matrix dienen. Anhand von Bestimmungskriterien werden die Vor- und Nachteile verschiedener Fördermittel aufgezeigt.

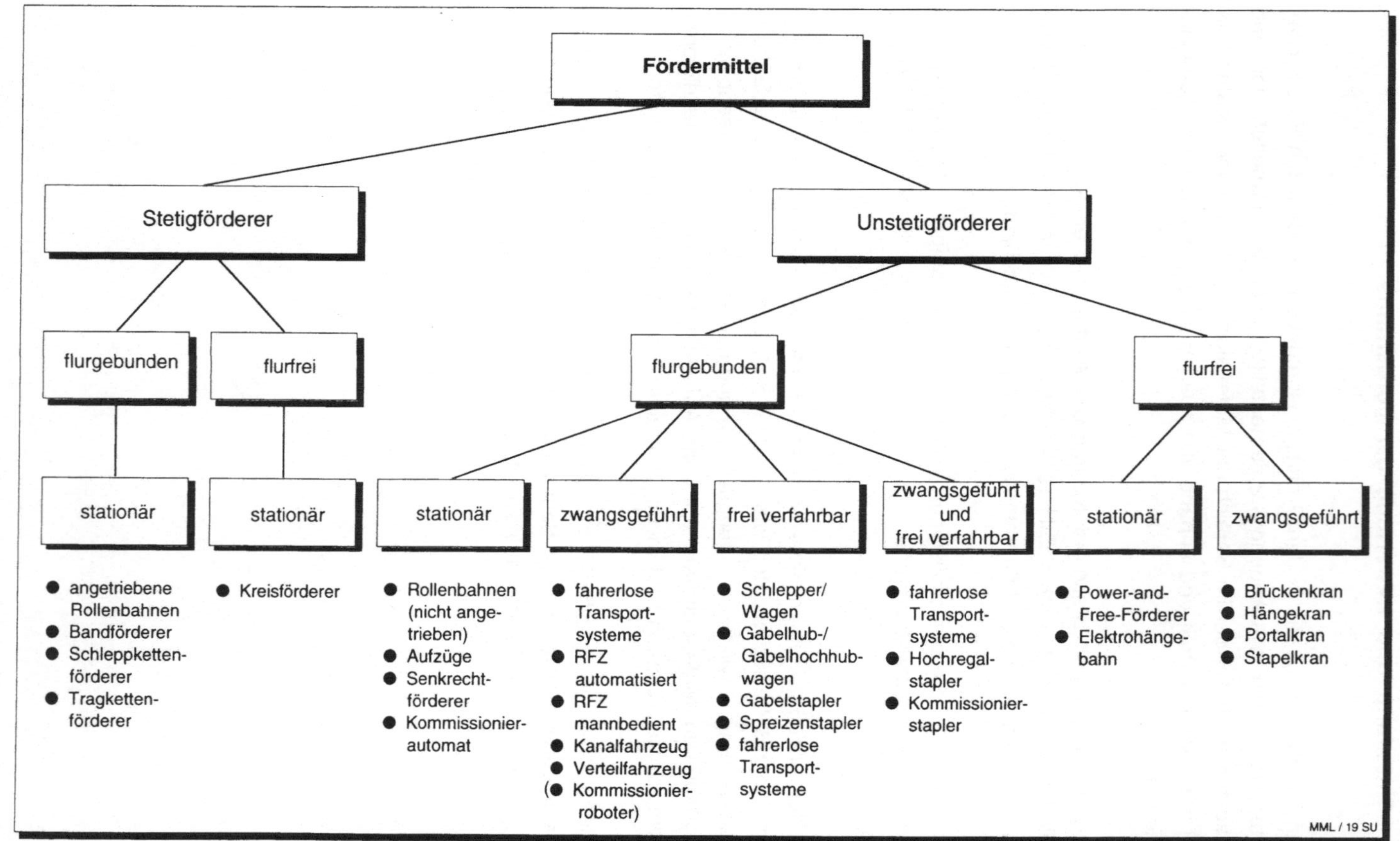

Abb. 3.2: Einteilung der Fördermittel

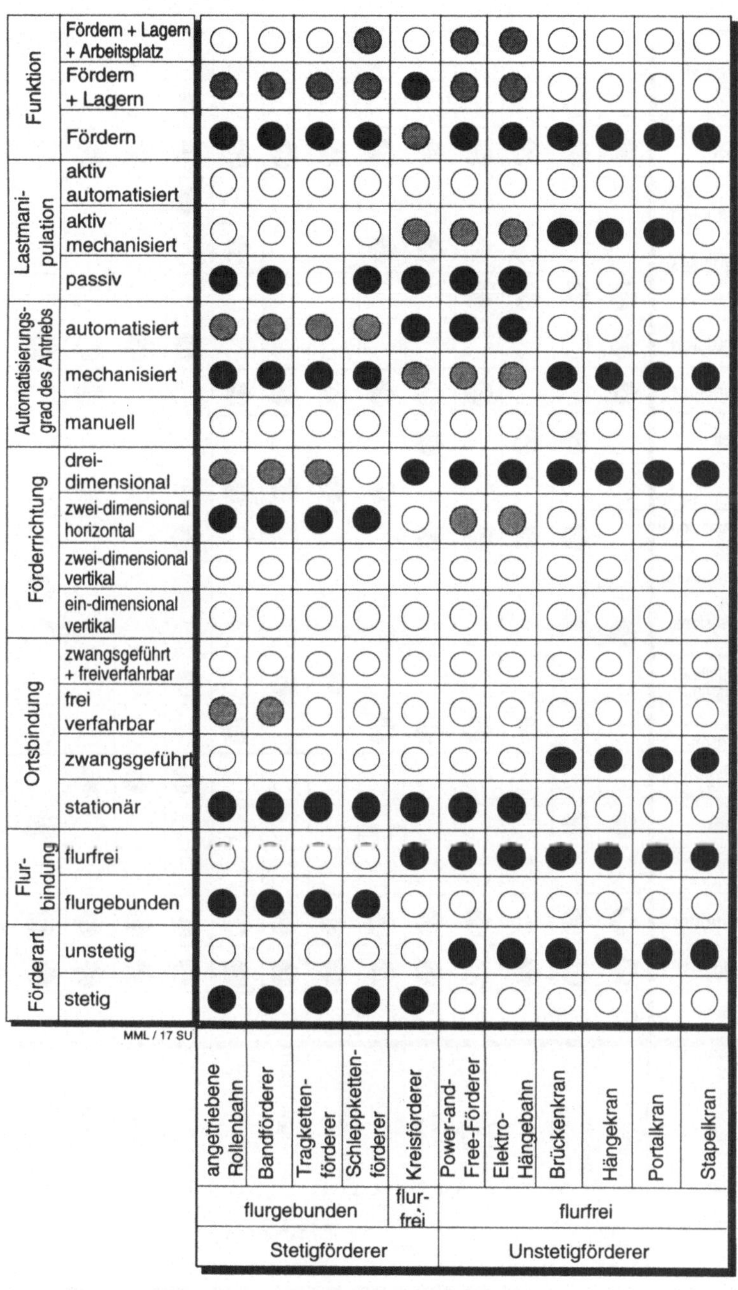

Abb. 3.3a: Einordnung der Fördermittel in die Morphologie

Kategorie	Ausprägung	Aufzug	Rollenbahn (nicht angetrieben)	Handwagen	Wagen / Schlepper	Gabelhub- / Gabelhochhubwagen	Gabelstapler	Kommissionierstapler	Hochregalstapler	Spreizenstapler	FTS	RFZ automatisiert	RFZ mannbedient	Senkrechtförderer	Kanalfahrzeug	Verteilfahrzeug
Funktion	Fördern + Lagern + Arbeitsplatz	○	○	○	○	○	○	○	○	○	○	○	○	○	○	○
	Fördern + Lagern	○	◑	○	○	○	○	○	○	○	◑	○	○	○	○	○
	Fördern	●	●	●	●	●	●	●	●	●	●	●	●	●	●	●
Lastmanipulation	aktiv automatisiert	○	○	○	○	○	○	○	○	○	●	○	○	○	○	○
	aktiv mechanisiert	○	○	○	◑	●	●	○	○	●	○	○	○	○	○	○
	passiv	●	●	●	●	○	○	○	○	○	○	○	○	○	○	○
Automatisierungsgrad des Antriebs	automatisiert	◑	○	○	○	○	○	○	○	○	●	●	◑	●	●	●
	mechanisiert	●	○	○	●	◑	●	●	●	●	○	○	●	○	○	○
	manuell	○	●	●	○	●	○	○	○	○	○	○	○	○	○	○
Förderrichtung	drei-dimensional	○	○	○	○	◑	●	●	●	●	◑	●	●	○	◑	◑
	zwei-dimensional horizontal	○	●	●	●	●	○	○	○	○	●	○	○	○	○	○
	zwei-dimensional vertikal	○	○	○	○	○	○	○	○	○	○	○	○	●	●	●
	ein-dimensional vertikal	●	○	○	○	○	○	○	○	○	○	○	○	○	○	○
Ortsbindung	zwangsgeführt + freiverfahrbar	○	○	○	○	○	○	●	●	○	◑	○	○	○	○	○
	frei verfahrbar	○	◑	●	●	●	●	○	○	●	○	○	○	○	○	○
	zwangsgeführt	○	○	○	○	○	○	○	○	○	●	●	●	○	●	●
	stationär	●	●	○	○	○	○	○	○	○	○	○	○	●	○	○
Flurbindung	flurfrei	○	○	○	○	○	○	○	○	○	○	○	○	○	○	○
	flurgebunden	●	●	●	●	●	●	●	●	●	●	●	●	●	●	●
Förderart	unstetig	●	●	●	●	●	●	●	●	●	●	●	●	●	●	●
	stetig	○	○	○	○	○	○	○	○	○	○	○	○	○	○	○

MML / 17 SU

flurgebunden

Unstetigförderer

Legende: ● trifft zu   ◑ trifft teilweise zu   ○ trifft nicht zu

Abb. 3.3b: Einordnung der Fördermittel in die Morphologie

| | Stetigförderer | | | | | | Unstetigförderer | | | |
| | flurgebunden | | | | flurfrei | | flurfrei | | | |
	Rollenbahn angetr.	Tragkettenförderer	Bandförderer	Schleppkreisförderer	Kreisförderer	Aufzug	Power and Free-Förderer	Elektro-Hängebahn	Brücken-Hänge-/Konsolkran	Dreh-/Portalkran
Automatisierungsgrad	●	●	●	●	●	◐	●	●	○	○
Integrierbarkeit in automatische Materialfluß-Systeme	●	●	●	●	●	●	●	●	○	○
Flexibilität bei Layout-Änderungen	○	○	◐	○	○	○	◐	○	●	◐
Flexibilität bei Änderung der Förderleistung	○	○	○	○	○	○	◐	◐	○	○
Flexibilität bei Änderung des Transportguts	◐	○	◐	●	●	◐	●	◐	●	●
Flächenbedarf für Transportstrecken	○	○	○	●	●	◐	●	●	●	◐
Hindernisbildung	○	○	○	●	●	◐	●	●	●	○
Umkehrbare Förderrichtung	◐	◐	○	○	○	◐	○	◐	●	●
Überwindung von Steigungen	◐	○	◐	●	●	●	●	◐	●	●
Aufwand bei Verzweigungen	●	◐	●	◐	○	—	◐	◐	—	—
Stau- und Pufferfähigkeit	◐	◐	◐	●	◐	○	●	●	○	○
Lastübergabe gesamter Transportstrecke möglich	◐	○	●	◐	◐	○	●	○	●	●
Anforderungen an den Baukörper	●	●	●	○	○	○	○	○	○	◐
Personalbedarf	●	●	●	●	●	◐	●	●	○	○
Steuerungsaufwand	◐	◐	◐	◐	◐	◐	○	○	◐	◐
Organisation mit Datenverarbeitung	●	●	●	●	●	◐	●	●	◐	◐
Erweiterungsfähigkeit	●	●	●	○	○	○	◐	◐	○	○
Notbetrieb bei Störungen	○	○	○	◐	○	○	○	◐	○	○
Investitionsbedarf	◐	◐	◐	○	◐	○	○	○	○	○
Wartungsaufwand	●	●	●	◐	●	○	◐	◐	◐	◐

MML / 15 SU

Legende: ● günstig ◐ durchschnittlich ○ ungünstig — nicht möglich

Abb. 3.4a: Beispielhafte Bewertung häufig eingesetzter Fördermittel anhand wichtiger Bestimmungskriterien

| | Unstetigförderer | | | | | | | | | | | |
| | flurgebunden | | | | | | | | | | | |
	Rollenbahn nicht angetr.	Handwagen	Schlepper	Wagen	Gabel-Hubwagen	Stapler	Hochregalstapler	FTS	RFZ automatisiert	RFZ mannbedient	Senk rechtförderer	Kanal-/Verteilfahrzeug
Automatisierungsgrad	○	○	○	○	○	○	○	●	●	○	●	●
Integrierbarkeit in automatische Materialfluß-Systeme	◐	○	○	○	○	○	○	●	●	◐	●	●
Flexibilität bei Layout-Änderungen	◐	●	●	●	●	●	●	◐	○	○	◐	○
Flexibilität bei Änderung der Förderleistung	○	◐	●	●	●	●	●	●	○	○	○	◐
Flexibilität bei Änderung des Transportguts	◐	◐	◐	◐	○	◐	○	○	○	○	○	○
Flächenbedarf für Transportstrecken	○	●	●	●	●	●	●	●	○	○	●	○
Hindernisbildung	○	●	●	●	●	●	●	●	○	○	●	○
Umkehrbare Förderrichtung	○	●	◐	●	●	●	●	●	●	●	●	●
Überwindung von Steigungen	○	○	○	◐	◐	◐	○	◐	○	○	●	○
Aufwand bei Verzweigungen	◐	●	●	●	●	●	●	●	◐	◐	◐	○
Stau- und Pufferfähigkeit	●	○	◐	○	○	○	○	○	○	○	○	○
Lastübergabe gesamter Transportstrecke möglich	○	●	●	●	●	●	◐	◐	○	◐	●	●
Anforderungen an den Baukörper	●	●	●	●	●	●	○	○	◐	◐	◐	●
Personalbedarf	●	○	○	○	○	○	○	●	●	○	●	●
Steuerungsaufwand	●	●	●	●	●	●	◐	○	○	◐	○	○
Organisation mit Datenverarbeitung	○	○	◐	◐	○	◐	◐	●	●	◐	●	●
Erweiterungsfähigkeit	◐	○	●	●	●	●	●	●	○	○	○	○
Notbetrieb bei Störungen	●	●	●	●	●	●	●	●	○	○	○	○
Investitionsbedarf	●	●	◐	◐	●	◐	○	○	○	○	○	○
Wartungsaufwand	●	●	○	○	◐	◐	○	○	○	◐	○	◐

MML / 15 SU

Legende: ● günstig   ◐ durchschnittlich   ○ ungünstig   — nicht möglich

Abb. 3.4b: Beispielhafte Bewertung häufig eingesetzter Fördermittel anhand wichtiger Bestimmungskriterien

3.1.2   Förderhilfsmittel

Förderhilfsmittel sind nach (Dolezalek 1981; Beisteiner 1977; Fischer 1988) Einrichtungen zum Bilden von Ladeeinheiten der Waren für den Transport mit Fördermitteln, zum Abstellen an den Arbeitsplätzen (vgl. Kap. 3.3) und zur Lagerung.

Durch den Gebrauch von Förderhilfsmitteln lassen sich Transport- und Handhabungsvorgänge reduzieren, Produktions- und Lagerflächen besser ausnutzen sowie mechanisierte oder automatisierte Fördermittel wirtschaftlich einsetzen. In der idealen Transportkette ist dabei die Lagereinheit (Ladeeinheit) gleich der Transporteinheit und gleich der Produktionseinheit (Dolezalek 1981; Rau 1977; VDI 2411).

3.1.2.1 Bestimmungsgrößen der Förderhilfsmittel

Die prinzipiellen Möglichkeiten des Aufbaus sowie die verschiedenen Eigenschaften der Förderhilfsmittel sollen wiederum anhand einer Morphologie dargestellt werden. In Abbildung 3.5 sind die entsprechenden Kriterien und die zugehörigen Ausprägungen zusammengefaßt.

Aufnahme des Förderguts

Nach der Art und Weise, wie das Fördergut aufgenommen wird, lassen sich tragende, tragende und umschließende sowie tragende und abschließende Förderhilfsmittel unterscheiden. Tragende Förderhilfsmittel (z.B. Flachpaletten) bilden lediglich eine Plattform für das Fördergut. Eine wirtschaftliche Auslastung ergibt sich erst, wenn das Fördergut auf dem Förderhilfsmittel gestapelt wird. Weiterhin bieten tragende Förderhilfsmittel dem Fördergut keinen Schutz vor Beschädigung bzw. der Umwelt keinen Schutz vor dem Fördergut (z.B. bei scharfkantigen Gütern). Tragende und umschließende Förderhilfsmittel (z.B. Gitterboxpaletten) besitzen zusätzlich zur Bodenfläche noch Seitenwände. Das Fördergut kann ungeordnet in das Förderhilfsmittel eingefüllt werden und ist in gewissem Maße gegen Beschädigung geschützt. Tragende und abschließende Förderhilfsmittel (z.B. Fässer) verfügen über einen Boden, Seitenwände und einen Deckel. Sie werden zum Transport von flüssigen oder gasförmigen Stoffen eingesetzt (Dolezalek 1981; Jünemann 1989).

Morphologie der Förderhilfsmittel		
Kriterien	**Ausprägungen**	
Aufnahme des Förderguts	tragend	tragend und umschließend	tragend und abschließend
Möglichkeit des Unterfahrens	gegeben	nicht gegeben
Stapelbarkeit	nur im leeren Zustand gegeben	im leeren und im beladenen Zustand gegeben
Modularer Aufbau	gegeben	nicht gegeben
Möglichkeit der Handhabung	manuell	automatisch	manuell und automatisch
Funktion	Förderhilfsmittel	Förder- und Lagerhilfsmittel	Förder-, Lager-, und Bereitstellungs- hilfsmittel

MML / 23 SU

Abb. 3.5:   Morphologie der Förderhilfsmittel

Möglichkeit zum Unterfahren

Förderhilfsmittel bieten teilweise die Möglichkeit zum Unterfahren, können aber auch nicht unterfahrbar sein. Unterfahrbare Förderhilfsmittel (z.B. Flachpaletten) weisen genormte Einfahröffnungen auf, in die ein entsprechendes Fördermittel mit der Gabel einfahren kann. Sie lassen sich direkt vom Boden aufnehmen und auf den Boden absetzen und bilden eine standardisierte Schnittstelle im Förderprozeß, die von großer Bedeutung für die Gestaltung durchgängiger Materialflußsysteme ist. Die Übernahme und Übergabe von Förderhilfsmitteln, die nicht unterfahrbar sind (z.B. Behälter), kann dagegen nur mit Hilfe spezieller Handhabungseinrichtungen oder manuell erfolgen (Rau 1977).

Stapelbarkeit

Für den wirtschaftlichen Transport und die platzsparende Lagerung ist die Stapelbarkeit der Förderhilfsmittel von Bedeutung. Dabei lassen sich bestimmte Förderhilfsmittel, wie z.B. Flachpaletten, nur in leerem Zustand sinnvoll stapeln. Günstiger für die Raumausnutzung sind Förderhilfsmittel, die sowohl im leeren als auch im beladenen Zustand gestapelt werden können, wie das beispielsweise bei Gitterboxpaletten der Fall ist (Dolezalek 1981).

Modularer Aufbau

Ein flexibler Einsatz von Förderhilfsmitteln ist gegeben, wenn sich die Vertreter einer Baureihe modular zusammenstellen lassen. Das bedeutet, daß sich mehrere kleine Elemente sinnvoll auf oder in einem größeren Element anordnen lassen. Als Beispiel seien hier die weit verbreiteten Euro-Kästen angeführt, die in ihren Abmessungen so gestuft sind, daß jeweils zwei kleinere Kästen quer auf den nächst größeren gestapelt eine geschlossene Einheit bilden (vgl. Abb. 3.6).

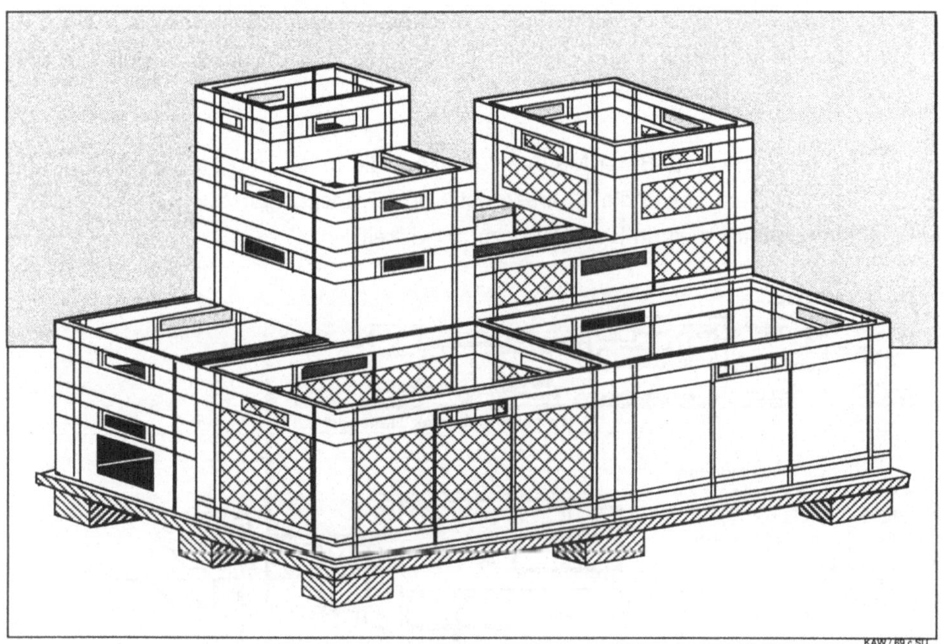

Abb. 3.6:   Modularer Aufbau

Unter Verwendung derartig standardisierter Förderhilfsmittel und Greifbehälter wird es möglich eine Materialbereitstellungskette mit durchgängiger Gebindegröße zu gestalten (Abbildung 3.7).

Die Gebindeeinheit kann dabei aufgebaut sein als:

o Gebinde, bestehend nur aus dem Transportgut wie z.B. Maschinenteile, Blechpaket und Rohrbündel.

o Gebinde, aufgebaut aus einem Transporthilfsmittel auf oder in dem sich das Transportgut befindet wie z.B. Maschinenteile auf Palette, Gußteile im Behälter und Schrauben im Kasten.

o Gebinde, aufgebaut aus einem Transporthilfsmittel auf oder in dem sich das Transportgut befindet, welches wiederum zu Einheiten zusammengefaßt ist, wie z.B. Montageteile im Behälter und Behälter auf Palette oder Produkte in Behälter und Behälter in Gitterboxpalette.

Es ist also erforderlich, daß der Materialflußplaner die möglichen Transportmittel und deren Eigenschaften sowie die Charakteristik des Transportgutes kennt, um die beste Gebindeeinheit für einen Bedarfsfall zu entwickeln.

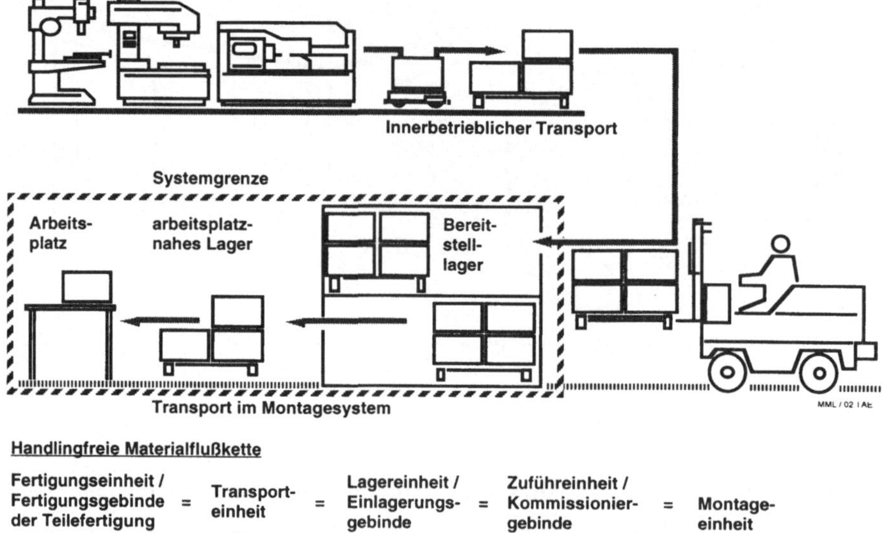

Abb. 3.7:   Durchgängige Materialbereitstellungskette mit durchgängiger Gebindegröße

Die Vorteile einer durchgängigen Gebindegröße sind in Abbildung 3.8 dargestellt.

Vorteile einer durchgängigen Gebindegröße

● Einsparung von Umladevorgängen und Handhabungszeiten

● Erhöhung der Umschlagsleistung und der Auslastung von Transportmitteln

● Erleichterung von Mechanisierung und Automatisierung

● Verringerung der Transportmittelsysteme und Transportmittelanzahl

● Bildung von Transportketten

● Senkung von Materialflußkosten und Verbesserung des Materialflusses

● Schonung des Transportgutes, Einsparung von Verpackungskosten

● Sicherung gegen Diebstahl

● Einsparung an Lagerflächenbedarf durch stapelfähige Einheiten

● Reduzierung des Zeitaufwandes für Inventuren

● Erleichterung der Handhabung

● Vermindern von Unfallgefahr und Verletzungen

● Verbesserung der Stapelsicherheit, der Übersichtlichkeit und der Transport-
sicherheit

MML / 03 TAE

Abb. 3.8:   Vorteile einer durchgängigen Gebindegröße

Möglichkeiten der Handhabung
Entsprechend den eingesetzten Fördermitteln sollten sich die Förderhilfsmittel manuell, automatisch oder sowohl manuell als auch automatisch handhaben lassen. Je
nach Ausprägung müssen sie geeignete Trage- oder Aufnahmevorrichtungen aufweisen.

Funktion
Die bereichsübergreifende Bedeutung der Förderhilfsmittel kommt bei der Beschreibung ihrer Funktion zum Ausdruck. Nur wenige Förderhilfsmittel dienen ausschließlich der Unterstützung des eigentlichen Transportvorgangs. Meist werden sie sowohl
für den Transport als auch als Ladungsträger im Lager eingesetzt. Darüber hinaus
finden sie bei der unmittelbaren Bereitstellung am Arbeitsplatz Verwendung.

3.1.2.2 Einteilung und Bewertung der Förderhilfsmittel

Die wichtigsten in der Praxis eingesetzten Förderhilfsmittel sind in Abbildung 3.9 zusammengefaßt und nach der Aufnahme des Förderguts und der Unterfahrbarkeit gegliedert. Tragende und abschließende Förderhilfsmittel dienen hauptsächlich dem Transport flüssiger oder gasförmiger Stoffe und sollen im folgenden nicht näher betrachtet werden, da sie im Umfeld der Montage nur eine untergeordnete Rolle spielen.

In Abbildung 3.10 wurde eine vollständige Einordnung der aufgeführten Förderhilfsmittel anhand aller Kriterien und Ausprägungen der Morphologie (vgl. Kap. 3.1.2.1) vorgenommen.
Die Auswahl geeigneter Förderhilfsmittel hat entscheidenden Einfluß auf den reibungslosen Ablauf der Materialbereitstellung und mögliche Automatisierungsstrategien im Materialfluß. Welche Fördermittel für die jeweilige Aufgabe in Frage kommen, läßt sich erst beantworten, wenn organisatorische Fragen (z.B. Art des Materialbereitstellungsprinzips) geklärt sind. Die wichtigsten Kriterien zur Auswahl von Förderhilfsmitteln zeigt Abb. 3.11.

Jedes dieser Kriterien stellt an die Förderhilfsmittel bestimmte Anforderungen, die in Abbildung 3.12 zusammengefaßt dargestellt sind. Diese Anforderungen unterstützen die Auswahl des optimalen Förderhilfsmittels für die jeweilige Förder- bzw. Bereitstellaufgabe.

Da die einzelnen Förderhilfsmittel je nach Hersteller in ihrer Gestaltung und ihrem Leistungsangebot stark variieren, erscheint eine eindeutige Zuordnung der Vor- und Nachteile anhand der Kriterien zu den verschiedenen Förderhilfsmitteln wie dies in ähnlicher Weise in den Kapiteln 3.2.1.2 und 3.1.1.2 vollzogen wurde, an dieser Stelle nicht sinnvoll. Die Bewertung kann daher nur am konkreten betrieblichen Einzelfall erfolgen.

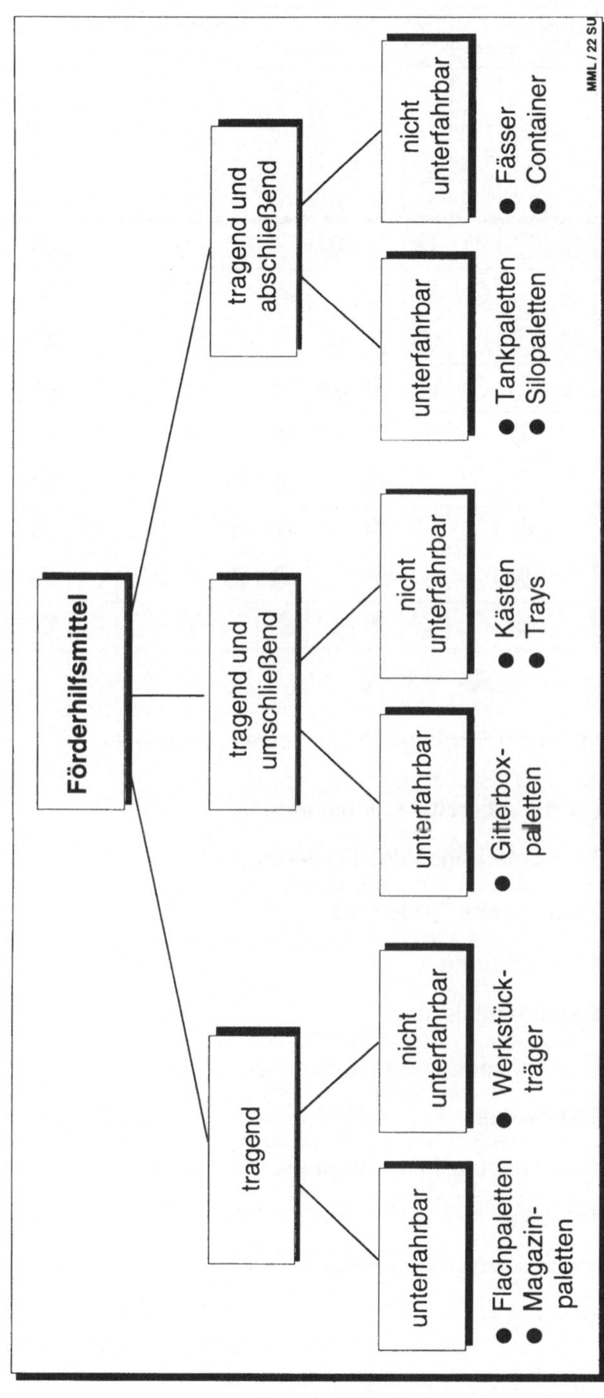

Abb. 3.9: Einteilung der Förderhilfsmittel

	Aufnahme des Fördergutes			Möglichkeit zum Unterfahren		Stapelbarkeit		modularer Aufbau		Möglichkeiten der Handhabung			Funktion		
	tragend	tragend und umschließend	tragend und abschließend	gegeben	nicht gegeben	im leeren Zustand gegeben	im leeren und vollen Zustand gegeben	gegeben	nicht gegeben	manuell	automatisiert	manuell und automatisiert	Förderhilfsmittel	Förder- und Lagerhilfsmittel	Förder-, Lager- und Bereitstellungshilfsm.
tragend Flachpalette	●	○	○	●	○	●	○	◐	○	○	○	●	○	●	◐
Rungenpalette	●	○	○	●	○	○	●	○	●	○	○	●	○	●	◐
Magazinpalette	●	○	○	●	○	●	◐	◐	●	○	○	●	○	◐	●
Werkstückträger	●	○	○	◐	●	●	◐	◐	●	○	○	●	○	◐	●
tragend und umschließend Gitterboxpalette	○	●	○	●	○	○	●	○	●	○	○	●	○	●	◐
Kasten	○	●	○	○	●	○	●	●	○	○	○	●	○	◐	●
Sichtlagerkasten	○	●	○	○	●	○	●	●	○	○	○	●	○	◐	●
Klein-Ladungs-Träger	○	●	○	○	●	○	●	●	○	○	○	●	○	◐	●
Tray	○	●	○	◐	●	○	●	○	●	○	○	●	○	◐	●

Legende: ● trifft zu   ◐ trifft teilw. zu   ○ trifft nicht zu

MML / 24 SU

Abb. 3.10:   Einordnung der Förderhilfsmittel in die Morphologie

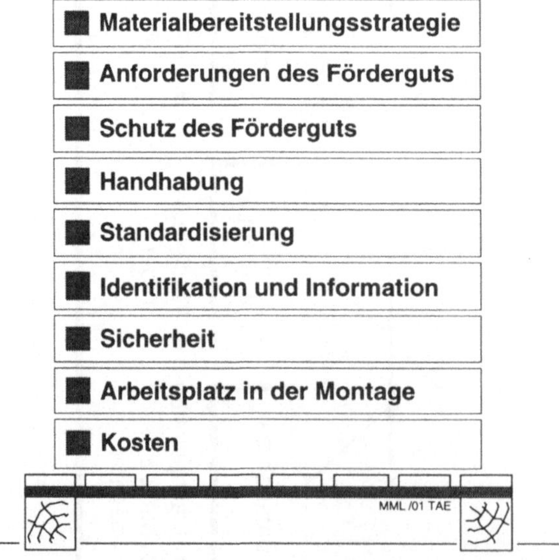

Abb. 3.11:   Kriterien zur Auswahl von Förderhilfsmitteln

Kriterien	Anforderungen
Materialbereitstellungsstrategie	● passend ◆ zum Automatisierungsgrad ◆ zur Art des Fördermittels ◆ zur Art des Lagermittels ◆ zur Art der Bereitstellung am Arbeitsplatz ●
Anforderungen des Förderguts	● abgestimmt auf ◆ Materialart, Werkstoff (Stückgut, Schüttgut, Flüssigkeit) ◆ Abmessungen bzw. Volumen ◆ Gewicht ◆ Eigenschaften (druckempfindlich, gefährlich, giftig, Geruch) ◆ Schwerpunktslage ◆ Menge ● Sonderbehälter entsprechend Teilecharakteristik ● durchgängige Ladeeinheit ● eindeutige Zuordnung Fördermittel - Teil ●
Schutz des Förderguts	● Schutz vor Umwelteinflüssen und Beschädigung (Staub, Hitze, Nässe, Kälte, ...) ● Brandschutz (keine Kartonagen oder Holzbehälter) ● stoßfest und stoßdämpfend ● formstabil ●
Handhabung	● hohe Tragfähigkeit ● rutschfest ● unterfahrbar ● einheitenbildend ● automatisierungsfreundlich ●
Standardisierung	● genormt ● stapelbar (Modul-Maß) z.B. Abstimmung auf Euro-Pool-Palettenmaß (1200 x 1000) mittels Euro-Fix-Kästen ●
Identifikation und Information	● unterscheidbar ● identifizierbar ● informativ z.B. durch Materialbegleitkarte am Behälter oder Barcode ●
Sicherheit	● Erfüllen von rechtlichen Bestimmungen ◆ Unfallverhütungsvorschriften der Berufsgenossenschaften ◆ Vorschriften der Gewerbeaufsicht ◆ Gesetze (BGB, Maschinenschutzgesetz, Aufzugsverordnung) ◆ DIN-Empfehlungen, VDI-Richtlinien ● kippstabil ● rutschfest ● Verletzungsschutz (keine scharfen Kanten) ●
Arbeitsplatz in der Montage	● passend ◆ zur Gestaltung des Arbeitsplatzes ◆ zum Platzangebot ● gute Zugänglichkeit zu den Teilen ●
Kosten	● möglichst geringe ◆ Investitionskosten und ◆ Betriebskosten ● wirtschaftlich ● raum- und flächensparend ●

MML / 39 SU

Abb. 3.12　　Anforderungen zur Bewertung und Auswahl von Förderhilfsmitteln

3.2   Lager- und Lagerbedientechnik bzw. Kommissioniertechnik

In diesem Kapitel werden die technischen Voraussetzungen innerhalb des Lagersystems geklärt, die für einen menschengerechten und wirtschaftlichen Materialfluß wichtig sind. Dies betrifft die ineinandergreifenden Techniken des Einlagerns, Lagerns, Auslagerns und Kommissionierens, die hierbei zu Lagertechnik und Lagerbedientechnik zusammengefaßt werden.

3.2.1   Lagertechnik

Die Lagertechnik stellt die technischen Mittel zum Lagern von Gütern zur Verfügung (VDI 2411), die im allgemeinen als Lagermittel bezeichnet werden.

3.2.1.1 Bestimmungsgrößen der Lagertechnik

In der nachfolgenden Morphologie (Abb. 3.13) wird die Lagertechnik durch 6 Kriterien charakterisiert. Die jeweiligen Ausprägungen geben einen Überblick und lassen eine Typisierung zu.

Nachfolgend werden die Kriterien und ihre Ausprägungen näher erläutert.

Bauform
Die Lagerung von Material kann in Gebäuden, in Traglufthallen oder im Freien erfolgen. Am häufigsten sind in der Praxis Lager in Gebäuden vorzufinden.

Ein Traglufthallenlager entsteht, wenn eine aus luftundurchlässigem Gewebe bestehende Hallenhaut durch ein Gebläse über einer befestigten Grundfläche aufgespannt wird. Traglufthallen werden vorwiegend als Ausweichlager eingesetzt.
Bei Freilagern beschränken sich bauliche Maßnahmen auf die Befestigung des Bodens, um den Einsatz von Fördermitteln zu ermöglichen. Sie eignen sich für die Lagerung von witterungsunempfindlichen Gütern.

Morphologie zur Lagertechnik

Kriterien	Ausprägungen					
Bauform	Lager in Gebäuden		Lager in Traglufthallen		Freilager	
Bauweise	Flachlager	hohes Flachlager		Etagenlager	Hochlager	
Lagerform	statische Lagerung			dynamische Lagerung		
Lagerweise	Lagerung ohne Regalgestell		Lagerung mit Regalgestell		Lagerung auf Fördermitteln	
Förderhilfsmittel	mit Förderhilfsmittel			ohne Förderhilfsmittel		
Funktion	Vorratslager	Kommissionier-lager	Zwischen-lager	Pufferlager	kombiniertes Vorrats- und Kommissionier-lager	kombiniertes Zwischen- und Kommissionier-lager

KAW / 201 SU

Abb. 3.13: Morphologie zur Lagertechnik

Bauweise

Ein wesentliches Unterscheidungsmerkmal von Lagern ist ihre Bauweise. Hierbei wird unterschieden in Flachlager, hohe Flachlager, Etagenlager und Hochlager.

Als Flachlager werden Lager bezeichnet, die in Gebäuden bis zu 7 m Höhe untergebracht sind. Sie sind sowohl für eine statische Lagerung mit und ohne Regalgestelle als auch für eine dynamische Lagerung geeignet.

Hohe Flachlager sind Lager in Gebäuden mit Höhen bis zu 12 m. In der Regel sind hohe Flachlager mit Regalgestellen ausgerüstet, da die Stapelfähigkeit der Ladeeinheiten (VDI 2411) und Ladehilfsmittel (Förderhilfsmittel die im Lager eingesetzt werden) sowie ihre Standfestigkeit begrenzt sind. Hohe Flachlager können gleichermaßen für eine statische und für eine dynamische Lagerung (siehe nächstes Kriterium "Lagerform") konzipiert sein.

Als Etagenlager wird ein auf mehreren Stockwerken übereinander angeordnetes Flachlager bezeichnet. Seine Errichtung kann notwendig werden, wenn bei zu kleinen Grundstücksflächen die Lagerfläche erhöht werden soll oder aus Kostengründen bauliche Gegebenheiten übernommen werden müssen.

Hochlager sind Lager mit Höhen über 12 m. Die höchsten bisher realisierten Hochlager haben Höhen bis zu 45 m. Zumeist sind Hochlager als Hochregallager ausgeführt und in Beton- oder Stahlbauweise erstellt. In Betonbauweise haben Hochregallager einen festen Baukörper, in den die Regalgestelle freistehend eingebracht werden, während in Stahlbauweise die Regalgestelle als Tragkonstruktion für die Wände und das Dach benutzt werden. Hochlager werden vorwiegend für eine statische Lagerung und nur in seltenen Fällen für eine dynamisch Lagerung ausgebildet.

Lagerform

Hinsichtlich der Lagerform unterscheidet man die beiden Hauptgruppen der statischen und dynamischen Lagerung. Bei der statischen Lagerung bleibt das eingelagerte Gut bis zur Auslagerung grundsätzlich an einem Platz stehen und wird nicht bewegt. Als dynamisch hingegen wird eine Lagerung bezeichnet, bei der die Güter nach der Einlagerung bewegt werden. Hierbei unterscheidet man zwischen einer Bewegung des Lagerguts in feststehenden Regalen, einer Bewegung des Lagerguts mit den Regalen sowie einer Bewegung des Lagerguts durch Fördermittel mit Lagerfunktion.

Lagerweise

Die Lagerweise gibt an, nach welchen Einrichtungsprinzipien die Lagerung von Gütern vorgenommen werden kann. Es sind dies die Lagerung ohne Regalgestelle, die
Lagerung in Regalgestellen, die Lagerung auf Fördermitteln und die Lagerung in Silos bzw. Tanks. Lager ohne Regalgestell werden als Bodenlager und Lager mit Regalgestellen als Regallager bezeichnet. Für die Lagerung auf Fördermitteln können
je nach Anwendungsfall entweder Stetig- oder Unstetigförderer eingesetzt werden.

Silos bzw. Tanks sind anwendbar zur Lagerung von Schüttgütern, Flüssigkeiten oder
Gasen. In Fertigungsbetrieben bestehen für sie im allgemeinen geringe Anwen-
dungsmöglichkeiten. Sie sollen deshalb im folgenden nicht weiter betrachtet werden.

Förderhilfsmittel

Förderhilfsmittel (vgl. Kap. 3.1.2) sind Einrichtungen zur Zusammenfassung von
Gütern zu Ladeeinheiten. Sie ermöglichen eine bessere Ausnutzung der Lagerflächen und die Reduzierung von Handhabungsvorgängen. Im Zusammenhang mit
dem Lager wird für Förderhilfsmittel auch oft der Begriff Ladehilfsmittel verwendet.

Funktion des Lagers

Lager sind Bestandteile des Materialflusses mit der Funktion des Bevorratens, Sortie-
rens, Pufferns und Verteilens. Entsprechend dieser Grundfunktionen haben sich unterschiedliche Lagertypen entwickelt: Vorratslager, Kommissionierlager, Zwischenlager und Pufferlager. Daneben gibt es noch kombinierte Vorrats- und Kommissionierlager sowie kombinierte Zwischen- und Kommissionierlager.

Vorratslager haben die Aufgabe, Bedarfsschwankungen über einen längeren Zeitraum auszugleichen und in der Zeit zwischen zwei Zugängen die Produktion regelmäßig mit Material zu versorgen. Die Umschlagsleistung, d.h. die Anzahl der in
einem bestimmten Zeitraum durchgeführten Ein- und Auslagerungsvorgänge, in Vor-
ratslagern ist relativ gering.

Als Kommissionierlager werden Lager bezeichnet, in denen Sortier- und Verteilfunk-
tionen ausgeführt werden. Anhand vorgegebener Bedarfsinformationen werden Teil-
mengen zu Aufträgen zusammengefaßt und der Produktion zur Verfügung gestellt.
Die Umschlagsleistung ist abhängig vom jeweiligen Lagergut.

Zwischenlager sind in der Regel produktionsnah angeordnete Lager, in denen Material für definierte Arbeitssysteme (z.B. Montagesystem) vorgehalten werden. Kenn-
zeichnendes Merkmal der Zwischenlager ist die relativ kurze Verweildauer des Mate-

rials, so daß im Vergleich zum Vorratslager wesentlich höhere Umschlagsleistungen erreicht werden.

Pufferlager gleichen Schwankungen zwischen Zu- und Abgängen von Material innerhalb kurzer Zeiträume aus und dienen häufig zur Zeitüberbrückung zwischen Arbeitsvorgangsfolgen in der Produktion. Meist sind sie jeweils nur einer Maschine bzw. einem Arbeitsplatz, höchstens aber einer kleinen Maschinen- bzw. Arbeitsgruppe zugeordnet, wobei sie im Idealfall den einzelnen Mitarbeiter vom Arbeitstakt der Maschine entkoppeln können.

Vorrats- und Kommissionierlager sowie Zwischen- und Kommissionierlager sind in Produktionsbetrieben meist integriert vorzufinden. Die Trennung in Vorrats- und Kommissionierlager hat den Nachteil, daß zwischen die Ein- und Auslagerungsvorgänge ein Umlagerungsvorgang eingeschaltet werden muß, der insbesondere bei großer Anzahl unterschiedlicher Artikel aus wirtschaftlichen Gründen nicht mehr zweckmäßig ist.

Für eine Integration von Zwischen- und Kommissionierlager spricht der geringere Flächenbedarf sowie die Möglichkeit der effizienteren Nutzung von Lager- und Kommissioniereinrichtungen.

3.2.1.2 Einteilung und Bewertung der Lagertechnik

Abbildung 3.14 zeigt die Einteilung der wichtigsten Lagermittel anhand der Kriterien Lagerform und Lagerweise. Danach gibt es vier grundsätzliche Möglichkeiten der Lagerung, denen die Lagermittel eindeutig zugeordnet werden können. Im einzelnen sind dies:

o statische Lagerung ohne Regalgestell,
o statische Lagerung mit Regalgestell,
o dynamische Lagerung mit Regalgestell,
o dynamische Lagerung auf Förderhilfsmittel.

Eine vollständige Einordnung der Lagermittel in die Morphologie der Lagertechnik (vgl. Kap. 3.2.1.1) anhand deren Kriterien und Ausprägungen erfolgt in Abbildung 3.15.

Mit der Bewertung der Lagereinrichtungen sollen deren Vor- und Nachteile aufgezeigt werden. Die in Abbildung 3.16 dargestellte Matrix dient als Orientierungshilfe für eine erste Grobauswahl von Lagermitteln in Abhängigkeit der wichtigsten Kenngrößen.

Die Übersicht in Abbildung 3.17 stellt die relevanten Vor- und Nachteile der verschiedenen Lagermittel sowie wichtige Bestimmungskriterien einander gegenüber, so daß entsprechend der Randbedingungen und Anforderungen eine engere Auswahl getroffen werden kann. Welche Lagermöglichkeiten letztlich eingesetzt werden, hängt von den spezifischen betrieblichen Gegebenheiten ab.

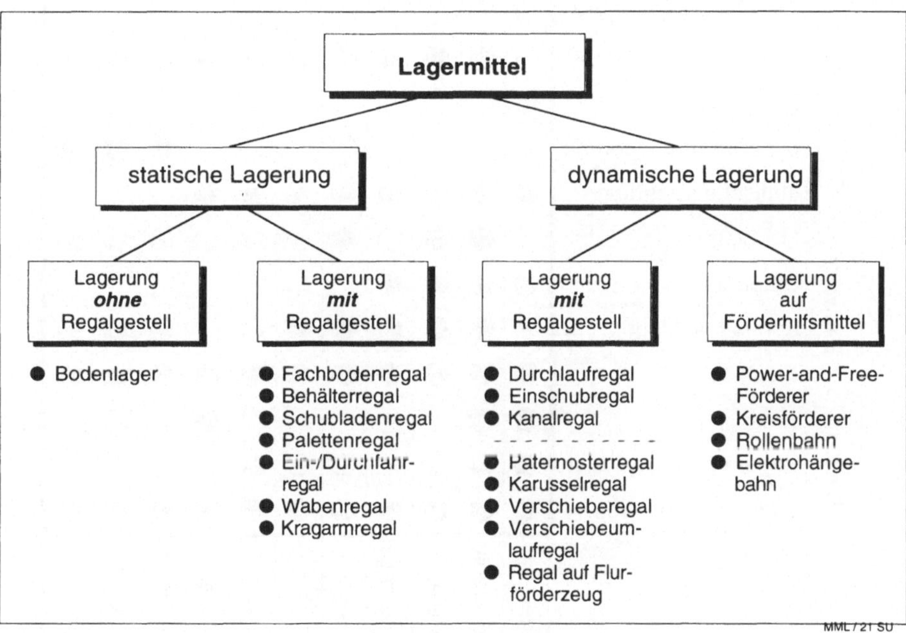

Abb. 3.14:   Einteilung der Lagermittel

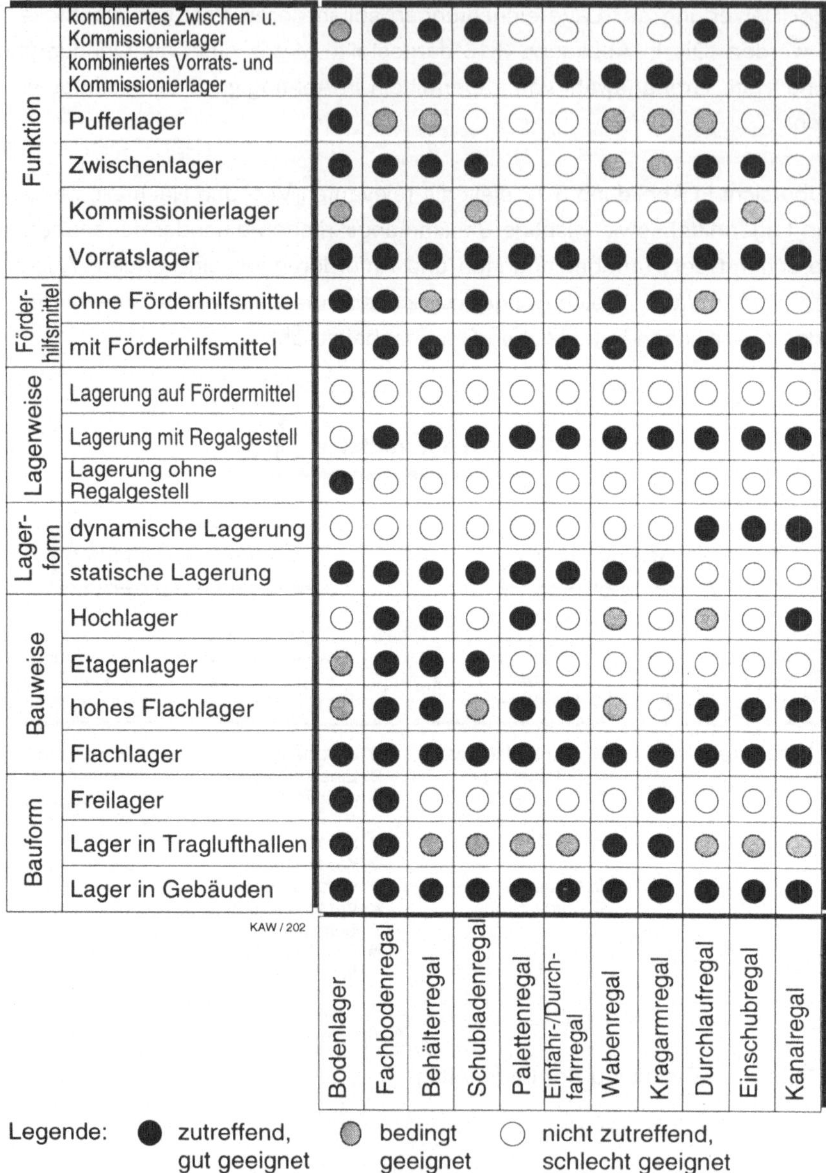

Legende: ● = zutreffend, ◐ = bedingt, ○ = nicht zutreffend (● gut geeignet, ◐ geeignet, ○ schlecht geeignet)

		Bodenlager	Fachbodenregal	Behälterregal	Schubladenregal	Palettenregal	Einfahr-/Durchfahrregal	Wabenregal	Kragarmregal	Durchlaufregal	Einschubregal	Kanalregal
Funktion	kombiniertes Zwischen- u. Kommissionierlager	◐	●	●	●	○	○	○	○	●	●	○
	kombiniertes Vorrats- und Kommissionierlager	●	●	●	●	●	●	●	●	●	●	●
	Pufferlager	●	◐	◐	○	○	○	◐	◐	◐	○	○
	Zwischenlager	●	●	●	●	○	○	◐	◐	●	●	○
	Kommissionierlager	◐	●	●	◐	○	○	○	○	●	◐	○
	Vorratslager	●	●	●	●	●	●	●	●	●	●	●
Förderhilfsmittel	ohne Förderhilfsmittel	●	●	◐	●	○	○	●	●	◐	○	○
	mit Förderhilfsmittel	●	●	●	●	●	●	●	●	●	●	●
Lagerweise	Lagerung auf Fördermittel	○	○	○	○	○	○	○	○	○	○	○
	Lagerung mit Regalgestell	○	●	●	●	●	●	●	●	●	●	●
	Lagerung ohne Regalgestell	●	○	○	○	○	○	○	○	○	○	○
Lagerform	dynamische Lagerung	○	○	○	○	○	○	○	○	●	●	●
	statische Lagerung	●	●	●	●	●	●	●	●	○	○	○
Bauweise	Hochlager	○	●	●	○	●	○	◐	○	◐	○	●
	Etagenlager	◐	●	●	●	○	○	○	○	○	○	○
	hohes Flachlager	◐	●	●	◐	●	●	◐	○	●	●	●
	Flachlager	●	●	●	●	●	●	●	●	●	●	●
Bauform	Freilager	●	●	○	○	○	○	○	●	○	○	○
	Lager in Traglufthallen	●	●	◐	◐	◐	◐	●	●	◐	◐	◐
	Lager in Gebäuden	●	●	●	●	●	●	●	●	●	●	●

KAW / 202

Abb. 3.15a: Einordnung der Lagermittel in die Morphologie

		Paternosterregal	Karussellager	Verschieberegal	Verschiebeumlaufregal	Regal auf Flurförderzeug	Power-and-Free-Förderer	Kreisförderer	Rollenbahn	Elektrohängebahn
Funktion	kombiniertes Zwischen- u. Kommissionierlager	●	●	○	○	○	○	○	○	○
	kombiniertes Vorrats- und Kommissionierlager	◐	○	●	●	○	○	○	○	○
	Pufferlager	○	○	○	○	◐	●	●	●	●
	Zwischenlager	●	●	○	○	●	○	○	○	○
	Kommissionierlager	●	●	○	○	○	○	○	○	○
	Vorratslager	◐	○	●	●	○	○	○	○	○
Förderhilfsmittel	ohne Förderhilfsmittel	◐	◐	●	○	○	●	●	◐	●
	mit Förderhilfsmittel	●	●	●	●	●	●	●	●	●
Lagerweise	Lagerung auf Fördermittel	○	○	○	○	○	●	●	●	●
	Lagerung mit Regalgestell	●	●	●	●	○	○	○	○	○
	Lagerung ohne Regalgestell	○	○	○	○	○	○	○	○	○
Lagerform	dynamische Lagerung	●	●	●	●	●	●	●	●	●
	statische Lagerung	○	○	○	○	○	○	○	○	○
Bauweise	Hochlager	○	○	○	○	○	○	○	○	○
	Etagenlager	●	●	○	○	○	●	●	●	●
	hohes Flachlager	●	○	◐	●	○	○	○	○	○
	Flachlager	●	●	●	●	●	●	●	●	●
Bauform	Freilager	○	○	○	○	○	○	○	○	○
	Lager in Traglufthallen	○	○	○	○	○	○	○	○	○
	Lager in Gebäuden	●	●	●	●	●	●	●	●	●

KAW / 202

Legende: ● zutreffend, gut geeignet   ◐ bedingt geeignet   ○ nicht zutreffend, schlecht geeignet

Abb. 3.15b: Einordnung der Lagermittel in die Morphologie

Ausführliche Beschreibungen der aufgeführten Lagermittel sind aus einschlägiger Literatur ersichtlich (Jünemann 1989, Lagerplanung 1986).

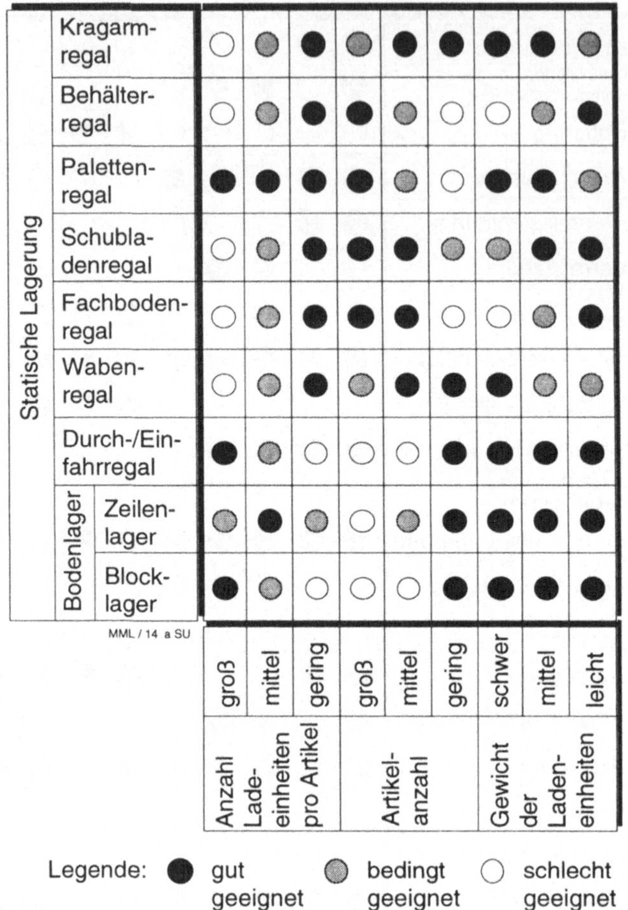

Abb. 3.16a: Beispielhafte Lagermittelauswahl anhand wichtiger Kenngrößen (Jünemann 1989)

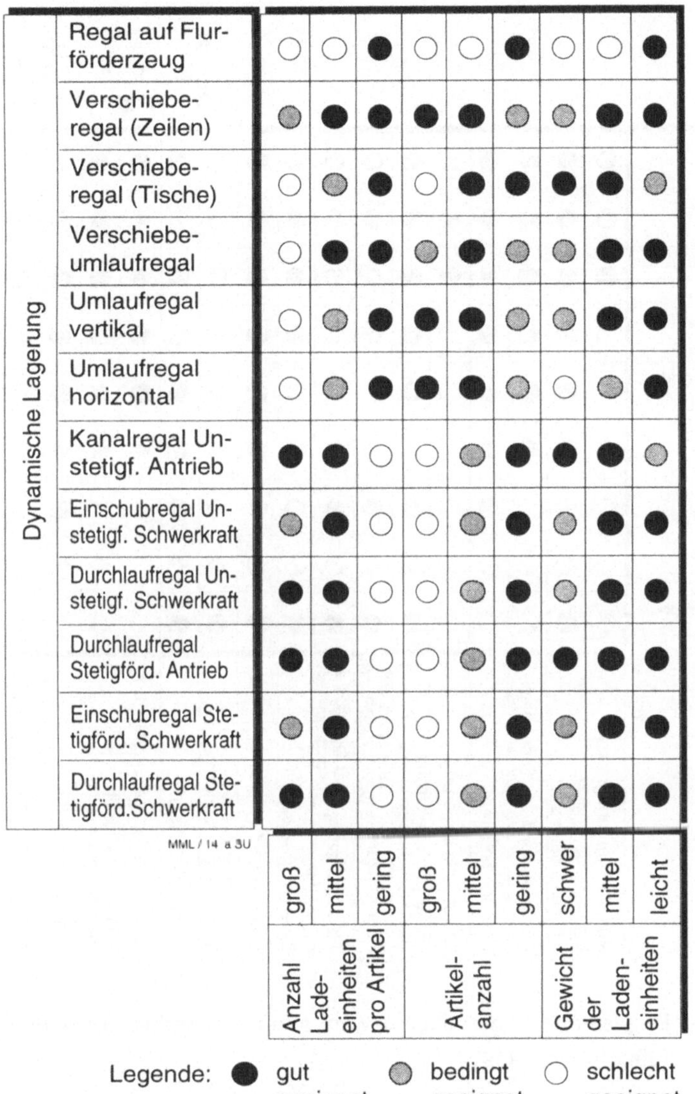

Abb. 3.16b: Beispielhafte Lagermittelauswahl anhand wichtiger Kenngrößen
(Jünemann 1989)

Legende:
● = gut geeignet
◐ = bedingt geeignet
○ = schlecht geeignet

MML / 14 b SU

Statische Lagerung		Automatisierungsgrad	Flexibilität bei Artikelmengenänderung	Direktzugriff auf jede Ladeeinheit	First in - first out	Chaotische Lagerung	Eignung für eine automatische Kommissionierung	Raumnutzung = Lagergutvolumen / Lagergesamtvolumen	Flächennutzung = Lagergutfläche / Lagergesamtfläche	Organisation mit Datenverarbeitung	Erweiterungsfähigkeit	Investitionsaufwand (Lager- und Fördertechnik)	Wartungsaufwand	Höhen- und Längenbegrenzung	Störungsanfälligkeit und Unfallgefährdung	Lagergutbelastung	Zusätzlich benötigte Fördertechnik zum Ein-/Auslagern	Notbetrieb bei Betriebsstörungen von Lagermittel und Lagerbedientechnik	Zugriffsdauer
Kragarmregal		◐	●	●	●	○	●	◐	◐	●	●	◐	●	●	●	●	◐	●	●
Behälterregal		●	●	●	●	●	●	◐	○	●	●	◐	◐	●	●	●	◐	●	●
Palettenregal		●	●	●	●	●	●	◐	◐	●	●	◐	●	●	●	●	◐	●	●
Schubladenregal		◐	●	●	●	○	●	◐	◐	●	●	◐	◐	●	◐	●	◐	●	●
Fachbodenregal		○	●	●	●	○	●	○	○	●	●	◐	●	●	●	●	◐	●	●
Wabenregal		●	●	●	●	○	◐	◐	◐	●	●	◐	●	●	●	●	◐	●	●
Durch-/Einfahrregal		○	◐	○	◐	○	◐	●	●	◐	◐	◐	●	◐	◐	●	◐	●	○
Bodenlager	Zeilenlager	○	◐	○	○	○	◐	◐	◐	◐	●	●	●	○	◐	○	◐	●	◐
Bodenlager	Blocklager	○	◐	○	○	○	◐	●	●	◐	●	●	●	○	◐	○	◐	●	◐

Abb. 3.17a: Beipielhafte Lagermittelauswahl anhand wichtiger Kriterien
(Jünemann 1989)

Legende:
● gut geeignet
◑ bedingt geeignet
○ schlecht geeignet

Dynamische Lagerung

	Automatisierungsgrad	Flexibilität bei Artikelmengenänderung	Direktzugriff auf jede Ladeeinheit	First in - first out	Chaotische Lagerung	Eignung für eine automatische Kommissionierung	Raumnutzung $=\frac{\text{Lagergutvolumen}}{\text{Lagergesamtvolumen}}$	Flächennutzung $=\frac{\text{Lagergutfläche}}{\text{Lagergesamtfläche}}$	Organisation mit Datenverarbeitung	Erweiterungsfähigkeit	Investitionsaufwand (Lager- und Fördertechnik)	Wartungsaufwand	Höhen- und Längenbegrenzung	Störungsanfälligkeit und Unfallgefährdung	Lagergutbelastung	Zusätzlich benötigte Fördertechnik zum Ein-/Auslagern	Notbetrieb bei Betriebsstörungen von Lagermittel und Lagerbedientechnik	Zugriffsdauer
Regal auf Flurförderzeug	◑	○	●	●	◑	●	◑	◑	●	●	○	○	○	○	●	◑	○	●
Verschieberegal (Zeilen)	◑	●	●	●	●	◑	●	●	●	○	○	◑	◑	◑	●	◑	○	●
Verschieberegal (Tische)	◑	●	●	●	◑	●	●	●	●	○	○	◑	◑	◑	●	◑	○	●
Verschiebeumlaufregal	◑	●	●	●	●	●	●	●	●	○	○	◑	◑	◑	●	●	○	◑
Umlaufregal vertikal	●	●	●	●	●	●	◑	◑	●	○	○	◑	◑	◑	●	●	◑	●
Umlaufregal horizontal	◑	●	●	●	●	●	◑	◑	●	○	○	◑	◑	◑	●	●	◑	●
Kanalregal Unstetigf. Antrieb	●	○	◑	●	○	◑	●	●	●	◑	○	◑	●	●	●	●	○	●
Einschubregal Unstetigf. Schwerkraft	●	○	◑	○	○	◑	●	●	●	◑	○	○	○	◑	◑	●	●	●
Durchlaufregal Unstetigf. Schwerkraft	●	○	◑	●	○	◑	●	●	●	◑	○	○	◑	◑	◑	●	●	●
Durchlaufregal Stetigförd. Antrieb	●	○	◑	●	○	●	●	●	●	◑	○	○	●	◑	◑	●	◑	●
Einschubregal Stetigförd. Schwerkraft	●	○	◑	○	○	◑	●	●	●	◑	○	○	○	○	○	●	●	●
Durchlaufregal Stetigförd. Schwerkraft	●	○	◑	●	○	●	●	●	●	◑	○	○	◑	○	○	●	●	●

MML / 14 b SU

Abb. 3.17b: Beipielhafte Lagermittelauswahl anhand wichtiger Kriterien (Jünemann 1989)

3.2.2 Lagerbedientechnik

Unter Lagerbedientechnik wird im folgenden der konstruktive Aufbau und die Arbeitsweise von Lagerbediengeräten verstanden.
Die Lagerbedientechnik überschneidet sich in vielen Fällen mit der Fördertechnik, da es eine große Anzahl von Fördermitteln gibt, die zusätzlich oder vorwiegend im Lager eingesetzt werden.

3.2.2.1 Bestimmungsgrößen der Lagerbedientechnik

Die Lagerbedientechnik kann durch verschiedene Kriterien und deren Ausprägungen charakterisiert werden, die in nachfolgender Morphologie (Abb. 3.18) dargestellt sind.

Morphologie der Lagerbedientechnik				
Kriterien	**Ausprägungen**			
Art der Regal-bedienung	mit hubbeweglichem Lastaufnahmemittel		ohne hubbewegliches Lastaufnahmemittel	
Regalbindung	regalabhängig		regalunabhängig	
Förderart	stetig		unstetig	
Flurbindung	flurgebunden		flurfrei	
Ortsbindung	stationär	frei verfahrbar	zwangsgeführt	frei verfahrbar und zwangsgeführt
Fahrerhub	mit Fahrerhub		ohne Fahrerhub	
Automatisierungsgrad des Antriebs	manuell	mechanisiert (angetrieben)	automatisiert	
Automatisierungsgrad des Ein- und Aus-lagerungsvorgangs	manuell	mechanisiert (nicht angetrieben)	mechanisiert (angetrieben)	automatisiert
Förderrichtung	horizontal (2 D)	vertikal (2 D)	horizontal und vertikal (3 D)	
Funktion	Einlagern und Auslagern	Kommissionierung	Einlagern und Auslagern und Kommissionierung	

KAW / 200 SU

Abb. 3.18:   Morphologie zur Lagerbedientechnik

Im folgenden werden die Kriterien und ihre Ausprägungen näher beschrieben.

Art der Regalbedienung
Ein grundlegendes Unterscheidungsmerkmal hinsichtlich der Lagerbedientechnik ergibt sich aus der Art der Regalbedienung. Hierbei wird in Lagerbediengeräte mit hubbeweglichem Lastaufnahmemittel (z.B. Gabeln eines Gabelstaplers) und Lagerbediengeräte ohne hubbewegliche Lastaufnahmemittel (z.B. Tisch oder ebene Ablagefläche eines Kommissionierwagens) unterschieden.

Regalbindung
Lagerbediengeräte kann man in regalabhängige und in regalunabhängige Lagerbediengeräte einteilen. Regalabhängige Lagerbediengeräte sind nur in Regalgängen verfahrbar, während regalunabhängige Lagerbediengeräte sowohl innerhalb als auch außerhalb der Lagerregalgänge bewegt und somit auch zum Fördern eingesetzt werden können.

Förderart
Hinsichtlich der Förderart unterscheidet man die beiden Gruppen der stetig bewegten und unstetig bewegten Lagerbediengeräte.

Stetig bewegte Lagerbediengeräte sind mechanische, pneumatische oder hydraulische Fördermittel mit festgelegtem Förderweg (z.B. Rollenbahn, Bandförderer). Ihre Lastaufnahmemittel sind dabei stets annahme- oder abgabebereit und erzeugen somit einen kontinuierlichen Förderstrom.

Unstetig bewegte Lagerbediengeräte erzeugen hingegen einen diskontinuierlichen Förderstrom (z.B. Regalförderzeuge, Kommissionierstapler), da sie nicht zu jeder Zeit an den Schnittstellen präsent sind und erst positioniert werden müssen.

Flurbindung
Analog zur Fördertechnik läßt sich auch hier die Flurbindung in die Ausprägungen flurgebunden und flurfrei unterscheiden.

Zu den flurgebundenen Lagerbediengeräten gehören alle Geräte, die Bodenflächen für sich in Anspruch nehmen, d.h. Verkehrswege am Boden nutzen oder über Einrichtungen verfahren, die im Boden eingelassen sind.

Flurfrei hingegen sind Lagerbediengeräte, die für den Transportvorgang keine Bodenfläche beanspruchen, d.h. keine Verkehrswege am Boden nutzen (vgl. Kap. 3.1.1.1).

Ortsbindung

Ein wichtiges die Lagerbedientechnik charakterisierendes Kriterium ist die Ortsbindung. Hierbei unterscheidet man die Ausprägungen stationär, frei verfahrbar, zwangsgeführt sowie die Kombination frei verfahrbar und zwangsgeführt.

Als stationär werden Lagerbediengeräte bezeichnet, die an der Decke oder am Boden fest installiert sind. Sie erlauben nur in einem eng begrenzten Wirkraum die Ein- und Auslagerung von Material.

Mit frei verfahrbaren Lagerbediengeräten kann in der horizontalen Ebene jeder beliebige Ort angesteuert werden. Sie zeichnen sich dadurch aus, daß sie neben der Lagerbedienung auch Förderaufgaben außerhalb des Lagers erfüllen können.

Zwangsgeführte Lagerbediengeräte sind auf Schienen geführt. Ihr Wirkungsbereich beschränkt sich in der Regel auf die Lagerbedienung.

Häufig werden die außerhalb der Lagergassen frei verfahrbaren Regalbediengeräte zur Erhöhung der Standsicherheit in den Lagergassen zwangsgeführt.

Fahrerhub

Lagerbediengeräte können mit oder ohne Fahrerhub ausgestattet sein. Unter dem Aspekt der humanitären Arbeitsplatzgestaltung hat der Fahrerhub eine große Bedeutung, denn er ermöglicht, daß der Mensch seine Aufgaben immer in einer günstigen Arbeitshöhe erfüllen kann.

Automatisierungsgrad des Antriebs

Der Antrieb des Lagerbediengeräts kann manuell, mechanisiert oder automatisiert erfolgen. Bei manuellem Antrieb wird die Bewegung des Lagerbediengeräts durch die Muskelkraft des Bedieners erzeugt. Die Fahrzeugführung und -steuerung erfolgt ebenfalls durch den Bediener.

Mechanisiert sind Lagerbediengeräte, die motorisch angetrieben werden. Die Fahrzeugführung und -steuerung obliegt auch hier dem Bedienpersonal.

Bei automatisierter Lagerbediengeräten erfolgt sowohl die Förderbewegung als auch die Fahrzeugsteuerung ohne Einwirken des Bedienpersonals. Dem Mitarbeiter verbleiben lediglich Überwachungsfunktionen.

Automatisierungsgrad des Ein- und Auslagerungsvorganges
Der Ein- und Auslagerungsvorgang kann manuell, mechanisiert angetrieben, mechanisiert nicht angetrieben und automatisch erfolgen.

Ein manueller Ein- und Auslagerungsvorgang ist dadurch gekennzeichnet, daß der Mensch mit seiner Muskelkraft die Ladeeinheiten in die Regalfächer ablegt bzw. aus den Regalfächern entnimmt.

Werden die Ladeeinheiten mittels motorisch angetriebener Lastaufnahmemittel in den Regalfächern abgelegt und wieder aus ihnen entnommen, so handelt es sich um einen mechanisiert angetriebenen Ein- und Auslagerungsvorgang. Die Führung und Steuerung des Lastaufnahmemittels übernimmt die Arbeitsperson.

Bei einem mechanisiert nicht angetriebenen Ein- und Auslagerungsvorgang wird das Lastaufnahmemittel durch menschliche Muskelkraft mit Unterstützung mechanischer Vorrichtungen bewegt. Die Führung und Steuerung des Lastaufnahmemittels obliegt auch hier dem Bedienpersonal.

Bei automatisierten Regalbediengeräten erfolgt der Ein- und Auslagerungsvorgang ohne Einwirkung des Bedienpersonals. Der Mitarbeiter hat lediglich eine Überwachungsfunktion.

Förderrichtung
Das Kriterium Förderrichtung gibt an, welche Raumachsen ein Lagerbediengerät überbrücken kann.
Zweidimensional horizontal verfahrbare Lagerbediengeräte sind solche Geräte, die sich in der Ebene frei bewegen können. Lagerbediengeräte, deren Arbeitsbereich sich auf die senkrechte Ebene begrenzt, bezeichnet man als zweidimensional vertikal.
Dreidimensionale Regalbediengeräte können jeden beliebigen Punkt im Raum anfahren.
Eindimensionale Regalbediengeräte gibt es nicht, da eine eindimensionale Bewegung nur ein Fördervorgang sein kann und damit ein Ein- oder Auslagerungsvorgang ausgeschlossen ist.

Funktion

Dieses Kriterium gibt an, welche Funktionen das Lagerbediengerät erfüllt. Zu unterscheiden sind Lagerbediengeräte, die sich ausschließlich zur Ein- und Auslagerung von Ladeeinheiten oder zur Kommissionierung eignen sowie Lagerbediengeräte, die sowohl für Ein- und Auslagerungszwecke als auch zur Kommissionierung einsetzbar sind.

3.2.2.2 Einteilung und Bewertung der Lagerbedientechnik

Abbildung 3.19 zeigt die Einteilung der wichtigsten Lagerbediengeräte anhand der Kriterien Art der Regalbedienung, Regalbindung, Förderart und Flurbindung in folgende acht Gruppen:

o   Regalförderzeuge (RFZ),

o   Sondergeräte,

o   Satellitenfahrzeuge,

o   Krane,

o   Flurförderzeuge (FFZ) mit Hubeinrichtung,

o   Flurförderzeuge (FFZ) ohne Hubeinrichtung,

o   Hängeförderer und

o   Stetigförderer.

Eine vollständige Einordnung der wichtigsten Lagerbediengeräte in die Morphologie aus Kap 3.2.2.1 ist anhand deren Kriterien und Ausprägungen in Abbildung 3.20 vorgenommen worden.

Da die Lagerbediengeräte zur Gruppe der Fördermittel gehören, soll an dieser Stelle auf Kapitel 3.1.1.2 verwiesen werden. Dort werden Fördermittel hinsichtlich technischer und humanitärer Bestimmungskriterien bewertet.

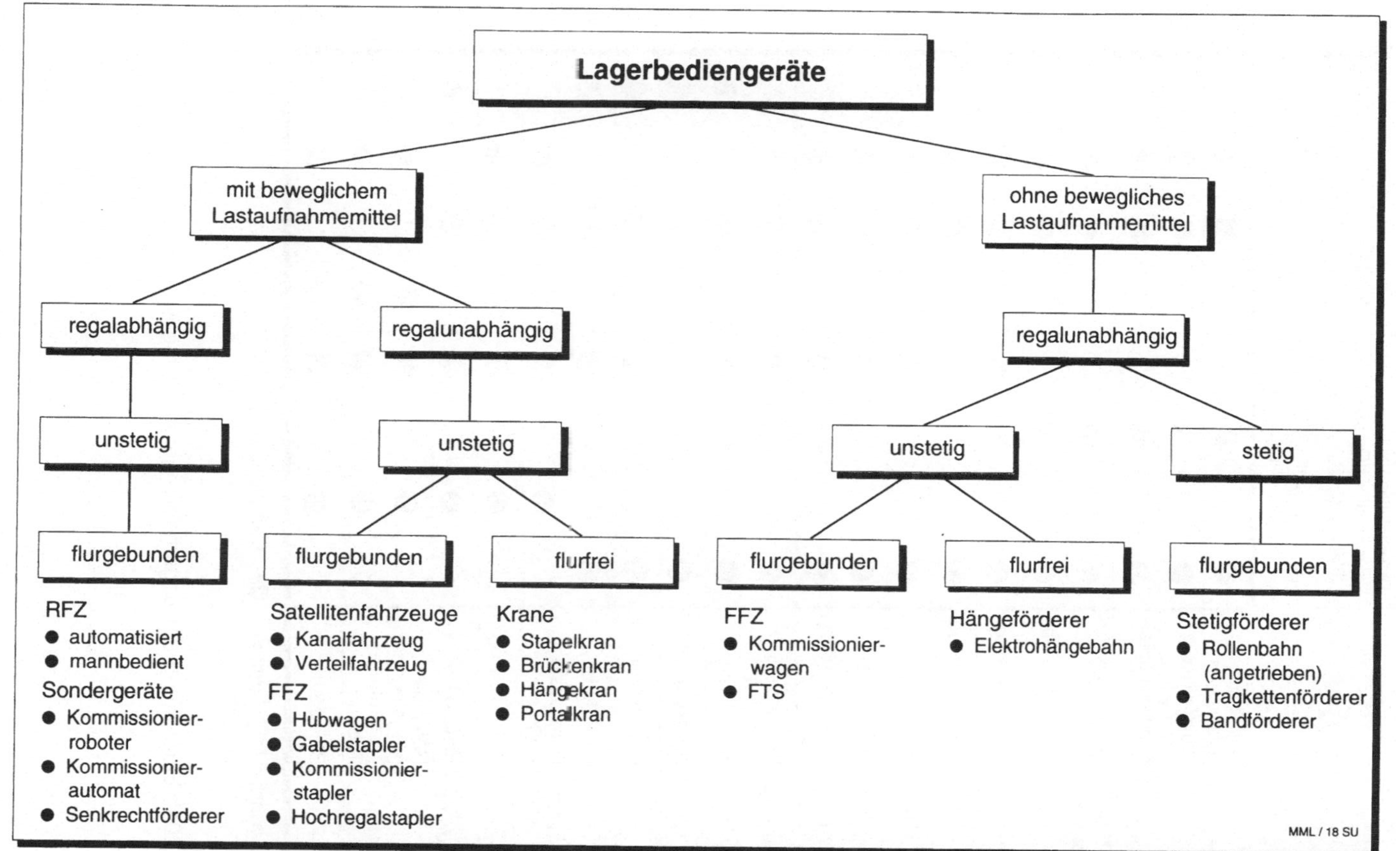

Abb. 3.19: Einteilung der Lagerbedientechnik

		Unterstützung der Regalbedienung		Regalbindung		Förderart		Flurbindung	
		mit	ohne	regal-abhängig	regal-unabhängig	stetig	unstetig	flurgebunden	flurfrei
RFZ	Regalförderzeug (automatisiert)	●	○	●	○	○	●	●	○
RFZ	Regalförderzeug (mannbedient)	●	○	●	○	○	●	●	○
Sondergeräte	Kommissionierroboter	●	○	●	○	○	●	●	○
Sondergeräte	Kommissionierautomat	●	○	●	○	○	●	●	○
Sondergeräte	Senkrechtförderer	●	○	●	○	○	●	●	○
Satellitenfahrzeuge	Kanalfahrzeug	●	○	○	●	○	●	●	○
Satellitenfahrzeuge	Verteilfahrzeug	●	○	○	●	○	●	●	○
FFZ **mit** Unterstützung der Regalbedienung	Hubwagen	●	○	○	●	○	●	●	○
FFZ **mit** Unterstützung der Regalbedienung	Gabelstapler	●	○	○	●	○	●	●	○
FFZ **mit** Unterstützung der Regalbedienung	Kommissionierstapler	●	○	○	●	○	●	●	○
FFZ **mit** Unterstützung der Regalbedienung	Hochregalstapler	●	○	○	●	○	●	●	○
Krane	Stapelkran	●	○	○	●	○	●	○	●
Krane	Brückenkran	●	○	○	●	○	●	○	●
Krane	Hängekran	●	○	○	●	○	●	○	●
Krane	Portalkran	●	○	○	●	○	●	○	●
FFZ **ohne** Unterstützung der Regalbed.	Kommissionierwagen	○	●	○	●	○	●	●	○
FFZ **ohne** Unterstützung der Regalbed.	FTS	○	●	○	●	○	●	●	○
Hängeförderer	EHB	○	●	○	●	○	●	○	●
Stetigförderer	Rollenbahn (angetrieben)	○	●	○	●	●	○	●	○
Stetigförderer	Tragkettenförderer	○	●	○	●	●	○	●	○
Stetigförderer	Bandförderer	○	●	○	●	●	○	●	○

MML / 13 SU

Legende: ○ trifft zu ● trifft nicht zu

Abb. 3.20a: Einordnung der Lagerbediengeräte in die Morphologie

		Ortsbindung				Fahrerhub		Automatisierungsgrad des Antriebs		
		stationär	frei verfahrbar	zwangsgeführt	frei verfahrbar + zwangsgeführt	mit	ohne	manuell	mech. (angetrieben)	automatisiert
RFZ	Regalförderzeug (automatisiert)	○	○	●	○	○	●	○	○	●
	Regalförderzeug (mannbedient)	○	○	●	○	●	●	○	●	○
Sondergeräte	Kommissionierroboter	○	○	●	○	○	●	○	○	●
	Kommissionierautomat	●	○	○	○	○	●	○	○	●
	Senkrechtförderer	●	○	○	○	○	●	○	○	●
Satellitenfahrzeuge	Kanalfahrzeug	○	○	●	○	○	●	○	○	●
	Verteilfahrzeug	○	○	●	○	○	●	○	○	●
FFZ mit Unterstützung der Regalbedienung	Hubwagen	○	●	○	○	○	●	●	●	○
	Gabelstapler	○	●	●	●	○	●	○	●	●
	Kommissionierstapler	○	●	○	●	●	○	○	●	○
	Hochregalstapler	○	●	○	●	○	●	○	●	○
Krane	Stapelkran	○	○	●	○	●	●	○	●	○
	Brückenkran	○	○	●	○	○	●	○	●	○
	Hängekran	○	○	●	○	○	●	●	●	○
	Portalkran	○	○	●	○	○	●	○	●	○
FFZ ohne Unterstützung der Regalbed.	Kommissionierwagen	○	●	○	○	○	●	●	●	○
	FTS	○	○	●	○	○	●	○	○	●
Hängeförderer	EHB	○	○	●	○	○	●	○	○	●
Stetigförderer	Rollenbahn (angetrieben)	○	○	●	○	○	●	○	●	●
	Tragkettenförderer	○	○	●	○	○	●	○	●	●
	Bandförderer	○	○	●	○	○	●	○	●	●

Legende: ● trifft zu   ○ trifft nicht zu

MML / 13 SU

Abb. 3.20b: Einordnung der Lagerbediengeräte in die Morphologie

		Automatisierungsgrad des Ein- und Auslagerungsvorgangs				Förderrichtung			Funktion	
		ma-nuell	mech. (nicht ange-trieben)	mech. (ange-trieben)	auto-mati-siert	hori-zontal 2 D	vertikal 2 D	horiz. + verti-kal 2 D + 3 D	Einla-gern und Ausla-gern	Kom-missi-onie-ren
RFZ	Regalförderzeug (automatisiert)	○	○	○	●	○	○	●	●	○
RFZ	Regalförderzeug (mannbedient)	●	○	●	○	○	○	●	●	●
Sonder-geräte	Kommissionier-roboter	○	○	○	●	○	○	●	○	●
Sonder-geräte	Kommissionier-automat	○	○	○	●	○	○	●	○	●
Sonder-geräte	Senkrechtförderer	○	○	○	●	○	○	●	●	○
Satel-litenfahr-zeuge	Kanalfahrzeug	○	○	○	●	●	○	○	●	○
Satel-litenfahr-zeuge	Verteilfahrzeug	○	○	○	●	●	○	○	●	○
FFZ **mit** Unter-stützung der Re-galbe-dienung	Hubwagen	○	●	●	○	○	○	●	●	○
FFZ **mit** Unter-stützung der Re-galbe-dienung	Gabelstapler	○	○	●	●	○	○	●	●	○
FFZ **mit** Unter-stützung der Re-galbe-dienung	Kommissionier-stapler	●	○	●	○	○	○	●	●	●
FFZ **mit** Unter-stützung der Re-galbe-dienung	Hochregalstapler	○	○	●	○	○	○	●	●	○
Krane	Stapelkran	○	○	●	○	○	○	●	●	○
Krane	Brückenkran	●	○	○	○	○	○	●	●	○
Krane	Hängekran	●	○	○	○	○	○	●	●	○
Krane	Portalkran	●	○	○	○	○	○	●	●	○
FFZ **ohne** Unterstüt-zung der Regalbed.	Kommissionier-wagen	●	○	○	○	●	○	○	●	●
FFZ **ohne** Unterstüt-zung der Regalbed.	FTS	●	○	○	●	●	○	○	●	●
Hänge-förderer	EHB	●	○	○	●	●	○	◍	●	●
Stetig-förderer	Rollenbahn (angetrieben)	●	○	●	●	●	○	○	●	●
Stetig-förderer	Tragketten-förderer	●	○	●	●	●	○	○	●	●
Stetig-förderer	Bandförderer	●	○	●	●	●	○	○	●	●

Legende: ● trifft zu   ◍ trifft bedingt zu   ○ trifft nicht zu

MML / 13 SU

Abb. 3.20c: Einordnung der Lagerbediengeräte in die Morphologie

3.2.3 Zuordnung von Lagerbediengeräten zu verschiedenen Lagermitteln

Um die Einsatzmöglichkeiten der Lagerbediengeräte bei verschiedenen Lagermitteln aufzuzeigen, wurde eine Gegenüberstellung in Abbildung 3.21 vorgenommen.
Die Entscheidungsfindung wird durch die Bewertung der Lagerbediengeräte in Kapitel 3.2.2.2 unterstützt.

Lagermittel	Regalförderzeug (automatisch)	Regalförderzeug (manuell)	Kommissionierroboter	Kommissionierautomat	Senkrechtförderer	Kanalfahrzeug	Verteilfahrzeug	Hubwagen	Gabelstapler	Kommissionierstapler	Hochregalstapler
Regal auf Flurförderzeug	●	●	◐	○	○	○	○	●	●	○	○
Verschiebeumlaufregal	◐	○	○	○	○	○	○	●	●	○	○
Verschieberegal	◐	◐	○	○	○	○	◐	○	◐	●	●
Karusselregal	○	○	◐	○	●	○	○	◐	◐	○	○
Paternosterregal	◐	○	○	○	○	○	○	●	●	○	○
Kanalregal	●	●	○	○	○	●	●	○	●	○	●
Einschubregal	○	◐	○	○	○	○	○	○	●	◐	●
Durchlaufregal	●	●	○	●	○	○	●	○	●	◐	●
Kragarmregal	○	○	○	○	○	○	○	○	●	◐	●
Wabenregal	○	●	○	○	○	○	○	○	○	◐	○
Ein-/Durchfahrregal	○	○	○	○	○	●	○	○	●	○	●
Palettenregal	●	●	○	○	○	○	●	○	●	●	●
Schubladenregal	◐	◐	○	○	○	○	○	○	○	●	○
Behälterregal	●	●	●	○	○	○	●	◐	●	●	●
Fachbodenregal	◐	●	○	○	○	○	○	◐	●	●	●
Bodenlager	○	○	●	○	○	○	○	●	●	◐	○

MML / 12 SU

Legende: ● zutreffend, gut geeignet ◐ bedingt geeignet ○ nicht zutreffend, schlecht geeignet

Abb. 3.21a: Zuordnung von Lagerbediengeräten zu Lagermitteln

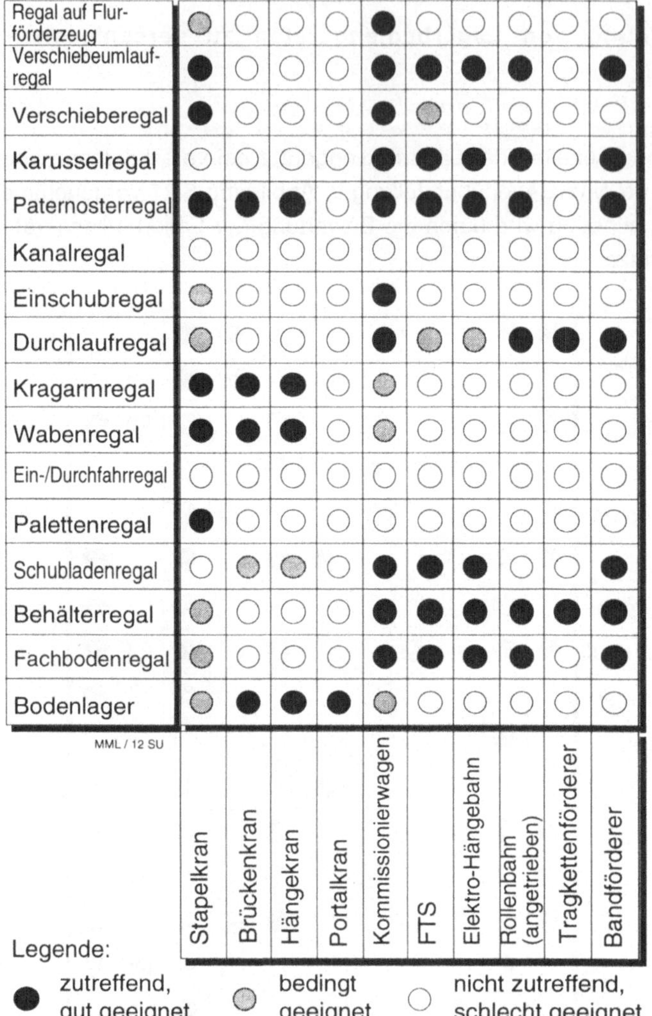

Abb. 3.21b: Zuordnung von Lagerbediengeräten zu Lagermitteln

3.3   Bereitstelltechnik

Innerhalb des innerbetrieblichen Materialflusses ist die Materialbereitstellung am Arbeitsplatz, in Arbeitsplatznähe, im oder in Nähe des Arbeitssystems eine wichtige Teilkomponente (VDI 3300; Bullinger 1986).

Ziel der Bereitstellung ist die für die Durchführung einer Montageaufgabe erforderlichen Montagekomponenten termingemäß und in der entsprechenden Art und Menge am Arbeitsplatz zur Verfügung zu stellen (REFA 1985; Stolz 1988).

Im vorliegenden Kapitel Bereitstelltechnik sollen die wichtigsten, gegenwärtig in der Bereitstellung eingesetzten, technischen Hilfsmittel vorgestellt werden.

3.3.1   Bestimmungsgrößen der Bereitstelltechnik

Entsprechend der Vorgehensweise in den Kapiteln 3.2 und 3.1 wurde auch für die Bereitstelltechnik eine Morphologie (Abb. 3.22) entwickelt. Mit Hilfe dieser Morphologie lassen sich die Vertreter der Bereitstelltechnik anhand von Kriterien und ihren Ausprägungen beschreiben und im weiteren Verlauf des Kapitels eindeutigen Klassen zuordnen.

Bereitstellmittel
Technische Hilfsmittel zum Abstellen von Werkstücken an Arbeitsplätzen oder in Arbeitssystemnähe werden im folgenden Bereitstellmittel genannt (Dolezalek 1981). D.h. Werkstücke werden in Förderhilfsmitteln, Greifbehältern oder auf Werkstückträgern oder direkt auf Bereitstelleinrichtungen an einem Montagearbeitsplatz bereitgestellt.

Die am häufigsten verwendeten Bereitstellmittel sind **Förderhilfsmittel**, die im gesamten Materialfluß universell und durchgängig für Förder-, Lager- und Bereitstellaufgaben eingesetzt werden. Zur Vereinfachung der Begriffe werden Förderhilfsmittel oftmals als "Behälter" bezeichnet. Förderhilfsmittel wurden bereits in Kapitel 3.1.2 genauer beschrieben und bewertet, so daß in diesem Kapitel eine nähere Betrachtung entfällt.

Morphologie der Bereitstelltechnik				
Kriterien	**Ausprägungen**			
Bereitstell-mittel	Förderhilfs-mittel	Greifbehälter	Werkstück-träger	direkt auf Bereitstell-einrichtung
Bereitstell-einrichtung	Regal (auf Boden / auf Tisch / auf Fördermittel)	Ablageebene	Fördermittel	Boden
Bereitstellort	am Arbeitsplatz	in Arbeitsplatznähe	im Arbeitssystem	
Bereitstellart	stationär	mobil, unstetig	mobil, stetig	
Funktion	lagern und bereitstellen	puffern und bereitstellen	verketten, puffern und bereitstellen	

MML / 26 aSU

Abb. 3.22:   Morphologie der Bereitstelltechnik

Ähnlich, wie bei den Fördermitteln und den Lagerbediengeräten gibt es auch zwischen Bereitstellmitteln und Förderhilfsmitteln Überschneidungen. Aus Gründen der Vollständigkeit und der Verständlichkeit werden diese Überschneidungen in den entsprechenden Kapiteln berücksichtigt.

Greifbehälter sind speziell für die Bereitstellung am Arbeitsplatz konzipierte Bereitstellmittel. Sie dienen der griffgünstigen Entnahme von Teilen und erleichtern in Verbindung mit Bereitstellgestellen und -regalen die Gestaltung ergonomisch optimaler Arbeitsplätze in der manuellen Montage. Bisher wurden fast ausschließlich fest am Arbeitsplatz installierte Greifbehälter verwendet, welche mit den zu montierenden Teilen zu befüllen waren. Daneben kommen in jüngster Zeit zunehmend modular aufgebaute Greifbehälter zum Einsatz, die auch als Lager- und Transportbehälter genutzt werden können.

Auf die Auswahl von geeigneten Förderhilfsmitteln und Greifbehältern wird im Anschluß an die Besprechung der Morphologie näher eingegangen.

Besonders für die Materialbereitstellung an verketteten Montagearbeitsplätzen sind Werkstückträger als Bereitstellungsmittel geeignet. Auf diesen Werkstückträgern werden Montagebasisteile, entweder fest montiert oder in werkstückspezifische Aufnahmevorrichtungen eingelegt, am Arbeitsplatz bereitgestellt. Darüber hinaus sind viele

Werkstückträger so ausgelegt, daß auf ihnen neben dem Montagebasisteil weitere für die Montage erforderliche Einzelteile oder Baugruppen bereitgestellt werden können. Werkstückträger lassen sich in der Regel flexibel für unterschiedliche Montageteile und Aufgaben verwenden.

Die Bereitstellung der Werkstücke direkt auf einer Bereitstelleinrichtung ist ebenfalls eine in der Bereitstelltechnik häufig angewendete Form der Materialbereitstellung am Arbeitsplatz. Dabei werden vorwiegend größere Montageteile ohne Verwendung eines Bereitstellmittels auf einer Arbeitsfläche am oder neben dem Arbeitsplatz abgelegt. Dies ist z.B. dann der Fall, wenn Montagebasisteile mit Magazinen in Arbeitsplatznähe transportiert werden, der Montagemitarbeiter das einzelne Werkstück manuell oder mit Unterstützung einer Handhabungseinrichtung ohne Bereitstellmittel auf seinen Arbeitsplatz stellt und das fertig montierte Teil wieder in das Magazin zurücklegt.

Bereitstelleinrichtung
Unter Bereitstelleinrichtung sind im folgenden alle Einrichtungen zu verstehen, auf denen am Arbeitsplatz oder in Arbeitsplatznähe Werkstücke oder Bereitstellmittel abgestellt werden können.
Dazu gehören:

o Regale, die entweder auf
o dem Boden,
o einem Tisch oder
o auf Fördermitteln befestigt sind, sowie
o Ablageebenen,
o Fördermittel und der
o Boden.

Regale gibt es in der Bereitstelltechnik hauptsächlich in Form von Fachboden-, Durchlauf- und Bereitstellregalen. Unter Bereitstellregalen sind dabei Fachbodenregale mit geneigten Regalböden zu verstehen, in deren Regalzeilen beispielsweise Greifbehälter oder Lagersichtkästen in einer ergonomisch günstigen Griffposition angeordnet werden können. Im Gegensatz zu Durchlaufregalen befindet sich an einer Position des Regals immer nur ein Behälter. Regale mit fest eingebauten Greifbehältern werden auch Bereitstell-Racks genannt.

Die in der Bereitstelltechnik eingesetzten Regale haben gemeinsam, daß sie in der Regel für manuell handhabbare Behälter mit Grundflächen kleiner 600 x 400 mm konzipiert sind.

Abhängig von der Bereitstellstrategie und der erforderlichen Regalgröße, die wiederum von der Anzahl der gleichzeitig bereitzustellenden Montageteilvarianten, den Mengen pro Montageteil, der Struktur des Montagesystems u.a. bestimmt wird, kommen Regale zum Einsatz, die auf dem Boden, auf Tischen oder mobil auf Fördermitteln installiert sind.

Ablageebenen sind neben Regalen die in der Montage am häufigsten eingesetzten Bereitstelleinrichtungen. Zu ihnen gehören vor allem Tische, die als Grundausstattung fast an jedem Montagearbeitsplatz vorgefunden werden können. Desweiteren zählen z.B. Hubtische und Kippgeräte sowie Drehtische und Ständer für Greifbehälter ebenfalls zu den Ablageebenen.

Eine weitere Gruppe von Bereitstelleinrichtungen sind die Fördermittel selbst, die bereits in Kap. 3.1.2 beschrieben wurden. In starr verketteten Montagesystemen kommen dabei vor allem Bandförderer und angetriebene Rollenbahnen oder auch flurfreie Stetig- und Unstetigförderer zum Einsatz. In flexiblen Systemen werden vornehmlich frei verfahrbare und/oder zwangsgeführte unstetige Flurförderzeuge verwendet. Eine deutliche Abgrenzung zur Fördertechnik ist dadurch zu erreichen, daß Fördermittel nur dann im Rahmen der Bereitstelltechnik zu berücksichtigen sind, wenn auf ihnen Werkstücke tatsächlich für einen bestimmten Zeitraum am Arbeitsplatz oder in Arbeitsplatznähe für die Montage bereitstehen. Werden die Teile nach dem Transport vom Fördermittel abgenommen und nicht direkt der Montage zugeführt, so ist die Bereitstelleinrichtung derjenige Platz, an den die Teile nach der Abnahme vom Fördermittel gestellt werden.

Der Boden ist besonders bei der Bereitstellung von großvolumigen Förderhilfsmitteln wie z.B. Gitterboxen die bevorzugte Bereitstelleinrichtung.

Bereitstellort
Am Arbeitsplatz werden meist Greifbehälter mit oder ohne Bereitstellregal bereitgestellt. Ebenso gehören Förderhilfsmittel auf Bereitstelleinrichtungen, wie beispielsweise Gitterboxen auf Hub- oder Kipptischen, zu den am Bereitstellort Arbeitsplatz vielfach anzutreffenden Bereitstelltechniken. Dient ein Fördermittel (z.B. FTS) auch gleichzeitig als Montagearbeitsplatz oder bleibt das Fördermittel bis zur Montage der angelieferten Teile am Arbeitsplatz stehen, ist der Bereitstellort dieser mit den FTS

bereitgestellten Werkstücke ebenfalls am Arbeitsplatz. Die Bereitstellung direkt am Arbeitsplatz ist dann sinnvoll, wenn Teile oft, d.h. praktisch für jede Montageaufgabe benötigt werden.

Der typische Bereitstellort für größere Bereitstellvolumina befindet sich in Arbeitsplatznähe. Dabei können fast alle denkbaren Kombinationen von Bereitstellmitteln und -einrichtungen, beginnend bei der Bereitstellung von Gitterboxen auf dem Boden, Lagersichtkästen in einem Regal (z.B. Handlager) bis hin zur Anlieferung von Werkstückträgern auf FTS, in der Praxis vorgefunden werden. Die Bereitstellung in Arbeitsplatznähe bietet sich vor allem dann an, wenn die Teile von mehreren Arbeitsplätzen gleichzeitig benötigt werden und die Entfernung zwischen Arbeitsplatz und Bereitstellort nur wenige Schritte beträgt.

Befindet sich der Bereitstellort im Arbeitssystem, so handelt es sich meist um Bereitstellregale, von denen aus mehrere bzw. alle Montageplätze eines Montagesystems versorgt werden. Wie schon bei Bereitstelleinrichtungen, muß auch hier zwischen der Bereitstelltechnik und anderen Bereichen des Materialbereitstellsystems differenziert werden. Regallager, in denen Montageteile für einen gewissen Zeitraum zwischenlagern, um bei Bedarf schnell am Arbeitsplatz bereitgestellt zu werden, sind der Lagertechnik zuzurechnen. Nur wenn diese Teile aus den Bereitstelleinrichtungen im Arbeitssystem entnommen und anschließend direkt der Montage zugeführt werden, kann anstatt von Lagerort von Bereitstellort gesprochen werden.

Bereitstellart
Die Bereitstellart gibt über die Ortsveränderlichkeit des Bereitstellguts Auskunft.

So können Teile stationär im Regal, auf Ablageebenen oder dem Boden bereitstehen. Beispielsweise auf Bereitstellwagen oder Rollenbahnen kann der Bereitstellort bei Bedarf mobil und unstetig verändert werden. Die Bereitstellart mobil und stetig trifft für diejenigen Montagewerkstücke zu, die z.B. auf einem Bereitstell-FTS synchron mit einem Montageband mitbewegt werden.

Funktion
Neben der Funktion "Bereitstellen" werden beim Einsatz der Bereitstelltechnik immer gleichzeitig andere Funktionen wie "Puffern", "Lagern" oder "Verketten" mit übernommen.

Lagern und Bereitstellen sind Funktionen, die hauptsächlich in arbeitssystemnahen Bereitstellregalen vorkommen. Während die Bevorratung von Montageteilen im

Sinne eines größeren Arbeitsvorrats für mehrere Montageplätze in diesen Lagern erwünscht ist, sollte die in der Praxis häufig auftretende Funktion Lagern neben und auf dem Arbeitsplatz aufgrund des beschränkten Platzangebots an Montagearbeitsplätzen vermieden werden.

Puffern und Bereitstellen sind bei stationärer Bereitstellung die am Häufigsten vorkommenden Funktionen. Das im Bereitstell-Puffer gespeicherte Material dient der Überbrückung zwischen Arbeitsgangfolgen und soll die Materialverfügbarkeit auch bei Schwankungen der Bereitstellung innerhalb kurzer Zeiträume sichern.

Verketten, Puffern und Bereitstellen sind immer dann Funktionen der Bereitstellung, wenn eine Verkettung von Montagearbeitsplätzen oder -systemen mit Förderzeugen erfolgt. Die Förderzeuge wie z.B. Rollenbahnen dienen dabei gleichzeitig als Puffer für das bereitzustellende Material.

3.3.2   Einteilung und Bewertung der Bereitstelltechnik

Eine Einteilung der typischen Vertreter der Bereitstelltechnik nach dem Kriterium der Bereitstelleinrichtung ist in Abbildung 3.23 dargestellt.

Danach gibt es sechs grundsätzliche Möglichkeiten der Bereitstellung, denen die typischen Vertreter eindeutig zugeordnet werden können. Im einzelnen sind dies:

Bereitstellung
o   im Regal auf dem Boden,
o   im Regal auf dem Tisch,
o   im Regal auf Fördermitteln,
o   auf Ablageebenen,
o   auf Fördermitteln und
o   auf dem Boden.

Die Einordnung der relevanten Vertreter der Bereitstelltechnik anhand aller Kriterien und Ausprägungen der Morphologie zur Bereitstelltechnik wurde in Abbildung 3.24 vorgenommen.

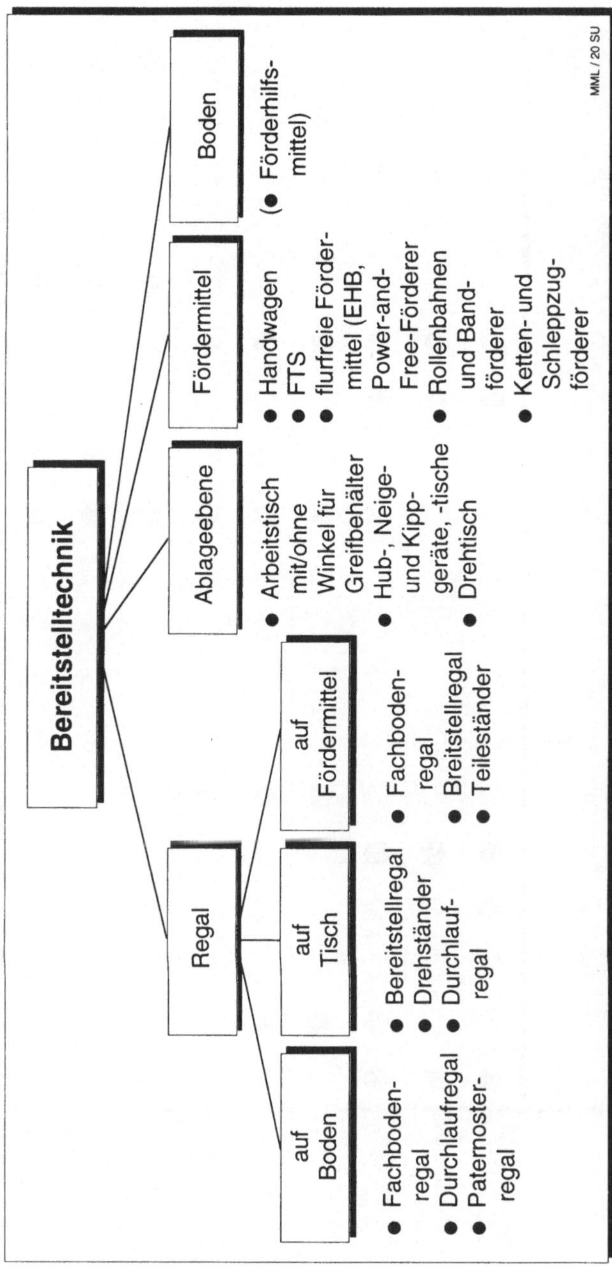

Abb. 3.23: Einteilung der Bereitstelltechnik

	Bereitstellmittel				Bereitstelleinrichtung						Bereitstellort			Bereitstellart			Funktion		
	Förder-hilfs-mittel	Greif-behäl-ter	Werk-stück-träger	direkt auf Ein-rich-tung	Regal Boden	Regal Tisch	Regal För-der-mittel	Abla-ge-ebene	Förder-mittel	Boden	am Ar-beits-platz	in Ar-beits-platz-nähe	im Sy-stem	statio-när	mobil, un-stetig	mobil, stetig	lagern, bereit-stellen	puf-fern, bereit-stellen	ketten, puffern bereit-stellen
Fachbodenregal auf Boden	●	◐	◐	●	●	○	○	○	○	○	○	◐	●	●	○	○	●	◐	○
Durchlaufregal auf Boden	●	○	○	○	●	○	○	○	○	○	○	◐	●	●	○	○	●	◐	○
Paternosterlager auf Boden	●	◐	○	◐	●	○	○	○	○	○	○	◐	●	●	○	○	●	◐	○
Bereitstellregal auf Tisch	○	●	○	○	○	●	○	○	○	○	●	●	○	●	○	○	◐	●	○
Drehständer auf Tisch	◐	●	○	○	○	●	○	○	○	○	●	◐	○	●	○	○	◐	●	○
Durchlaufregal auf Tisch	●	○	○	○	○	●	○	○	○	○	●	◐	○	●	○	○	◐	●	○
Fachbodenregal auf Fördermittel	●	◐	◐	●	○	○	●	○	○	○	●	●	◐	○	●	◐	○	◐	●
Bereitstellregal auf Fördermittel	○	●	○	○	○	○	●	○	○	○	●	●	◐	○	●	●	○	◐	●
Teileständer auf Fördermittel	○	○	◐	●	○	○	●	○	○	○	●	●	◐	○	●	◐	○	◐	●

MML / 27 SU

Legende: ● geeignet   ◐ bedingt geeignet   ○ schlecht geeignet, nicht zutreffend

Abb. 3.24a: Einordnung der typischen Vertreter in die Morphologie

Legende: ● = geeignet, ◑ = bedingt geeignet, ○ = schlecht geeignet, nicht zutreffend, * = Bahnhof

	Bereitstellmittel				Bereitstelleinrichtung						Bereitstellort			Bereitstellart			Funktion		
	Förder-hilfsmittel	Greif-behälter	Werk-stückträger	direkt auf Ein-rich-tung	Regal Boden	Regal Tisch	Regal För-der-mittel	Abla-ge-ebene	Förder-mittel	Boden	am Ar-beits-platz	in Ar-beits-platz-nähe	im Sy-stem	statio-när	mobil, un-stetig	mobil, stetig	lagern, bereit-stellen	puf-fern, bereit-stellen	ketten, puffern bereit-stellen
Arbeitstisch	●	●	●	●	○	○	○	●	○	○	●	●	○	●	○	○	○	●	○
Hub-, Neige- u. Kippgeräte, -tische	●	◑	○	◑	○	○	○	●	○	○	●	◑	○	●	○	○	○	●	○
Drehtisch	●	◑	●	●	○	○	○	●	○	○	●	●	○	●	○	○	○	●	○
(Hand-) Wagen	●	◑	○	◑	○	○	○	○	●	○	●	●	○	○	●	○	○	◑	●
FTS	●	○	●	◑	○	○	○	○	●	○	●	●	○	○	●	◑	○	◑	●
EHB/Power-and-Free-Förderer	●	○	○	●	○	○	○	○	●	○	●	●	○	○	●	◑	○	◑	●
Rollenbahnen und Bandförderer	●	○	●	◑	○	○	○	○	●	○	●	●	◑*	○	●	◑	○	●	●
Ketten- u. Schleppzugförderer	●	○	●	◑	○	○	○	○	●	○	●	●	○	○	◑	●	○	◑	●

MML / 27 SU

Abb. 3.24b: Einordnung der typischen Vertreter in die Morphologie

Da die Anforderungen an die Bereitstelltechnik sehr unterschiedlich sein können, lassen sich für deren Bewertung und Auswahl keine allgemeingültigen Regeln aufstellen. Wichtige Kriterien, die allerdings beachtet werden müssen, sind:

o Innerbetriebliche Entfernungen,

o Produktionsart (Klein-, Mittel- oder Großserie),

o Materialbereitstellungs-Prinzip,

o Automatisierungsgrad des Systems,

o Montageablauf (entkoppelt oder taktgebunden),

o Platzangebot am Arbeitsplatz,

o Flexibilität bei Typenvielfalt,

o Flexibilität bei Stückzahlschwankungen,

o Notwendige bauliche Maßnahmen (z.B. Verlegen von Schienen, Kanälen oder Leitdraht),

o Möglichkeit zur Pufferung,

o Teilegewicht,

o Teilevolumen,

o Teileform,

o Teileverhalten (rollfähig, gleitfähig, stapelfähig),

o Teileeigenschaften (z.B. Bruch- und Stoßempfindlichkeit, Oberflächenempfindlichkeit),

o Erfüllung von sicherheitstechnischen Bestimmungen (z.B. Unfallverhütungsvorschriften der Berufsgenossenschaften, Vorschriften der Gewerbeaufsicht, Gesetze, DIN-Empfehlungen, VDI-Richtlinien),

o Kosten, usw.

Bei der Auswahl von Greifbehältern ist besonders auf eine ergonomische Gestaltung der Behälter zu achten, wodurch eine gesundheitliche Entlastung der Mitarbeiter sowie eine reibungsfreiere und damit zeitlich günstigere Materialbereitstellung erreicht werden kann. Abbildung 3.25 enthält Anforderungen und Empfehlungen zur Greifbehältergestaltung.

Eine wichtige Rolle der Bereitstelltechnik spielt die Verkettung von Arbeitsplätzen. Durch die Ermittlung und Auswertung von Materialflußschaubildern läßt sich erkennen, welches Verkettungsprinzip am besten geeignet ist. Zeigt das Materialflußschaubild unverzweigte, für den überwiegenden Teil der zu fertigenden Produkte gemeinsame Teilströme, so können zumindest einzelne Arbeitsplätze und Betriebsmittel starr miteinander verkettet werden. Verzweigen sich die Materialflußströme ständig, so kommt meist eine flexible Verkettung mittels z.B. Elektrohängebahn in Frage.

Durch Beachtung technischer Daten sowie mit Hilfe einer Nutzwertanalyse und einer Wirtschaftlichkeitsbetrachtung kann eine projektspezifische Vorauswahl getroffen werden. Dabei sind insbesondere auch Verkettungsmöglichkeiten mit anderen Teilsystemen zu beachten.

Eine Übersicht der Bereitstelltechnik zur Verkettung mit Empfehlungen für Anwendungsbereiche nach Klein-, Mittel- und Großserie findet sich in Abbildung 3.26.

Elemente/ Einflußfaktoren	Anforderungen/ Empfehlungen
Vorratsbehälter und Flachbehälter	● Zeitgünstiges Greifen (Zufassungsgriff) kann erreicht werden, wenn die zu greifenden Teile: a) sichtbar sind b) geordnet im Flachbehälter liegen und c) eine Höhe von h >= 3,5 mm haben ● Zeitgünstiges Greifen von Flachteilen (Höhe < 3,5 mm) erreicht man durch eine weiche Schaumstoffunterlage
Form Kästen mit Greifzunge und Zuteilungsschieber	● Zeitgünstiges Greifen (1. Kontaktgriff, 2. Zufassungsgriff) bei rollfähigen und gleitfähigen Teilen
Volumen	● Vorrat für einen Schichtbedarf
Verwendungsmöglichkeiten	● Die Behälter sollen möglichst als Transport-, Lager- und Handhabungseinheit am Arbeitsplatz verwendet werden. Dadurch kann der Umschicht- und Kommissionieraufwand reduziert werden
Anordnungsmöglichkeiten	● Stapel- und anreihbar ● Sichtbarkeit der Teile ● Nachrutschen der Teile durch Schrägstellen der Behälter (25 - 30) ● Anordnung der Behälter innerhalb des optimalen Greifbereichs ● Nachfüllbarkeit und Austauschbarkeit der Behälter
ergonomische Gestaltung	● Greifgünstige Bedingungen durch: ◆ Greifzunge ◆ Zuteilungsschieber ◆ Schaumstoffunterlage ◆ Schrägneigung zum Nachrutschen der Teile

Bild 92a

Abb. 3.25:   Anforderungen und Empfehlungen zur Greifbehältergestaltung

		Anwendungsbereich			Antriebsart		
		Klein-serie	mittlere Serie	Groß-serie	durch Schwer-kraft	manuell	mecha-nisch
Umlenkung und Bahnen	Rutsche	●	●	●	+	+	
	Rollenbahn	●	●	●	+	+	
	Röllchenbahn	●	●	●	+	+	
	Allseitenröllchenbahn	●	●	●	+	+	
	Werkstückträgerwagen (schienengeführt)	○	●			+	
	Drehscheibe	●	○			+	
	Kugelbahn	●	○			+	
Band-förd.	Gurtbandförderer	○	●	●			+
	Doppelgurtband	○	●	●			+
Rollen-bahnen	Rollenbahn	○	●	●			+
	Allseitenröllchenbahn	○	●	●			+
	Staurollenbahn		○	●			+
Kettenförderer	Tragkettenförderer	○	●	●			+
	Plattenbandförderer	○	●	●			+
	Tragrollen-Kettenförderer	○	●	●			+
	Wandertisch (Stetigförderer)	○	●	○			+
	Unterflur-Schleppförderer		○	●			+
	Kreisförderer (Außenkette)		●	○			+
	Kreisförderer (Innenkette)		○	●			+
	Kreisförderer (Power-and-Free)		○	●			+
Umlenk- und Übergabeeinrichtungen	Überschieber (automatische Steuerung)		○	●			+
	Drehscheibe		○	●			+
	Gurtband-Umleitung		○	●			+
	Rollenbahn (jede Rolle angetrieben)		○	●			+
	Kurvenband		○	●			+
	BI-PLAN-Kette		○	●			+
	Allseitenröllchenbahn		○	●			+
Sonstige	Handwagen	●	○			+	
	Flurförderer (Induktionssystem)		○	●			+
	Schleppzugförderer		○	●			+
	Einschienen-Hängebahn			●			+

MML / 53 SU

Legende: ○ geringe Verwendung   ● häufige Verwendung   + realisierte Bauform

Abb. 3.26:   Anwendungsbereiche der verkettenden Bereitstelltechnik (Grob; Haffner 1982)

Ein Vergleich, der in der manuellen Montage häufig angewendeten verkettenden Bereitstelltechnik wie Wandertisch, Röllchenbahn und Handwagen erfolgt beispielhaft in Abbildung 3.27.

Kriterien	Wander-tisch	Röllchen-bahn	Hand-wagen
Flexibilität hinsichtlich Stückzahlschwankungen	2	1	2
Flexibilität hinsichtlich Typenvielfalt	2	2	2
Übersichtlichkeit der Fertigung	2	1	0
geringe Störanfälligkeit	1	2	2
Kommunikationsmöglichkeit	2	2	2
Puffermöglichkeit	2	1	2
kontinuierliches Arbeitsangebot	2	1	1
entkoppelte Verknüpfung der Arbeitsplätze	2	2	2
Zwangsfluß	2	1	0
kurze Handhabungs- und Transportwege	2	1	0
niedrige Werkstattbestände	2	1	0
Summe	**21**	**15**	**13**
Rang	**I**	**II**	**III**

MMI / 54 EU

0 = Kriterium wird **nicht** erfüllt   1 = Kriterium wird **teilweise** erfüllt   2 = Kriterium wird **voll** erfüllt

Abb. 3.27: Bewertungsschema für verkettende Bereitstelltechnik am Beispiel von Wandertisch, Röllchenbahn und Handwagen (Grob; Haffner 1982)

3.4   Informationstechnik

Eine wirtschaftliche und termingerechte Produktion basiert unter anderem darauf, daß zu jedem Zeitpunkt die benötigten Informationen zur Verfügung stehen.

Mit dem Materialfluß eng verzahnt ist, wie Abb. 3.28 veranschaulicht, der Informationsfluß, der so zu gestalten ist, daß der Informationsbedarf jeder Stelle (Einkauf, Lager, Arbeitsvorbereitung, Rechnungswesen, Unternehmensführung usw.) gedeckt wird. Neue Produktionsstrategien, wie Lean-Production oder JIT-Konzepte erzwingen geradezu eine organisatorische und informationstechnische Integration der innerbetrieblichen Funktionsbereiche. Sie erweitern die Anforderungen an Qualität und Aktualität von Informationen, die an den entsprechenden dezentralen Verantwortungsbereichen bereitgestellt werden müssen.

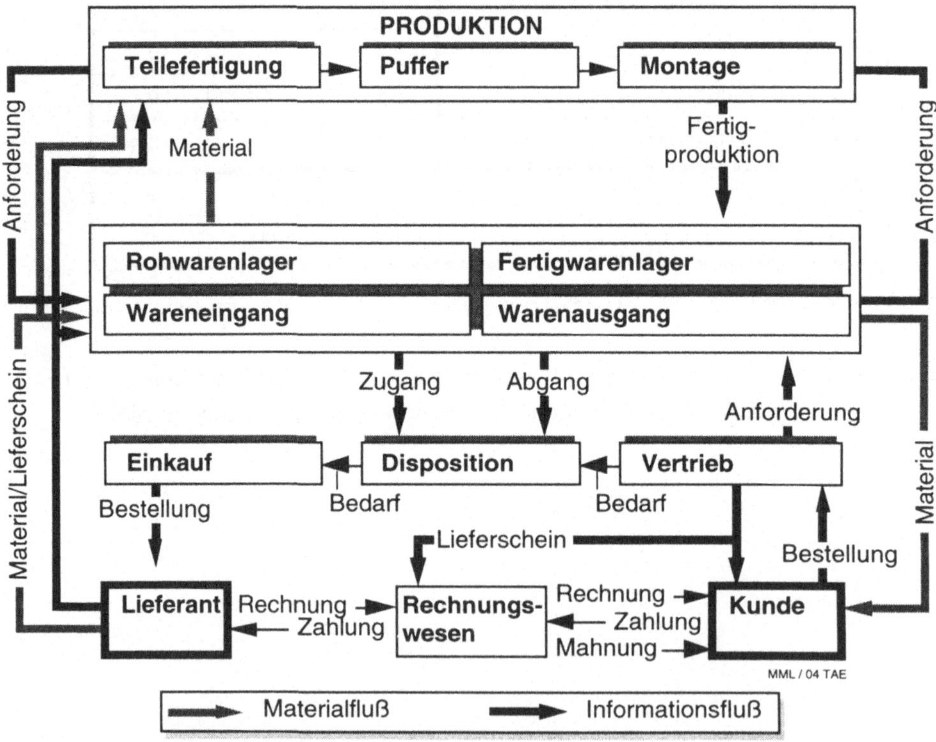

Abb. 3.28:   Die Verknüpfung von Material- und Informationsfluß (Hartmann 1983)

3.4.1 Anforderungen an die Informationstechnik in der Materialbereitstellung

Es ist Aufgabe des Informationssystems, die dem Materialfluß zugrundeliegenden Ereignisse zu erfassen, zu speichern, zu analysieren und zu interpretieren. Darüber hinaus muß die Durchgängigkeit des Informationssystems gewährleistet werden, so daß Informationen ohne größere Friktionsverluste von einem Funktionsbereich in einen anderen fließen können. Zusätzlich müssen die Systeme möglichst einfach zu bedienen sein, dem Anwender nur so viel Information wie nötig zur Verfügung stellen und die Einrichtung selbststeuernder Regelkreise ermöglichen.

Neue, durchgängige und EDV-gestützte Informationstechniken werden in der Materialbereitstellung hauptsächlich unter Zielsetzungen, wie

o Bestandsreduzierung und Durchlaufzeitverkürzung,
o Produktionstransparenz und -harmonisierung,
o Qualitätssicherungsaspekte (Teilerückverfolgbarkeit, Fehlerdokumentation etc.)

eingeführt.

Solche Informationstechniken versprechen Vorteile hinsichtlich:

o   Aktualität von Informationen,
o   Qualität von Informationen,
o   Rückmeldungen von Störungen,
o   Flexibilisierung der Materialbereitstellung.

EDV-gestützte Informationserfassung und -verarbeitung führt zusammen mit einer organisatorischen und informationstechnischen Integration zu einer Reduzierung von Materialbeständen und Durchlaufzeiten. Es ergeben sich ein transparenter Material- und Datenfluß, hohe Auslastungsgrade der Fertigungsmittel, Möglichkeiten zur Festlegung von Auftragsprioritäten und Reduktion von "Totzeiten" zwischen den Funktionsbereichen. Darüber hinaus ergeben sich auch Möglichkeiten zur Simulation von geplanten Abläufen, so daß eine Optimierung des Gesamtablaufs möglich wird.

Die relevanten Informationen müssen permanent abrufbar sein, um eine Informationsbereitstellung nach dem "Verbrauchsprinzip" zu ermöglichen.

Um Aktualität und Eindeutigkeit bei jeder Informationsvermittlung zu gewährleisten, ist ein Informationssystem erforderlich, das Kommunikation "on-line" und in "real-time", vor allem aber bidirektional ermöglicht.

Die Informationstechnik muß auf die zu verarbeitende Datenmenge und erforderliche Aktualität abgestimmt werden. Informationstechnik umfaßt dabei die Spanne von der Lose-Blatt-Kartei für die Lagerbestandsführung bis hin zum Bildschirm mit Datenfernverarbeitung.

Bei der Festlegung der Leistungsanforderungen eines Informationssystems sollte darüber hinaus berücksichtigt werden, daß die zu verarbeitende Datenmenge im Betrieb in der Regel sehr schnell wächst, und demzufolge auch die zukünftigen Anforderungen an das Informationssystem ständig zunehmen.

Neben einer Flexibilität sollte selbstverständlich auch eine Verträglichkeit der eingesetzten Datentechnik mit der Technik des übrigen Informationswesens im Unternehmen gegeben sein. Die Datentechnik wird an folgenden allgemeinen Bewertungskriterien gemessen:

o   Leistungsfähigkeit,
o   Wirtschaftlichkeit,
o   Abstimmung auf das Mensch-Maschine-System,
o   Kompatibilität,
o   Erweiterungsfähigkeit und Flexibilität,
o   Datensicherheit,
o   Releasefähigkeit.

Momentan wird im Rahmen der Produkthaftung verstärkt auf eine vollständige Materialüberwachung und -verfolgung geachtet. Diese Aufgabenstellung setzt voraus, daß alle Materialbewegungen von den Lieferanten bis zum ausgelieferten Endprodukt lückenlos erfaßt werden. Durch eine vollständige Materialüberwachung kann bei Versagensfällen von einzelnen Komponenten der Schadensumfang begrenzt werden.

Beispielhaft werden im folgenden die Anforderungen der Materialbereitstellung an die Informationstechnik anhand der Aufgabenstellungen

o   Identifizieren,
o   Lagern und Kommissionieren sowie

o   Fördern und Transportieren

gezeigt.

Identifizieren

Identifikationssysteme setzt man heute nicht mehr nur zum reinen Erkennen, sondern in wachsendem Maße auch zum Sammeln objekt-spezifischer Informationen ein. Das betrifft unter anderem Bearbeitungszustände, Qualitätsmerkmale, Bearbeitungs- oder Prüfverfahren. Durch die Identifikation können objektbezogen Daten zum Auslösen und Überwachen von Aktionen verwendet werden.

Beispiele von Aufgabenstellungen und daraus abgeleiteten Aktionen, die den Einsatz von Identifikationsystemen bedingen sind:

o Kontrolle des Wareneingangs,

o Erstellung von Arbeitsanweisungen,

o Erstellung der Dokumentation (Lieferschein, Rechnung),

o belegloser Materialfluß,

o durchgängig automatisierter Materialfluß,

o Steuerung von auftragsspezifischen Zulieferteilen,

o permanente Inventur,

o Kapazitätssteuerung,

o Steuerung von Sortierpuffern,

o Weichensteuerung im Materialfluß,

o Auswahl von Bearbeitungsprogrammen.

Zielsetzungen, die mit der automatisierten Identifizierung verknüpft sind, sind bspw. die Steigerung der Umschlaggeschwindigkeit durch schnellere Materialhandhabung, die Reduzierung von gebundenem Kapital durch Senkung der Sicherheitsbevorratung, sowie eine umfassende Kontrolle über den Materialfluß durch Echtzeitinformationen über den Standort aller Produkte.

Vorteile ergeben sich durch Flexibilitätssteigerungen, durch verbesserte Kommunikationsmöglichkeiten, eine Reduzierung des Papierumlaufs durch beleglose Datenerfassung und Kommunikation und eine Minimierung der Fehlerquellen durch automatisierte Informationseingabe.

Lagern/Kommissionieren

Marktwirtschaftliche Anforderungen können von einem Lager besser erfüllt werden, wenn das Lagerverwaltungs- bzw. Lagersteuerungssystem ständig über den Status Quo informieren.

Zielsetzungen bei der Planung von Informationssystemen im Lagerbereich und der Kommissionierung können folgende Punkte umfassen (vgl. Ammermann 1987):

o   Reduzierung der Bestände,

o   optimale Raumausnutzung der Lagerbereiche,

o   rechtzeitiges Erkennen von Über- und Unterbeständen,

o   schnelle und aktuelle Aussagen über Materialverfügbarkeit.

Ein charakteristisches Merkmal für leistungsfähige Informationssysteme im Lager- und Kommissionierbereich ist z.B. die Belegung der Lagerfläche nach freier Wahl. D.h. ein freier Lagerplatz kann von einem beliebigen Artikel angenommen werden (Czeguhn 1988). Dadurch ist es möglich bis zu 80% der vorhandenen Lagerkapazität auszunutzen. Eine wesentliche Voraussetzung für diese Art der Lagerverwaltung ist ein hoher Grad an Verfügbarkeit und Zuverlässigkeit von Hard- und Software, wie er beispielsweise durch einen modularen Aufbau in dezentral arbeitenden Systemteilen vorzufinden ist. Dezentral arbeitende Systemteile ermöglichen einen konzentrierten Datenaustausch und gewährleisten die Funktionsfähigkeit der anderen Systemteile bei Änderung nur eines Systemteils. Folgende Gesichtspunkte für die Auswahl und den Aufbau der Hard- und Software sind nach Pawellek (1985) und Caninenberg (1989) zu beachten:

o Anwendung von Bausteinsystemen (Module),

o Aufwand für Software-Adaption an unterschiedliche Lagertypen,

o Zuordenbarkeit von Verwaltungs- und Steuerungsfunktionen zu den jeweiligen Systemebenen entsprechend der betrieblichen Organisation,

o Adaptionsfähigkeit an veränderte Leistungs- und Funktionsbedingungen,

o Verfügbarkeit und Wartungsfreundlichkeit (Modularität und Redundanz des Programmaufbaus),

o Aufwand für die Datensicherung (z.B. durch Speicherung auf Winchesterplatten, Disketten oder Tape),

o Neustartmöglichkeit nach einem Systemausfall z.B. durch einen Rückgriff auf eine aktuelle Datensicherung.

Fördern/Transportieren

Ein Informationssystem im Bereich des Transport- und Förderwesens hat die Aufgabe Materialbewegungen zu steuern, zu überwachen und wenn möglich zu optimieren. An ein Prozeßleitsystem im Transportwesen können daher folgende Anforderungen gestellt werden:

o Auswahlmöglichkeit eines geeigneten Transportmittels aufgrund seiner Stammdaten,

o Fahrkursoptimierungsmöglichkeiten (z.B. Berechnung der Anschlußstrecken zur Minimierung der Leerfahrtanteile),

o Vorhandensein und Zugriffsmöglichkeit auf eine Datenbank zur Verwaltung von Stammdaten für Fahrzeuge, Transportgüter, Gewichtungsparameter etc., um auf Veränderungen in der betrieblichen Situation flexibel reagieren zu können.

Häufig ist es sinnvoll solche Systeme stufenweise auf- und auszubauen: Eine rechnergestützte Transportsteuerung eröffnet zudem die Chance der informationstechnischen Implementierung in ein übergeordnetes rechnergestütztes Materialüberwachungssystem.

Dabei ist hervorzuheben, daß der Rechnereinsatz und die angestrebte Integration einerseits einen hohen Anspruch an den Formalisierungsgrad der Informationen bedingt, andererseits jedoch nicht notwendigerweise den Einsatz hoch automatisierter Techniken auf der operativen Ebene bedeutet. Vielmehr sind auch konventionelle Techniken mit einem entsprechenden informationstechnischen Überbau gleichermaßen gut für die Integration in ein "Netzwerk" geeignet.

Eine Voraussetzung für die optimale Zuordnung der durchzuführenden Transportaufträge zu den Transportfahrzeugen ist, daß ständig Informationen verfügbar sind, die erkennen lassen, wo und wann Transportaufträge anfallen. Dies kann durch eine rechnergestützte Transportsteuerung konventioneller Transportfahrzeuge erfolgen, womit eine weitgehende Transparenz der Transportabläufe, sowie die Möglichkeit zur informationstechnischen Integration in evtl. bestehende Steuerungssysteme (z.B. PPS) verbunden ist (Schulze 1987; Krampe 1986).

Abstimmen der Informationsbereitstellung auf spezielle Strategien der Materialsteuerung

Die Informationstechnik in der Materialbereitstellung wird auch durch die angewendeten Prinzipien der Materialbereitstellung determiniert. Informationen begleiten, folgen oder eilen Materialbewegungen voraus - sie können vom Materialfluß physikalisch entkoppelt oder mit ihm verbunden sein.

Beispiel: Just-in-Time-Bereitstellung

Die Sicherstellung einer hohen Produktionsauslastung durch die Anwendung des Prinzips Aufbau "hoher Sicherheitsbestände" ist - insbesondere für kapitalintensive Produkte - nicht mehr zeitgemäß. Die Anwendung der Just-in-Time Steuerung der Materialversorgung in der Montage unterstützt die Bestrebungen nach geringeren Beständen und Transparenz im Versorgungsprozeß. Hauptmerkmal der JIT-Versorgung ist die kurzfristige Ableitung der Materialbedürfnisse aus den Kundenaufträgen, das heißt Abruf und Produktion der benötigten Teile erfolgen zum spätest möglichen Zeitpunkt mit der genauest möglichen Information. JIT erfordert daher schnelle, und weitgehend stabile Abläufe in Produktion, Qualitätssicherung und Logistik.
Beispielgebend für eine JIT-Steuerung hat die BMW AG, München, den Montageablauf für Karosserie- und Endmontage in Regensburg ausgelegt. Die Zeitabläufe in der Endmontage sind dort soweit optimiert, daß z.B. zwischen Vormontageauftragserteilung via Standleitung an den Fremdhersteller und der Bereitstellung der Fahrzeugsitze am Verbauort nur noch ca. 1 Stunde Pufferzeit vorgesehen ist.

Für die Informationstechnik folgt aus diesen Anforderungen, daß ohne eine intelligente, schnelle und sichere Steuerung, unterstützt durch eine genaue Identifikation an den Entscheidungsstellen JIT nicht realisierbar ist. Folgende Voraussetzungen sollten erfüllt sein:

o Materialbereitstellung mit tatsächlichem Materialbedarf synchronisieren,
o Systemsicherheit durch Rechner-Redundanz gewährleisten,
o Real-Time-Abbildung der Produktionsprozesse auf EDV.

3.4.2   Elemente der Informationstechniken

Um die vielfältigen technischen Einrichtungen im Informationsfluß strukturiert beschreiben zu können, bietet sich eine Gliederung der Informationstechniken nach
den Aufgaben der einzelnen Elemente im Informationsfluß an. Der Informationsfluß
läßt sich anhand von fünf unterschiedlichen Funktionen, beschreiben. Es handelt
sich dabei um die Funktionen

o Erfassung,

o Verarbeitung,

o Speicherung,

o Übertragung und

o Ausgabe von Informationen oder Daten.

Die folgenden Bilder geben eine Übersicht über die in der Informationstechnik eingesetzten Geräte.

Gerät / Prinzip	Beispiel
manuelle Eingabegeräte	
elektro-magnetisch	● Digitalisiertablett
mechanisch	● Tastatur, Maus
optisch	● Lichtgriffel
Sensoren	
elektro-magnetisch	● Näherungsschalter
mechanisch	● Waage
optisch	● Lichtschranke
akustisch	● Ultraschallsensor
Spracheingabegeräte	
akustisch	● Mikrophon
Lesestifte bzw. -pistolen	
optisch	● Barcode-Lesestift OCR-Lesepistole
Lesegeräte, -stationen	
elektro-magnetisch	● Diskettenlaufwerk, Festplatte
mechanisch	● Stiftcode-Leser
optisch	● Kamera, Scanner

MML / 05 TAE

Abb. 3.29:   Geräte zur Erfassung von Informationen

Prinzip	Beispiel
Speicherung mechanisch, nur lesen, verschlüsselt	● Lochkarten, Codierleiste, -stifte
Speicherung optisch, nur lesen, Klartext optisch, nur lesen, verschlüsselt optisch, lesen und schreiben, verschlüsselt	● Klarschriftbeleg, Papier, Listen ● Barcode-Label ● opt. Diskette, Mikrofilm
Speicherung magnetisch, lesen und schreiben, verschlüsselt	● Magnetkarte, Magnetband, Diskette, Festplatte
Speicherung elektronisch, lesen und schreiben, verschlüsselt	● Chipkarte mobile elektronische Datenträger Halbleiterspeicher

MML / 06 TAE

Abb. 3.30:   Geräte zur Speicherung von Informationen

Übertragung durch / Eingabe	Beispiel
Transport der Speichermedien	● alle transportierbaren Speichermedien
elektromagnetische Wellen	
elektrische Eingabe	● Infrarot
akustische Eingabe	● Sprechfunk Datenfunk
elektrische Signale	
elektrische Eingabe	● Kupferkabel Koaxialkabel
akustisch Eingabe	● Telefon
optische Signale	
elektrische Eingabe	● Glasfaserleitung

MML / 07 TAE

Abb. 3.31:   Geräte zur Übertragung von Informationen

Gerät / Prinzip	Beispiel
Schreibgerät	
mechanisch	● Drucker Plotter Lochkartenstanzer
optisch	● Laserdrucker
elektro-magnetisch	● Diskettenlaufwerk Magnetplattenlaufwerk Schreibgeräte für Mikrowellen-, Funkwellen-, induktive Datenspeicher
Sichtgerät	
optisch	● Bildschirm Ziffernanzeige
Sprachausgabegerät	
akustisch	● Wortgenerator mit Lautsprecher

MML / 08 TAE

Abb. 3.32:   Geräte zur Ausgabe von Informationen

Beispiele zur Informationstechnik

Informationserfassung in einem Lager

Um den unterschiedlichen Aufgaben eines Lagerbetriebs gerecht zu werden, werden im Lager- und Kommissionierbereich, die in Abbildung 3.33 aufgezeigten technischen Hilfsmittel zur Erfassung, Übermittlung und Verwaltung von Informationen eingesetzt.

Der drahtlosen Datenübertragungstechnik und der mobilen Datenerfassung kommen eine besondere Bedeutung zu. Sie ermöglichen einen effizienten Einsatz der Lager- und Kommissioniertechnik. Typische Einsatzfelder für drahtlose Datenübertragungstechniken sind in Abbildung 3.34 aufgezeigt.
Die dargestellten Möglichkeiten dienen als Anhaltspunkte für die Auswahl der geeigneten Informationstechniken. Die Entscheidung für eine bestimmte Alternative ist von den Anforderungen und Gegebenheiten "vor Ort" abhängig zu machen.

Informationsfluß		Beispiel	Aufgaben
Erfassung	manuell	Formular Tastatur	- Auftragserfassung - Einlagerungserfassung - Auslagerungserfassung - Materialflußin- formationen
	per Datenträger	Lesestifte Slotleser	
	automatisch	Scanner Rechner	
Übermittlung	mündlich	Telefon Wechselsprech- anlage	Übermittlung der - Auftragsdaten - Einlagerungdaten - Entnahmedaten - Nachschubdaten
	schriftlich	Post Rohrpost	
	elektronisch	Infrarot Datenfunk Datenleitung	
Verarbeitung und Verwaltung	manuell per EDV	Kartei Datei	- Lagerbestände berechnen - Lagerspiegel erstellen

MML / 01 AH

Abb. 3.33:   Hilfsmittel der Informationstechnik

Einsatzfeld	Technik	Aufgabe	erzielbare Effekte
Blocklager	einfache Fahrzeug-terminals per Infrarot	Ein- und Aus-lagerungsbefehle anzeigen	• Doppelspiele • Schnelläufer • Gleichauslastung ca. 20 %
Bereichsstapler in der Fertigung	einfache Fahrzeug-terminals, eventuell mit Bar-Code-Stift	Transportaufträge anzeigen und quittieren	• kürzeste Anschluß-fahrt • höhere Gleichaus-lastung ca. 15 %
Schlepper-Hänger-Systeme	einfache mobile Datenfunk-Terminals	Transportaufträge anzeigen und quittieren	• kürzeste Anschluß-fahrt • höherer Servicegrad für Bedarfsstellen
Kommissionierstapler	Bord-Computer mit Bar-Code Stift und Zählwaage per Infrarot	• Picklisten anzeigen • Artikel, Lagerort und Mengen kontrollieren	• aktuelle Bestands-übersicht für Fertigungssteuerung • genaue Material-bewegungskontrolle
organisationstechnische Synchronisation: WE – Lager Lager → Kommissionier-platz K´platz → FTS FTS → Montagearbeits-platz	sehr einfache mobile Infrarot oder Datenfunkterminals (eventuell mit angeschlossener Waage)	steuerungstechnische Verknüpfungen mit vor- und nachgeschal-teten Transport- und Lagersystemen (Beauftragung, Zielort)	• kürzere Durchlaufzeit • Bestandsminimierung • höherer Servicegrad • höhere Materialfluß-transparenz • geringere Fehlerrate

Bild 108

Abb. 3.34: Typische Einsatzfelder für drahtlose Datenübertragungstechniken in manuell bedienten Lagern

Mobile Datenerfassung (MDE)

Neben den herkömmlichen Hilfsmitteln und Geräten zur Betriebsdatenerfassung (BDE) bietet sich mit fortschreitender Entwicklung robuster, werkstattauglicher Daten-verarbeitungsgeräte, der Einsatz von flexibleren und oft auch kostengünstigeren mobilen Datenerfassungsgeräten (MDE-Geräte) an. Indem Stapler, Kommissionier-, Hochregalstapler etc. mit Bordcomputern ausrüstet werden, läßt sich durch die schnelle, papierlose und sichere Kommunikation aktuelle Datentransparenz und Op-timierung von Lagerbeständen erzielen. Die Dateneingabe erfolgt entweder über eine Eingabetastatur oder über eine Barcode-Leseeinheit.

Ein Vorteil von Barcodes (auch Strichcodes genannt) liegt darin, daß feststehende Zahlen, z.B. Auftrags- oder Teilenummern, von den entsprechenden Belegen fehler-frei eingelesen werden können. Gegenüber einem ziffernweisen Eingeben über die

Tastatur wird Zeit gespart, Eingabefehler sind weitestgehend ausgeschlossen. Kann nun aber aus verschiedenen Gründen, wie z.B. durch verschmutzte Codierung, kein Einlesen über Lichtstift erfolgen, so können die gewünschten Daten wahlweise über die Tastatur eingegeben werden. Die Eingabesicherheit kann bspw. durch die Verwendung von Prüfziffern erhöht werden.

Transportsteuerungen und Förderüberwachung

Als minimalste Informationsvernetzung bei der Planung von Transportsteuerungen ist das Errichten einer Leitzentrale anzustreben. Hierbei wird zwischen zwei grundsätzlich verschiedenen Varianten entschieden:

o   Die Leitzentrale ist mit einem Disponenten besetzt
    Bei einer manuell bedienten Leitzentrale werden die Transportaufträge über Terminal in den Dispositionsrechner eingegeben. Sowohl bei manuell bedienter als auch bei "automatischer" Leitzentrale sind manuelle Eingriffsmöglichkeiten für Problem- oder Sonderfälle notwendig (Schulze 1987).

o   Ein Prozeßleitrechner verrichtet die Aufgaben der Leitzentrale
    Auf der Basis von auftragsbezogenen Bewegungsdaten und der gemeldeten Verfügbarkeit der Betriebsmittel (Fertigungseinrichtungen, Transportfahrzeuge, Förderhilfsmittel) ermittelt ein Prozeßleitrechner Vorschläge für die Freigabe von Transportaufträgen. Entscheidungsträger (Disponent, Bereitsteller, Transporteur) können in "Problemfällen" die Vorschläge korrigieren. Nach einer rechnergestützten Generierung von Transportaufträgen erfolgt eine Übertragung der Daten an den Disponenten und im weiteren bspw. per Sprechfunk an die Transporteure, drahtlos an eine speicherprogrammierbare Steuerung (SPS) im Transportsystem oder an mobile Fahrzeugterminals (vgl. Nauheimer 1987).
    Soll die Kommunikation mit den Fahrzeugen per Sprechfunk erfolgen ist ein Funktableau erforderlich. Ein oder mehrere Terminals sind in jedem Fall erforderlich.

3.4.3 Ableitung eines Vorgehens für Veränderung von Informationsstrukturen

Analysephase

Die Schwachstellen der bestehenden Informationsstrukturen sollen herausgefiltert werden. Funktionsbezogen sollte die Analyse der Informationsstruktur deshalb entlang folgender Fragestellungen erfolgen:

o Welche Informationen sind notwendig?
o Wozu dienen die erfaßten Informationen?
o Was beinhalten die Informationen?
o Wer erhält die Informationen?
o Wann werden sie erstellt?
o Wie werden sie dargestellt?
o Wie gehen sie zum Empfänger?
o Wieviel Zeit benötigt eine Information von Punkt X nach Y ?

Aus Sicht der Anwender stellt sich die Aufgabe Belastungen und gesundheitliche Risiken zu erfassen, welche durch die Informationstechniken bedingt sind. Folgende Punkte sollten dabei berücksichtigt werden:

o Identifizieren von gesundheitlichen Risikofaktoren an den Arbeitsplätzen durch Bewertung der Techniken, Hilfsmittel und Umfeld nach arbeitswissenschaftlichen Erkenntnissen.
o Analyse von arbeitsplatzspezifischen Belastung (Zeitdruck, Taktbindung, Isoliertheit des Arbeitsplatzes, Monotonie, Über- und Unterforderung etc.).

Konzeption und Planung

Unternehmenspolitisch werden neue Informationssysteme unter folgenden Zielsetzungen konzipiert:

o Verbesserung der Entscheidungsgrundlagen,
o Verbesserung der Reaktionsfähigkeit auf Marktveränderungen,
o Entschlackung von innovationshemmender Routine in den Fach- und Führungskreisen,
o Unterstützung von Maßnahmen zur Verflachung von Hierarchien, und Entbürokratisierung.

Mit diesen Zielsetzungen muß zwangsläufig eine Um- oder Reorganisation der betrieblichen Funktions-, Koordinations- und Kooperationsbeziehungen einhergehen.

Entsprechende Konzeptionen und sich anschließende Planungen von Informationstechniken sollten dabei anwendungsorientiert und nicht EDV-technikorientiert sein; d.h. eine mitarbeiterzentrierte Gestaltung der Arbeitsinhalte und -abläufe ist erforderlich. Hinreichend gesicherte arbeitswissenschaftliche Erkenntnisse, im besonderen der ergonomischen Gestaltung von Informationssystemen, sollten in den entsprechenden Anwendungen Berücksichtigung finden.

Die informationstechnischen Anwendungen zur Datenerfassung, -verdichtung und -auswertung sollten eine möglichst vollständige und konsistente Vernetzung der Funktionsbereiche gewährleisten. Damit eröffnen sich erhebliche Potentiale zur Optimierung der Produktionsprozesse.

Voraussetzung für eine durchgängige und menschengerechte Informationsvernetzung ist, unabhängig von der Durchdringungstiefe in den verschiedenen Unternehmensbereichen, eine Planungsvorgehensweise wie folgt:

o Festlegen der Unternehmensbereiche, die in ein integriertes Informationssystem einbezogen werden.

o Grober Entwurf der Funktionsumfänge einzelner Teil-Informationssysteme für die Auftragsabwicklung, Disposition, Lagersteuerung etc. und Darstellung der Verknüpfungsbeziehungen zwischen diesen Bereichen.

o Festlegen der Architektur des Informationssystems. Hierbei sollten technische sowie intermenschliche Schnittstellenprobleme Berücksichtigung finden.

o Erfassung der Benutzergruppen die von der veränderten Informationsvernetzung betroffen sind, um sie in die notwendig werdende Qualifizierungsmaßnahmen einzubinden.

o Ermittlung der Nutzungsmöglichkeiten des Informationssystems für die verschiedenen Unternehmensbereiche.

o Festlegung allgemeiner und funktionsunabhängiger Regeln und standardisierter Formen für den Datenaustausch zwischen den verschiedenen Funktionsbereichen.

o Festlegung von Nutzerregelungen (Interaktionsberechtigung, eventuell Paßwortschutz).

o Abstimmung der eingesetzten Kontroll- und Steuermechanismen mit den Betroffenen und/oder den Interessenvertretungen (bspw. dem Betriebsrat).

o Festlegung der EDV-technischen Grundlagen (bspw. Hardware-Betriebssystem, Datenverwaltungssysteme, Rechnerebenen und Kommunikationsverfahren) auch nach ergonomischen Gesichtspunkten.

o Berücksichtigung von ergonomischen Fragestellungen bei der Standortbestimmung von Terminals, Bildschirmen, Drucker etc. D.h. zum Beispiel anthropometrisch richtige Bemessung von Arbeitsflächen, aufgabenangemessene Sichtverhältnisse und Blickrichtung, ausreichende Beleuchtung und Abschirmung gegen belastende Umwelteinflüsse (Lärm, Schmutz, Klimatisierung).

o Erstellen eines Anforderungsprofils für die Benutzer der einzelnen Arbeitsplätze (sensomotorische Anforderungen, kognitive Anforderungen, Qualifikation).

Einführung von Informationssystemen

Bei der Einführung von Informationssystemen ist zu beachten, daß

o eine Veränderung der Informationsstruktur und -technik in der Regel ein einmaliger Vorgang ist, der nicht neben den Tagesgeschäften erledigt werden kann.

o ein Projektabwicklungsplan für die einzelnen Phasen definiert werden sollte.

o in vielen Unternehmen das notwendige Know-How zur Einführung EDV-gestützter Informationssysteme bei den Mitarbeitern nicht oder nur begrenzt vorhanden ist und demzufolge externe Unterstützung erforderlich wird.

Informationstechniken in der Materialbereitstellung stellen in erster Linie ein Medium zur Erhöhung der Transparenz und zur Unterstützung betrieblicher Abläufe dar. Demzufolge kommen der Festlegung von Zugriffsberechtigungen und Mechanismen zur Informationsverteilung eine sehr hohe Bedeutung zu.

Schon im Stadium der Entwicklung von Anforderungsprofilen an die Informationstechniken fließen - vielfach unbewußt - die gewachsenen parzellierten Organisationsstrukturen und die damit verknüpften Machtstellungen in die Aushandlungsprozesse ein.

Unter diesen Voraussetzungen geht es einerseits darum, zu einem frühen Zeitpunkt entsprechende Berechtigungen für den Informationszugriff festzulegen und andererseits Notwendigkeit und Verständnis über die gegenseitigen Abhängigkeiten transparent zu machen.

Dabei entscheidend ist mithin die Bereitschaft zur weitgehenden Offenheit und Toleranz in vertikaler und in horizontaler - und zwar in beidseitiger - Richtung, sowie bei zeitlich aufeinanderfolgenden Ablaufschritten, Iterationen und Retourschleifen zuzulassen.

Den Mitarbeitern sollte durch die Beteiligung am Veränderungsprozeß Gelegenheit zur Beeinflussung geplanter organisatorischer und informationstechnischer Veränderungen geboten werden. Der Einbezug der Mitarbeiter sollte schon in der Vorbereitungs- und Planungsphase erfolgen, damit individuelle und aufgabenbezogene Bedürfnisse berücksichtigt und vorhandenes Fachwissen genutzt werden kann.

Eine Beteiligung der Betroffenen oder ihrer Vertreter am Design der Informationssysteme kann die Akzeptanz erhöhen und somit auch den Einführungsprozeß vereinfachen. Mit der bloßen Einholung von Zustimmungen oder mit dem Abschluß von Betriebsvereinbarungen zu bestimmten eng eingegrenzten Themen (Datenschutz, Auswertung personenbezogener Daten, etc.) werden die eigentlichen Probleme nicht gelöst.

Im Wesentlichen geht es vielmehr darum die Verlagerung von Einflußzonen durch die neue Technologie in ihrer Tragweite - hier sind insbesondere neu entstehende Tätigkeitsbilder und Kooperationsbeziehungen gemeint - zu erkennen, um konstruktiv an Gestaltungsprozessen partizipieren zu können. Die Qualität der Ausbildung in Verbindung mit fehlender Kapazität betrieblicher Interessenvertretungen wird diesem Anspruch häufig nicht gerecht. Durchzuführende Qualifizierungsmaßnahmen konzentrieren sich neben den systemspezifischen Qualifizierungsinhalten wie Anwendung von Such- und Ordnungsfunktionen, graphischen Darstellungsmöglichkeiten, individuellen Systemanpassungen, zunehmend auf Veränderungen, die mit der organisatorischen Umstellung einhergehen.

3.4.4   Erfahrungen mit dem Stand der Technik, Defizite bei der Umsetzung

Die realisierten EDV-gestützten Informationssysteme stellen in den meisten Unternehmen noch Insellösungen dar, bei denen jeweils nur Teilbereiche des Unternehmens EDV-technisch abgebildet sind. Verursacht wird dieser Vorgang durch folgende Gegebenheiten:

o Die EDV-Entwicklung erfolgt vielfach abteilungs- oder funktionsbereichsbezogen, d.h. ohne zentrale Koordination,

o Software-Entwickler verwenden für ihre Systeme unterschiedliche Entwicklungsansätze. Ein Teil der Entwickler orientiert sich bei der Gestaltung eher an technischen Gesichtspunkten, andere eher an betriebswirtschaftlichen Gesichtspunkten, o Investitionsentscheidungen bzgl. Informationstechniken werden nach ihrer Rentabilität in den einzelnen Funktionsbereichen genehmigt.

Die skizzierten Gegebenheiten führen zu Ungleichzeitigkeiten und zu unterschiedlicher Qualität der EDV-Entwicklungen. Daraus resultieren unterschiedlich tiefe EDV-Durchdringungen in den einzelnen Funktionsbereichen. Diese führen unter anderem zu Inkompatibilitäten bei der informationstechnischen Vernetzung einzelner Funktionsbereiche eines Unternehmens.

Durch EDV-gestützte Systeme eröffnen sich in der Regel neue Möglichkeiten der Planung und Steuerung auf einem qualitativ höheren Niveau hinsichtlich Aktualität, Detaillierungsgrad, Verfügbarkeit, Transparenz und Übersichtlichkeit von Informationen an potentiell mehreren Stellen innerhalb eines Betriebs. Dadurch gewinnt das Verhältnis zwischen zentraler und dezentraler Kompetenz und Verantwortung an Bedeutung. Existente Kooperationsbeziehungen sollten, parallel zum Informationsaustausch über das eingesetzte Informationssystem erhalten bleiben.

Den an den Schnittstellen der betrieblichen Organisation auftretenden Reibungsverlusten kann zum Teil mit einem durchgängigen übergreifenden Informationssystem begegnet werden. Allerdings können Mechanismen der Interaktionsberechtigung, Informationsselektierung und -verteilung weiterhin zu Reibungsverlusten innerhalb der Organisation führen.

In diesem Zusammenhang muß darauf hingewiesen werden, daß die Verfügbarkeit und Verdichtung von Informationen immer auch als Mittel zur Ausübung von Kontrolle eingesetzt werden kann. In der Konsequenz stellt sich neben dem beabsichtigten Effekt, Funktionsunterstützung und -verbesserung zu erlangen, gleichzeitig ein neuartiges Rechtfertigungsverhalten der Benutzer ein. Absicherungs- und Legitimationsaufgaben nehmen zusätzliche Zeit in Anspruch.

Im direkten Umfeld der Betroffen läßt sich bei der Einführung von Informationssystemen feststellen, daß sich Humanisierungserträge in vielen Fällen als zweifelhaft oder ambivalent erweisen. Vielfach werden aufgrund der getroffenen Maßnahmen Arbeitsmonotonie und repetative Tätigkeiten abgebaut, jedoch ergeben sich durch die eingesetzten Informationstechniken neue Belastungen. Es häufen sich die psychisch-mentalen gekennzeichneten Belastungen, mit ihren negativen Begleiterscheinungen.

Die Nutzung der neuen Informationstechniken an den verschiedenen Arbeitsplätzen stellt, insbesondere bei anforderungsarmen Tätigkeiten, erhöhte Ansprüche an die Arbeitsdisziplin und die Konzentrationsfähigkeit. Reduzierung von Routinearbeiten führt zwangsläufig zu einer Verdichtung von mental anspruchsvollen Tätigkeiten. Die Gefahren sind für den Betroffenen in einer resultierenden Überlastung zu sehen. Abhelfen kann ein möglichst selbstbestimmter Belastungswechsel.

Automatisierte Informationsübermittlung und EDV-gestützte Kommunikation, als Ersatz für persönliche Gespräche, kann bei den Benutzern der EDV-technischen Anlagen zur Verarmung der sozialen Beziehungen, zum Abbau von Spontaneität bis hin zur sozialen Isolation führen.

Anerkannt wichtige ergonomische Erkenntnisse setzen sich nur schleppend durch. Gerade an den wichtigen Schnittstellen zwischen Menschen und Maschine finden sie noch zu wenig Beachtung. Nach wie vor strahlen Bildschirme zu stark und haben eine zu langsame Bildwechselfrequenz, sind Drucker und Lüfter zu laut und Tastaturen werden nicht ergonomisch gestaltet.

4 Leitlinien für die menschengerechte Gestaltung der Materialbereitstellung in der Montage

Ausgehend von einer Erläuterung der arbeitswissenschaftlichen Begriffe und Kriterien der menschengerechten Arbeitsgestaltung werden in Kapitel 4 Zielkriterien, Gestaltungsfelder und Leitlinien für die menschengerechte Gestaltung der Materialbereitstellung erarbeitet und vorgestellt.

4.1 Begriffe und Kriterien der Arbeitsgestaltung

Eine Hauptaufgabe ist die menschengerechte Gestaltung der Arbeitssituation. Ausgehend vom Menschen als einer entscheidenden Komponente des Arbeitssystems Montage soll ein optimales Zusammenwirken von Menschen und Arbeitsmitteln zur Erfüllung der gestellten Montageaufgaben erreicht werden.

Die menschengerechte Arbeitsgestaltung als arbeitswissenschaftlicher Begriff unterliegt, ebenso wie die Methoden der Planung und Gestaltung, gesellschaftlich vermittelten Vorstellungen und Wandlungen, die in den 80er Jahren zu Erweiterungen ihres Inhalts geführt haben. Die menschengerechte Arbeitsgestaltung umfaßt demnach, alle Aktivitäten zur Umsetzung arbeitswissenschaftlicher Erkenntnisse unter Berücksichtigung von Erfahrungen und Erkenntnissen aus der Praxis (vgl. Röbke 1989).

Diese Definition ist jedoch recht global und in der praktischen Anwendung nur schwer zu handhaben. Um eine konkrete Bewertung von Arbeitsaufgaben zu ermöglichen, stehen vier hierarchisch gegliederte Kriterienbereiche zur Verfügung, die breiten Konsens gefunden haben (vgl. Bullinger 1986):

o **Ausführbarkeit** der Arbeit: Ist die Arbeitsaufgabe aufgrund der technischen, organisatorischen und anthropometrischen Ausgestaltung überhaupt ausführbar?

o **Schädigungslosigkeit** der Arbeit: Sind arbeitsbedingte, physische und psychische Gesundheitsschäden ausgeschlossen?

o **Beeinträchtigungsfreiheit** der Arbeit: Sind körperliche und mentale Beeinträchtigungen, wie z.B. Monotonieerscheinungen, Ermüdungs- und Streßzustände ausgeschlossen, die kurzfristig noch nicht zu Gesundheitsschäden führen?

o   **Persönlichkeitsförderlichkeit**: Inwieweit erlaubt die Arbeit den Erhalt und die Weiterentwicklung von Handlungskompetenz, insbesondere von Wissen, Fähigkeiten und Fertigkeiten?

Im folgenden werden die Kriterien näher erläutert.

Ausführbarkeit

Ausführbar ist eine Tätigkeit, wenn der Mensch die von ihr gestellten technischen, organisatorischen und anthropometrischen Anforderungen unter definierten Umgebungsbedingungen zuverlässig erfüllt, also die Leistung erbringen kann. Die Ausführbarkeit darf dabei nicht von einem oder mehreren Arbeitsplatzmerkmalen eingeschränkt werden:

o   räumliche Auslegung (z.B. Verkehrswege, Greifräume, Anordnung von Behältern),

o   Auslegung von Bedien- und Anzeigeelementen (z.B. Sicherheit, Erkennbarkeit von Informationen),

o   benötigte Arbeitsmittel (z.B. Werkzeuge, Hilfsstoffe),

o   verwendete Arbeitsstoffe (z.B. Kleber, Flüssigkeit),

o   Arbeitshaltung und Lasten (z.B. Körperhaltung, zu bewegende Lasten),

o   physikalische Arbeitsumgebung (z.B. Beleuchtung, Lärm, Schmutz).

Nicht ausführbar für den Menschen ist eine Arbeit, wenn die verlangten Kräfte die ihm zur Verfügung stehenden Kräfte überschreiten (Heben eines PKW-Motorblocks), oder wenn zwei Schalter gleichzeitig betätigt werden sollen, dies aber aufgrund der Entfernung zueinander nicht möglich ist.

Schädigungslosigkeit

Eine Arbeit ist schädigungslos, wenn sie bei Durchführung über längere Zeit (mindestens die Dauer einer Schicht) keine physische oder psychische Schädigung und Gefährdung des Menschen nach sich zieht. Dies bedeutet, daß eine Tätigkeit zwar ausführbar sein kann, Dauer und Grad der Belastung aber zu einer gesundheitlichen Schädigung führen können.

Das Heben von schweren Diesel-Batterien aus einer Gitterbox ist z.B. ohne Unterstützung von Hebezeugen ausführbar, führt jedoch als Tätigkeit, die über längere Zeit in Form einer Dauerbelastung durchgeführt wird, zu Gesundheitsschäden.

Als Hilfsmittel zur Bewertung der Schädigungslosigkeit gibt es eine Vielzahl von Normen. Beispielsweise beinhalten MAK-Werte (Maximale Arbeitsplatz-Konzentrations-Werte) die Kennzahlen für Umweltbelastungen.

Die Kriterien Ausführbarkeit und Schädigungslosigkeit werden im wesentlichen durch eine ergonomisch richtige Gestaltung des Arbeitsplatzes bestimmt. Sie stellen die Voraussetzungen für die Beeinträchtigungsfreiheit und Persönlichkeitsförderlichkeit einer Tätigkeit dar.

Beeinträchtigungsfreiheit

Beeinträchtigungsfreiheit ist ein Kriterium, das von gesellschaftspolitischen oder gruppenspezifischen Zielsetzungen beziehungsweise Vorstellungen beeinflußt wird und stark von der subjektiven Beurteilung des einzelnen Menschen bestimmt ist. In anderen Worten heißt dies, daß Schädigungslosigkeit gegeben sein kann, der Mitarbeiter sich aber in seinem subjektiven Wohlbefinden beeinträchtigt fühlt.

In erster Linie sind jedoch die objektiven Rahmenbedingungen der Arbeit beeinflußbar. Dem Kriterium ist daher eine objektivierte Definition zugrundegelegt, die besagt, daß ein Mensch dann in seinem Befinden beeinträchtigt ist, wenn sich durch die Arbeit nachweisbare, vorübergehende Begleiterscheinungen ohne Krankheitswerte einstellen (vgl. Bullinger 1986). Typische Beispiele für derartige Beeinträchtigungen sind Monotonie, Ermüdung und Streß.

Beeinträchtigungsfreiheit ist dann gegeben, wenn eine vollständige Regeneration zwischen zwei Schichten möglich ist. Wenn die Beeinträchtigungsfreiheit über längere Zeit nicht garantiert ist, kann dies zu dauerhaften Gesundheitsschäden führen. Maßnahmen zur Vermeidung solcher Risiken können sein (vgl. Hacker; Richter 1980):

o   ausreichend lange Zykluszeiten (dio Zeitspanne vom Start einer Tätigkeit bis zum Beginn der nächsten Wiederholung der Tätigkeit sollte mindestens 5 - 10 Minuten betragen),

o   Integration unterschiedlicher Tätigkeitsbestandteile in einen Zyklus (z.B. Ausführen, Kontrollieren und Rüsten),

o   spezifische Pausenregelungen (es ist z.B. besser mehrere kleine Pausen zu machen als wenige große),

o   systematischer Arbeitsplatzwechsel.

Persönlichkeitsförderlichkeit

Das Kriterium Persönlichkeitsförderlichkeit resultiert ·zum einen aus der objektiven Beurteilung einer Tätigkeit und ihrer Inhalte sowie zum anderen aus der individuellen Beurteilung einer Tätigkeit aus Sicht der Arbeitsperson.

Subjektiv sind Tätigkeiten für den Mitarbeiter persönlichkeitsförderlich, wenn sie weitgehend menschlichen Fähigkeiten und Bedürfnissen entsprechen und die Erfüllung individueller arbeits- und berufsbezogener Vorstellungen ermöglichen.

Daraus ergibt sich die objektive Forderung, daß Arbeitsaufgaben und die daraus resultierenden Anforderungen an den Menschen sowohl Erhalt als auch Weiterentwicklung von Wissen, Fähigkeiten und Fertigkeiten der Mitarbeiter gewährleisten sollen.

Dabei spielen Fragen zur Möglichkeit der persönlichen Gestaltung der Arbeit, Motivation, Anerkennung und zum Führungsverhalten von Vorgesetzten ebenso eine Rolle wie Fragen der Entlohnung oder Arbeitszeiteinteilung.

Um eine Förderung der Persönlichkeit zu erreichen, können Gestaltungsfelder z.B. sein:

o   Integration einer Vielfalt von Anforderungen, insbesondere von Denkanforderungen; dadurch wird gewährleistet, daß einmal erworbene Qualifikationen und erreichte Leistungsniveaus erhalten bleiben,

o   Möglichkeiten zur Kommunikation und Kooperation, wie sie z.B. in der Gruppen- und Teamarbeit vorkommen; dadurch wird das Verständnis für Arbeitszusammenhänge und der Erwerb weiterer Qualifikationen gefördert,

o   informelle Spielräume; sie vergrößern die Entfaltungsmöglichkeiten des Individuums und fördern die Verantwortungs- und Entscheidungsfähigkeit.

Die hier beschriebenen Kriterien sind als mehrstufige Bewertungshierarchie zu verstehen (siehe Abb. 4.1), bei der die in den niedrigeren Wertungsebenen definierten Anforderungen erfüllt sein müssen, bevor das nächsthöhere Niveau angestrebt werden kann (vgl. Rohmert 1983). Soll eine Tätigkeit persönlichkeitsförderlich gestaltet werden, so müssen Beeinträchtigungsfreiheit, Schädigungslosigkeit und Ausführbarkeit der Arbeit gegeben sein.

D.h. eine Arbeit ist menschengerecht gestaltet, wenn sie

o   ausführbar (möglich),

o   schädigungslos,

o   beeinträchtigungsfrei ist, und wenn

o   die Mitarbeiter mit den Arbeitsbedingungen zufrieden sind und die Arbeitsaufgabe den Fähigkeiten und Bedürfnissen der Arbeitspersonen entspricht.

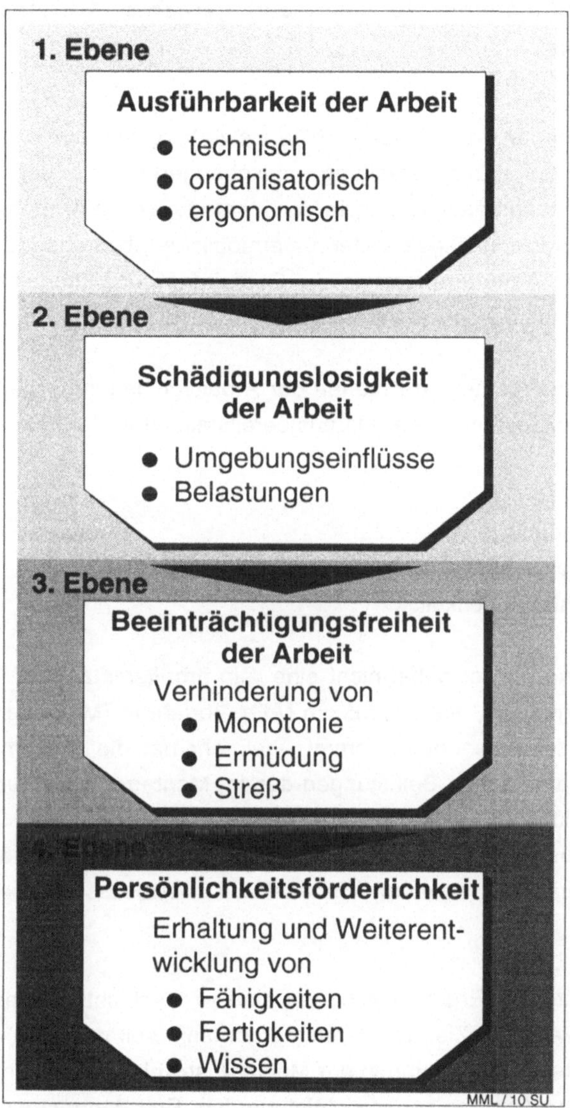

Abb. 4.1:   Hierarchische Bewertung von Arbeitsinhalten

4.2   Gestaltungsfelder für menschengerechte Arbeitsplätze in der Montage

Die im vorhergehenden Kapitel vorgestellte Bewertungshierarchie beinhaltet allgemein definierte Kriterien zur Gestaltung menschengerechter Arbeitsplätze. Für die Gestaltung der Materialbereitstellung in der Montage sind nun montagespezifische Zielkriterien zu entwickeln. Diese sollten es ermöglichen, bestehende Montagesysteme zu analysieren, Anforderungen an die Gestaltung der Materialbereitstellung zu definieren und daraus zielgerichtete Maßnahmen abzuleiten.

Abgeleitet von den allgemeinen Kriterien der Arbeitsgestaltung ergeben sich für die menschengerechte Gestaltung der Materialbereitstellung in der Montage die konkreten Zielkriterien:

o   Systemergonomie,
o   Arbeitsautonomie und
o   Qualifikationsförderlichkeit.

Mit **Systemergonomie** ist dabei nicht eine rein arbeitsplatz- bzw. greifraumorientierte Ergonomie gemeint, wie sie z.B. im MTM-Verfahren (Methods-Time-Measurement-Verfahren) zur Anwendung kommt. Vielmehr hat die Systemergonomie alle psychischen und physischen Belastungen des im Montagesystem arbeitenden Menschen zu berücksichtigen.
Die Gestaltung des Arbeitsplatzes beschränkt sich damit nicht nur auf die Betrachtung der Montagetätigkeit, sondern beinhaltet alle im Arbeitssystem anfallenden Aufgaben.

Klassische Ansätze der Ergonomie haben eine rein schichtbezogene Optimierung der Montagetätigkeit zum Ziel. Die Systemergonomie soll dagegen dazu beitragen, daß bei der Arbeitsplatzgestaltung in der Montage sowohl lebensarbeitszeit- als auch lebenszeitbezogene Aspekte berücksichtigt werden. Erst dann ist eine schädigungslose, beeinträchtigungsfreie und persönlichkeitsförderliche Gestaltung der Arbeit zu erreichen.

Die konventionelle ergonomische Arbeitsgestaltung konzentriert sich auf die Betrachtung des Faktors Technik. Durch eine entsprechende Gestaltung der technischen Elemente sollen:

o   menschen- und arbeitsgerechte Arbeitsplätze erreicht,

o   Unfallschutz garantiert und

o   Gesundheitsschäden aus Umgebungseinflüssen verhindert werden.

Bei Beachtung der in der Ergonomie geltenden Richtlinien ist damit in der Regel garantiert, daß die Arbeitsaufgabe ausführbar und schädigungslos gestaltet wird.

Genauso wichtig ist in der Systemergonomie, neben Überlastung auch Unterlastung in einem Arbeitssystem zu vermeiden.

Dazu kann Belastungswechsel in die Montageaufgaben integriert werden oder durch wechselnde Montageaufgaben organisiert werden. Möglichkeiten zur Einführung von Belastungswechseln sind die Übernahme von Nebentätigkeiten organisatorischer Art, wie z.B. das Anfordern des benötigten Materials oder die Einbeziehung von operativen Tätigkeiten der Materialbereitstellung, die keine besonders anspruchsvollen Tätigkeiten sein müssen, aber dennoch zur Vermeidung von Monotonie am Montagearbeitsplatz beitragen.

Unter dem Begriff **Arbeitsautonomie** ist der Handlungs- und Entscheidungsspielraum sowie die Verantwortung einer Arbeitsperson für die eigene Arbeit zu verstehen. Eine Vergrößerung von Arbeitsautonomie zielt im wesentlichen darauf, für Menschen in der Montage eine erhöhte Arbeitsmotivation und -zufriedenheit dadurch zu erreichen, daß ihnen größere Entscheidungsspielräume und damit mehr Verantwortung für die eigene Arbeit übertragen wird.

Ein wichtiger Baustein zur Erweiterung des Handlungsspielraums ist die Möglichkeit zur Planung der eigenen Arbeitstätigkeit. Dadurch wird erreicht, daß dem Mitarbeiter ein angemessener zeitlicher Spielraum zur Ausführung seiner Arbeit zur Verfügung steht. Im Rahmen dieses Spielraums kann die Arbeitsperson den Ablauf ihrer Tätigkeit selbst organisieren. Bei gleicher Grundstruktur der Arbeitsaufgabe sollte der Montagearbeiter die Möglichkeit erhalten, unterschiedliche Vorgehensweisen zur Ausführung zu wählen. Dadurch kann unter anderem ein erhöhtes Verantwortungsbewußtsein der Mitarbeiter erreicht werden.

Voraussetzung für eine solche Arbeitsbereicherung ist die Entkopplung vom Systemtakt über ausreichend große Puffer oder die Übertragung von anforderungsverschiedenen Aufgabenstellungen, wie z.B. Ausführung und Kontrolle der eigenen Arbeit.

Qualifikationsförderlichkeit ist in einem engen Zusammenhang mit der bereits beschriebenen Persönlichkeitsförderlichkeit zu sehen. Besonderer Wert muß dabei auf die vermehrte Integration von Denkanforderungen gelegt werden.

Die Einführung von qualifikationsförderlichen Maßnahmen ist speziell dann außerordentlich wichtig, wenn Mitarbeiter durch Aus- oder Weiterbildung Qualifikationen besitzen, die bei der täglichen Arbeit nicht benötigt werden und ohne eine gezielte Aufgabengestaltung wieder verloren gehen würden. Eine qualifikationsförderliche Arbeitsaufgabe soll vom Mitarbeiter seine individuell vorhandenen Qualifikationen abfordern und ihm eine Weiterentwicklung seiner Fähigkeiten durch die Arbeit ermöglichen.

Qualifikationsförderliche Maßnahmen sind z.B.:

o   Einbeziehung zusätzlicher Anforderungen in die Arbeitsaufgaben, die folgender Art sein können:
-    fachlich,
-    organisatorisch/administrativ,
-    kooperativ/sozial.
o   Übertragung von Personalverantwortung.

Besonders qualifikationsförderlich ist eine Tätigkeit dann, wenn sie eine Kombination der oben genannten Anforderungen verlangt. Durch eine vielseitige Beanspruchung wird die Entwicklung und der Einsatz von verschiedenen aufgabenrelevanten Fähigkeiten und Fertigkeiten möglich.
Strebt man eine derartige Einbeziehung von verschiedenen Aufgaben in eine Arbeitstätigkeit an, ist zu beachten, daß natürliche Arbeitseinheiten nach logischen und sachlichen Kriterien gebildet werden. Daraus resultiert eine größere Durchschaubarkeit des Montage- und Arbeitsprozesses, die zur verstärkten Motivation und Identifikation mit der Arbeit führt.
Ergänzend dazu wird der Arbeitsperson durch das Zusammenlegen von unterschiedlichen Arbeitsaufgaben größere Verantwortung übertragen. Dies ist beispielsweise bei der Integration von Vorbereitungs-, Wartungs-, Instandsetzungs- und Prüftätigkeiten der Fall.
Anforderungen an aufgabenbedingte Kooperation und Kommunikation, die sich qualifikationsförderlich auswirken, ergeben sich vornehmlich in Arbeitsstrukturen mit Gruppen- und Teamarbeit, in denen auch informelle Spielräume den unmittelbaren zwischenmenschlichen Kontakt fördern.

4.3 Prinzipien der menschengerechten Gestaltung der Materialbereitstellung

Die Gestaltung der Materialbereitstellung in einem Montagesystem hat, wie in Kapitel 2 beschrieben, die konkreten Gestaltungsfelder Technik, Arbeitsorganisation und Information zu berücksichtigen. Als Zielkriterien für die menschengerechte Gestaltung dieser Gestaltungsfelder dienen dabei die in Kapitel 4.2 entwickelten montagespezifischen Kriterien Systemergonomie, Arbeitsautonomie und Qualifikationsförderlichkeit.

Da die Gestaltungsfelder wechselseitig voneinander abhängig sind und nicht isoliert betrachtet werden können, sind auch die Zielkriterien nicht nur auf jeweils ein Gestaltungsfeld anzuwenden. Der Zusammenhang zwischen Gestaltungsfeldern und Zielkriterien ist in Abbildung 4.2 dargestellt.

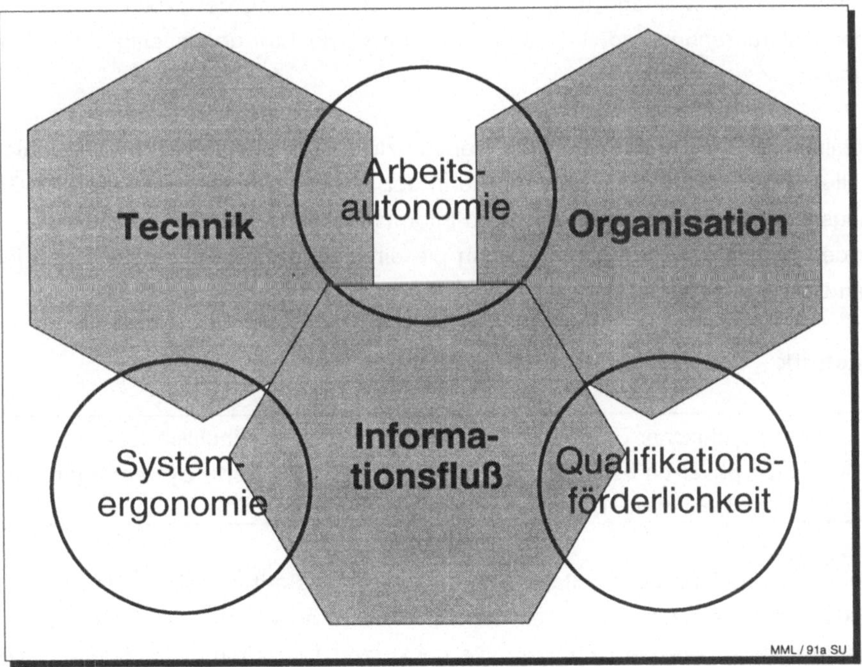

Abb. 4.2: Zusammenhang zwischen den Gestaltungsfeldern der Materialbereitstellung und den Zielkriterien zur menschengerechten Gestaltung

So sind bei der Technikgestaltung neben vordringlichen Fragen der ergonomischen Gestaltung der Materialbereitstellung auch die Auswirkungen auf die Arbeitsautonomie zu betrachten. Bei der Gestaltung der Organisation sind dementsprechend wesentliche Punkte die Arbeitsautonomie und die Qualifikationsförderlichkeit. Neben Technik und Organisation ist, wie bereits in Kapitel 2 erwähnt, der Informationsfluß stets ein wichtiger Faktor, der die menschengerechte Gestaltung der Materialbereitstellung richtungsweisend beeinflußt, so daß bei der Gestaltung des Informationsflusses alle drei Zielkriterien gleichrangig beachtet werden müssen.

Um die Gestaltungsfelder über eine allgemeine Bewertung anhand der Zielkriterien hinaus analysieren zu können, sollen im folgenden aus den Zielkriterien Leitlinien für die menschengerechte Gestaltung der Materialbereitstellung definiert und anhand geeigneter Beispiele erläutert werden.
Die Leitlinien sind dabei in der Regel so aufgebaut, daß sie sich auf mehr als ein Zielkriterium beziehen. Die menschengerechte Planung der Materialbereitstellung erfordert in der Montage eine ganzheitliche Betrachtung der arbeitswissenschaftlichen Anforderungen und Gestaltungskriterien sowie ihrer gegenseitigen Wechselwirkungen.

Abbildung 4.3 zeigt eine Übersicht der Prinzipien zur Gestaltung der Materialbereitstellung. Die Leitlinien sind dabei, wie in der Graphik dargestellt, in die drei Gestaltungsfelder Technik, Organisation und Informationsfluß gegliedert.
In den folgenden Abschnitten werden die einzelnen Schwerpunkte und die jeweiligen Leitlinien detailliert erläutert.

Technik

Statt psychischer Einseitigkeit	<-->	ganzheitlich lebenszeit-
Statt physisch einseitiger		orientierte Systemergonomie
Belastungen		

Bei der Gestaltung der Montagearbeit ist generell darauf zu achten, daß keine kurzzyklischen repetitiven Tätigkeiten auftreten, die zu hohen Arbeitsbelastungen führen. Darunter fallen alle Verrichtungen, die bei kurzen Taktzeiten gleichförmig zu wiederholen sind. Besonders monotone Aufgaben sind Einlegetätigkeiten an Schnittstellen zu automatisierten Systemen. In der Montage führen z.B. das manuelle Bestücken von Schraubautomaten mit Werkstücken oder das Einlegen von Montageteilen in automatische Pressen zu sehr einseitiger physischer Belastung der Mitarbeiter. Zudem werden bei diesen Tätigkeiten verstärkt hohe psychische Anforderungen an die

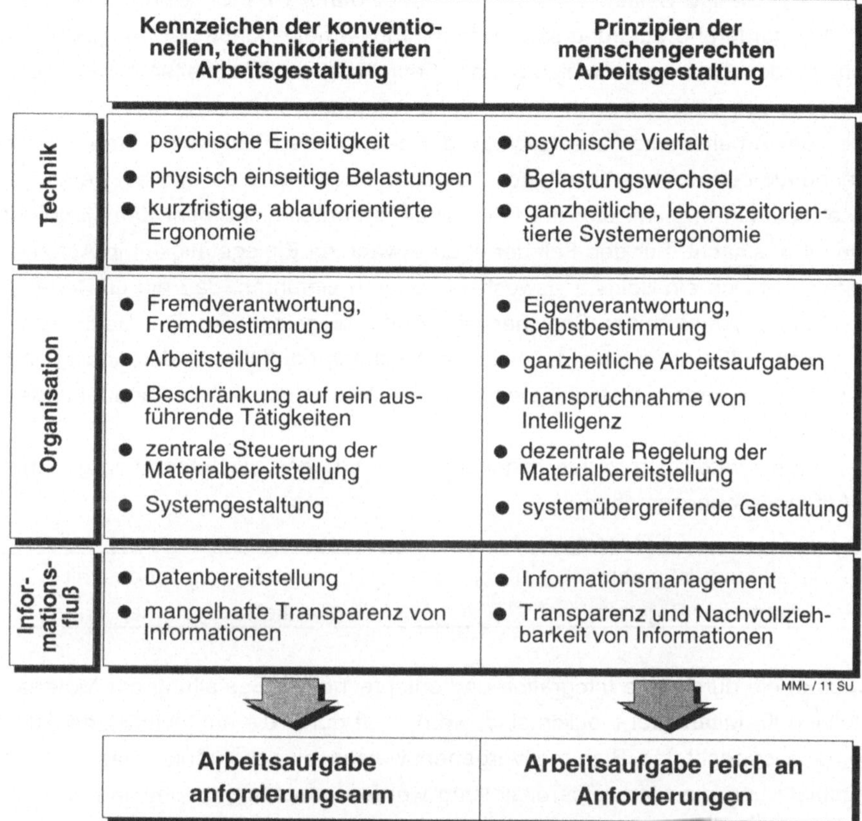

Abb. 4.3:   Prinzipien der menschengerechten Gestaltung der Materialbereitstellung

Arbeitsperson gestellt, da sie teilweise erhebliche Aufmerksamkeitserfordernisse ver-
langen:

o   Der Bediener muß z.B. beim Einlegen von Teilen in eine Presse darauf achten,
    daß er nicht selbst zu Schaden kommt.

o   Es müssen immer genügend Werkstücke bereitgestellt werden, damit die Ma-
    schine kontinuierlich arbeiten kann.

o   Das Material muß sorgfältig eingelegt werden, so daß es sich nicht verkantet
    und dadurch Störungen und Stillstand an der Arbeitsstation auslöst.

Bei der Gestaltung von Arbeitsinhalten in der Montage sind demnach Belastungswechsel vorzusehen, die dazu beitragen, daß sowohl monotone Tätigkeiten als auch
einseitige körperliche Belastungen vermieden werden.

Psychisch einseitige Belastungen können außer durch Überforderung gerade auch durch Unterforderung aufgrund sehr anforderungsarmer, monotoner Tätigkeiten verursacht werden. Es ist demzufolge bei der Gestaltung von Tätigkeiten sowohl auf die Vermeidung von Über- als auch Unterlastung zu achten.

Werden der Arbeitsperson zusätzlich zu der belastenden Tätigkeit weitere, weniger anstrengende oder anders belastende Aufgaben übertragen, so wird ein Belastungswechsel dadurch erreicht, daß der belastende Zeitanteil nicht mehr den Hauptanteil der Arbeit ausmacht. Für den Fall der oben erwähnten Einlegetätigkeit in Automatikstationen läßt sich ein Belastungswechsel dadurch einführen, daß ein größerer Vorrat an Werkstücken in einen Speicher oder Puffer eingelegt wird. Der Bediener muß dann diesen Puffer nur noch in bestimmten Abständen auffüllen und kann sich in der übrigen Zeit um andere Materialbereitstellungs-, Wartungs- oder Instandhaltungsaufgaben kümmern.

Dieser Aspekt wird auch in den folgenden Ausführungen zur Integration ganzheitlicher Aufgaben angesprochen.

Statt kurzfristig ablauf-orientierter Ergonomie	<-->	ganzheitlich lebenszeit-orientierte Systemergonomie

Freiräume, die durch eine Integration und entsprechende Gestaltung der Materialbereitstellung für Mitarbeiter möglich sind, werden oft durch die auf taylorisierte Arbeitssysteme ausgerichteten Planungsvorgehensweisen eingeschränkt. Das heißt, der Arbeitsplatz und die Materialbereitstellung werden unabhängig voneinander gestaltet. Das führt unter Umständen dazu, daß eine Gestaltung der Arbeitsplätze nach den Regeln der optimalen ergonomischen Arbeitsplatzgestaltung, z.B. den Prinzipien der Greifraumergonomie, eine weitere Vereinseitigung von Bewegungen und Haltungen mit erhöhter Frequenz zur Folge haben kann und kein Belastungswechsel gegeben ist.

Die übliche Optimierung von Bewegungen, z.B. nach dem MTM-Verfahren, zielt auf eine Verkürzung von Greifwegen und eine Vereinfachung von Bewegungen. Sie führt damit zu einer Vereinseitigung und durch die Zeiteinsparung zu einer höheren Frequenz der Tätigkeiten, bzw. einer höheren Normalleistung. Diese Normalleistung ist definiert als Leistungsnorm, welche im Rahmen einer Schicht erbringbar ist. Nicht berücksichtigt wird, ob diese Leistung ohne Schädigung einseitig belasteter Muskelgruppen und Gelenke über einen Zeitraum erbringbar ist, welcher der durchschnittlichen Lebensarbeitszeit entspricht.

In der bisher gängigen Ergonomie wird zudem von einer Vermeidung körperlicher Belastungen ausgegangen. Ergebnisse der medizinischen Forschung weisen jedoch darauf hin, daß die Vermeidung von Belastungen (z.B. körperliche Unterforderung durch ständiges Arbeiten im Sitzen), genau wie eine Überforderung zu chronischen Erkrankungen z.B. des Gelenk- und Stützapparats führen. Es ist daher in Zukunft erforderlich, über eine arbeitssystembezogene ganzheitliche Organisation von Belastungswechseln nachzudenken. Dies kann auch dazu führen, daß nicht unbedingt arbeitsnotwendige, aber die Vielfalt von Arbeitshaltungen und -bewegungen förderliche, Belastungen bewußt und gezielt in den Arbeitsprozeß integriert werden müssen.

Die Forderung nach einer ganzheitlichen, an der Lebenszeit orientierten Systemergonomie beinhaltet damit die umfassende Betrachtung von Arbeitsinhalten der Montage, der Materialbereitstellung sowie anderer integrierbarer Tätigkeiten im System. Ziel ist die Gestaltung von Arbeitsaufgaben derart, daß physische und psychische Vielfalt sowie Belastungswechsel gewährleistet sind.

Organisation

Statt Fremdverantwortung	<-->	Eigenverantwortung
Statt Fremdbestimmung	<-->	Selbstbestimmung

Eigenverantwortung und Selbstbestimmung werden vergrößert, wenn den Mitarbeitern im Rahmen der Arbeitsausführung die freie Wahl der Zeit, Mittel und Wege möglich ist. Verstanden wird darunter die selbständige Einteilung der Arbeitszeit beziehungsweise der Arbeitsreihenfolge unter einer vorgegebenen Zielsetzung (z.B. Durchlaufzeit, Qualität und Kosten) über einen bestimmten Zeitabschnitt. D.h. die durchzuführenden Arbeiten werden vom Mitarbeiter aus einem vorgegebenen Tages- oder Wochenprogramm ausgewählt. Die Verantwortung für die termingerechte Durchführung aller Aufträge wird dadurch verstärkt auf die Mitarbeiter übertragen. Ebenso können beispielsweise Hilfsmittel und -stoffe sowie Werkzeuge im Rahmen der technologischen Randbedingungen selbst bestimmt werden. Derartige Maßnahmen bewirken in der Regel eine gesteigerte Flexibilität und verminderte Störanfälligkeit eines Systems.

Im Bereich der ergonomischen Arbeitsplatzgestaltung sind Freiräume für die Selbstbestimmung des Menschen durch wählbare Alternativen zu erreichen. An einem Sitz-Steh-Arbeitsplatz kann der Montagearbeiter selbst bestimmen, ob er sitzen oder stehen will. Sind Handhabungsgeräte und Hebehilfen oder Hub- und Kipptische vorhanden, bleibt es den Mitarbeitern selbst überlassen, wie und in welchem Umfang sie diese Geräte einsetzen.

Problematisch in diesem Zusammenhang ist, daß oftmals derartige Hilfseinrichtungen nicht genutzt werden, obwohl sie für die Beeinträchtigungsfreiheit oder gar Schädigungslosigkeit unabdingbar wären. Es muß deshalb bei der Gestaltung darauf geachtet werden, daß diese Arbeitsplatzausstattungen für die Arbeitspersonen in ihrem subjektiven Empfinden nicht umständlich und vor allem nicht übermäßig zeitaufwendig erscheinen.

Mitarbeiter nutzen zur Verfügung stehende Hilfseinrichtungen nur dann regelmäßig, wenn ein hoher Grad von Akzeptanz besteht, der durch aktive Mitgestaltung beim Planungsprozeß erreicht wird.

Statt Arbeitsteilung	<-->	ganzheitliche Arbeitsaufgaben

In der Montage lassen sich folgende Klassen von Arbeitsaufgaben unterscheiden (vgl. Buck 1991):

o   direkte Montagetätigkeiten, wie Schrauben und Fügen,

o   direkte montageunterstützende Tätigkeiten, wie Vorbereiten und Reinigen,

o   Tätigkeiten an Betriebsmitteln, wie Warten und Instandsetzen,

o   allgemein montageunterstützende Tätigkeiten, wie die Materialbereitstellung,

o   allgemein montageüberwachende Tätigkeiten, wie Prüfen,

o   dispositive, konzeptionelle und administrative Tätigkeiten, wie Materialdisposition, Feinplanung der Arbeitsausführung und Terminplanung.

In herkömmlichen Montagesystemen werden diese Aufgabenklassen oft streng voneinander getrennt durchgeführt. Meist findet zusätzlich eine Arbeitsteilung innerhalb der Klassen statt. Voraussetzung für die Integration von Aufgaben ist die generelle Bereitschaft zur Rücknahme dieser hohen Arbeitsteiligkeit.

Wie bereits im Abschnitt Qualifikationsförderlichkeit beschrieben, ist bei der Zusammenführung verschiedener Aufgaben darauf zu achten, daß ganzheitliche und sinnvolle Arbeitseinheiten entstehen. Eine vollständige, sequentielle Integration auf der ausführenden Ebene wäre beispielsweise die Komplettmontage mit Vorbereiten, Prüfen und Nacharbeiten. Durch Integration von Qualitätssicherungsaufgaben wird besonders einer Erhöhung der Eigenverantwortung Rechnung getragen.

Sollen anforderungsverschiedene Aufgaben mit Hilfe der Integration von dispositiven Anteilen realisiert werden, so können dies vorzugsweise Aufgaben der Materialbereitstellung, der Instandhaltung und Tätigkeiten aus dem Bereich der Planung sein.

Ein Vorteil integrierter Systeme besteht in der Gestaltbarkeit der Arbeitsaufgaben. Die Arbeitsinhalte können den Qualifikationsstrukturen der Mitarbeiter angepaßt werden.
Bei einem Trend zu höheren Automatisierungsgraden der Systeme, ist zu erwarten, daß eine Verlagerung von direkten zu indirekten Montagetätigkeiten hin erfolgt.
Zur Vermeidung von Restarbeitsplätzen in hybriden Systemen ist eine Dezentralisierung bestimmter Bereiche empfehlenswert, die eine Integration von Materialbereitstellungsaufgaben ermöglichen. Dezentralisierte Lager, wie Bereitstellager in der Montage, schaffen die Voraussetzung dafür, daß der Mitarbeiter seine Teile selbst aus dem Lager holt. Sie bieten die Chance, die bisher arbeitsteilig durchgeführte Kommissionierung in den Montagebereich einzubringen. Dadurch ergeben sich auch kürzere Regelkreise zur Korrektur von Fehlbeständen und falscher Arbeitsorganisation in diesen Bereichen.

Durch die Dezentralisierung erhöht sich in der Regel der dispositive Spielraum der Mitarbeiter. Es werden zusätzlich Voraussetzungen für die Einführung von Belastungswechseln geschaffen. Außerdem ergibt sich eine größere Flexibilität durch die Entkopplung von Bereichen und bessere Überschaubarkeit der dezentralen Systeme.

Zur Verbesserung der Situation der Menschen in Systemen, die aufgrund technologischer Randbedingungen eine Arbeitsteiligkeit erfordern, sollte mindestens ein Arbeitsplatzwechsel vorgesehen sein. Dabei ist darauf zu achten, daß nicht zwischen Plätzen mit ähnlich einseitig belastenden Tätigkeiten gewechselt wird, sondern daß ein effektiver Belastungswechsel durch den Platzwechsel erreicht wird.

Ist Arbeitsteilung in einem System nicht zu vermeiden, dann können zusätzlich Gruppenkonzepte eingeführt werden, wodurch neben Montagetätigkeiten von Mitarbeitern auch soziale Qualifikationen gefordert werden. Ein Übergang von der Einzelarbeit mit Komplettmontage zur Gruppenarbeit mit Komplettmontage ist aber nur dann zu befürworten, wenn die Gruppe mit entsprechenden Entscheidungsbefugnissen (Wahl der Zeit, Mittel, Wege) ausgestattet ist.

Bei allen oben genannten Forderungen muß darauf geachtet werden, daß zur Hinführung auf die neuen Aufgaben mit erweiterten Qualifikationsanforderungen Schulungen der Mitarbeiter als begleitende Maßnahmen durchgeführt werden müssen. Verstärktes Augenmerk muß dabei auf Mitarbeiter gerichtet werden, die über einen längeren Zeitraum in hoch arbeitsteiligen Systemen gearbeitet haben. Bei ihnen ist verständlicherweise die Bereitschaft, Tätigkeiten mit vergrößerten Anforderungen zu übernehmen besonders gering. Neue Arbeitsstrukturen sind nur dann effektiv, wenn die Betroffenen diese auch akzeptieren.

Statt Beschränkung auf rein ausführende Tätigkeiten	<-->	Abforderung von Intelligenz

In der Materialbereitstellung wie in der Montage werden Mitarbeitern häufig rein ausführende Tätigkeiten zugewiesen, die von der Arbeitsperson kaum Denkvermögen abfordern. Als Beispiel sei hier das manuelle Umsetzen von Behältern, die auf Paletten angeliefert wurden, auf eine Band- oder Rollenförderanlage angesprochen.

Ein Grund für diese Unterforderung des menschlichen Intellekts liegt in der technikorientierten Vorgehensweise bei der Planung der Materialbereitstellung. Das heißt, es werden primär technische Lösungen zur Anbindung des Materialflusses an die Arbeitsplätze konzipiert und erst sekundär die Auswirkungen dieser Technikgestaltung auf den Menschen betrachtet. Im Extremfall geht dies soweit, daß in einem System zwischen automatisierten Bereichen nur Restarbeitsplätze mit Handhabungsaufgaben übrig bleiben, die sich nicht automatisieren lassen.

Sind Restarbeitsplätze nicht zu verhindern, so muß mindestens durch Pufferung des Materials vor dem Automaten oder durch Entkopplung im Nebenschluß die direkte Bindung des Mitarbeiters an den Maschinentakt vermieden werden (vgl. Bullinger 1993).

Der Einsatz von technischen Hilfsmitteln sollte der Entlastung von Mitarbeitern dienen, wie dies z.B. bei der Verwendung von Hub-, Kipp- und Neigegeräten zur ergonomisch besseren Entnahme von Teilen aus großen Behältern der Fall ist.
Noch verbleibende Restarbeitsinhalte können durch die Einführung von automatisierten Einlegegeräten vor Automatikstationen vom Menschen auf die Technik übertragen werden. Diese Maßnahme ist vor allem dann sinnvoll, wenn die Arbeitsaufgabe der Mitarbeiter gleichzeitig bspw. durch Materialbereitstellungs- oder auch Qualitätssicherungsaufgaben, die höhere Anforderungen abverlangen, erweitert wird. Dabei ist selbstverständlich, daß keine unmittelbare Taktbindung vorliegen darf.

Es gilt grundsätzlich, daß den Mitarbeitern nicht nur rein ausführende Tätigkeiten, sondern gerade auch Aufgaben mit Denkanforderungen zugewiesen werden sollen. Bezogen auf Tätigkeiten in der Materialbereitstellung bedeutet dies die Übertragung von Tätigkeiten, die bisher von Systemversorgern übernommen wurden, an Montagemitarbeiter. Dazu kann das Holen, Anfordern, Disponieren oder Bestellen von Klein- oder Montageteilen gehören.

<table>
<tr><td>Statt zentraler Steuerung
der Materialbereitstellung</td><td><--></td><td>dezentrale Regelung</td></tr>
</table>

Die Gestaltung von Abläufen in einem Montagesystem mittels einer Regelung durch die involvierten Mitarbeiter anstatt einer Steuerung "von oben", kann sowohl auf formellem als auch auf informellem Wege realisiert werden. Alles in allem muß sichergestellt sein, daß das System und insbesondere die Materialbereitstellung entsprechende Dispositionsspielräume beinhalten.

Das Ziel einer Regelung von Abläufen, die erhöhte Flexibilität des Systems, wird erreicht, indem man den Mitarbeitern die Möglichkeit zu einem dezentralen Eingriff gibt. Dies kann bis zur Integration von Funktionen der Fertigungssteuerung gehen.

Die verschiedenen Möglichkeiten Steuerung, informelle Regelung und formelle Regelung lassen sich anhand eines Werkstückträger-Umlaufsystems beschreiben.

Eine Steuerung liegt dann vor, wenn ein Leitsystem ungeachtet des Systemzustands, Werkstückträger in einem vorher festgelegten Takt kontinuierlich in den Umlauf einschleust. Werden in das System immer dann Werkstückträger automatisch über das Umlaufsystem an einen Arbeitsplatz transportiert, wenn Lichtschranken einen leeren Platz am Arbeitsplatz erkennen, so ist dies eine sehr einfache Regelung ohne formelle Eingriffsmöglichkeit der Mitarbeiter. In diesem Regelmechanismus können nicht alle Zustände oder Störungsfälle berücksichtigt sein. Bei unvorhergesehenen Vorkommnissen greifen die Mitarbeiter daher zu einer informellen Lösung, blockieren z.B. die Lichtschranken manuell und erreichen damit eine im ursprünglichen System nicht vorgesehene Flexibilität.

Die in einem solchen System anzustrebende formelle Regelung sieht eine Selbstbestimmung der Montagemitarbeiter bzgl. Anzahl und Art der im Umlaufsystem bereitgestellten Werkstückträger vor, die mit Hilfe eines Arbeitsplatzterminals oder Barcode-Lesestifts realisiert werden kann. Voraussetzung für eine solche Vorgehensweise ist, daß die für eine Bestellung benötigten Informationen, wie z.B. der Teilebedarf oder die Teileverfügbarkeit dezentral bereitgestellt wird. Erst dann können die Mitarbeiter im Rahmen grober Vorgaben die Materialbereitstellung in Eigenverantwortung regeln.

Statt Systemgestaltung <--> systemübergreifende Gestaltung

Die Voraussetzungen für eine Arbeitsgestaltung und die sich daraus ergebenden Optionen für arbeitsorganisatorische Maßnahmen werden durch die Systemaufgabe definiert. Die Rahmenbedingungen zur Gestaltung von Arbeitsaufgaben werden entsprechend durch die Festlegung der betrachteten Montagesystemgrenzen determiniert (vgl. Pack 1991).

Je nach betrieblicher Arbeitsteilung kann die Festlegung der Arbeitssystemgrenzen dazu führen, daß ausschließlich direkte Montagetätigkeiten oder bei Teilautomatisierung die Beschickung und Entnahme an Automaten zur Aufgabe der Mitarbeiter gehören. In derartig arbeitsteiligen Systemen werden Gestaltungsspielräume nur durch die Intergration bisher externer Funktionen in die Arbeitsaufgabe erreicht.
Ein sinnvoller Ansatzpunkt der Arbeitsgestaltung liegt daher in der systemübergreifenden Betrachtung der Montagearbeitsplätze. Dies kann in hochintegrierten Montagesystemen dazu führen, daß sich die Gestaltung bis ins Wareneingangslager und über das gesamte Qualitätswesen hinweg erstreckt.
Vorrangig ist jedoch eine Integration von montageunterstützenden Tätigkeiten, wie dies die interne Materialbereitstellung, Beseitigung von Störungen, Umrüsten und die interne Disposition sind.

Wenn die Integration im System anfallender Teiltätigkeiten wegen ihres geringen zeitlichen Anteils nicht ausreicht, um die Arbeitsaufgabe sinnvoll gestalten zu können, müssen zusätzliche Aufgaben aus bisher vor- oder nachgelagerten Bereichen wie z.B. Prüfen, Nacharbeit, Verpacken bis hin zur Einbeziehung von Aufgaben aus der logistischen Kette (z.B. Transporte vom Lager zum Montagesystem) integriert werden.
Ebenso ist zu überlegen, ob bisher dem indirekten Bereich zugeordnete Tätigkeiten wie planerische oder administrative Aufgaben, in die Gestaltung neuer Arbeitsplätze einbezogen werden können.
Ist dies aufgrund einer zu starken Trennung der Montage von vorgelagerten oder nachgelagerten Bereichen nicht möglich, so sind die Montagearbeitsplätze mindestens durch entsprechende Puffer an den Schnittstellen zu anderen Bereichen zu entkoppeln.

Insgesamt ermöglicht die systematische Anreicherung der Montagesystemaufgaben durch die systemübergreifende Betrachtung wesentliche Chancen und Spielräume einer menschengerechten Gestaltung von Arbeitsinhalten (vgl. Pack 1991).

Informationsfluß

Daten sind Zeichen, Worte oder Nachrichten, die erst dann zu Informationen werden, wenn sie dem Empfänger verständlich sind und er sie weiterverarbeiten bzw. nutzen kann.

Teilenummern und Mengenangaben sind Daten auf einer Stückliste, die für einen Montagemitarbeiter erst dann zu Informationen werden, wenn die Stückliste einem bestimmten Auftrag zugeordnet wird. Aus der Sicht eines Betriebselektrikers bleiben Stücklisten-Daten auch bei der Verknüpfung mit einem Auftrag weiterhin nur Daten, da er sie nicht für Durchführung seiner Arbeitsaufgabe benötigt.

Daten sind also nur dann verwertbar, wenn sie für einen Empfänger aufgrund von Fachkenntnissen oder im Zusammenhang mit weiteren relevanten Daten verständliche Informationen darstellen bzw. in Informationen umzuwandeln sind.

Werden Daten oder Informationen weitergegeben, so spricht man von einem Daten- oder Informationsfluß.

Statt Datenbereitstellung   <--->   Informationsmanagement

Daten wurden früher ausschließlich und werden heute noch oft auf Papier (in Form von geschriebenen oder gedruckten Zahlen und Buchstaben) gespeichert und verarbeitet. Der Empfänger kann meist ohne großen Aufwand und Spezialkenntnisse, die benötigten Informationen durch Lesen von Arbeitsanweisungen und Materialbegleitpapieren erhalten und verstehen. Ausnahmen hiervon sind nur besonders unübersichtlich gestaltete Formulare oder Listen bei denen es nicht gelingt, aus einer Vielzahl von Daten die benötigten Informationen schnell abzulesen.

Problematisch ist dagegen der Übergang von "papiergestützten" Daten in einen Daten- bzw. Informationsfluß.

Die Problematik beim Übergang von Daten zum Informationsfluß zeigt sich bei der Weitergabe von Arbeitspapieren. Diese Arbeitspapiere werden manuell dem Material oder den Werkstücken mitgegeben. Demzufolge können die Papiere unterwegs verloren gehen oder vertauscht werden, da sie meist nur lose beigelegt sind. Desweiteren kommen sie nicht immer rechtzeitig am richtigen Ort (Arbeitsplatz, Meisterbüro, Lager) an, so daß dadurch der Fluß der Informationen zumindest temporär unterbrochen wird.

Meist steht außerdem in den Papieren nur das für einen abgegrenzten Bereich (z.B. Montage) unbedingt Notwendige, während die Anforderungen anderer Bereiche, die ebenfalls mit diesen Papieren arbeiten, nur unzureichend berücksichtigt werden. So gehen für die Materialbereitstellung notwendige Informationen in der Regel nicht aus den Arbeitspapieren hervor, sondern müssen in separaten Karteien erfaßt oder in anderen Abteilungen erfragt werden.

In der elektronischen Datenverarbeitung ist der Daten- und Informationsfluß prinzipiell kein Problem mehr. Durch mobile Datenträger, Barcode-Etiketten oder dezentrale Terminals, die ohne großen Aufwand an jeder beliebigen Stelle im Montagesystem oder an Arbeitsplätzen aufgestellt werden können, sind eine Vielzahl von Daten an mehreren Orten gleichzeitig verfügbar. Ihre Aktualisierung geschieht oft on-line und der Fluß ist nur eine Frage der Übertragungsgeschwindigkeit mittels eines Übertragungsmediums (Datenleitung).

Schwieriger ist in diesem Fall die Umwandlung von Daten in, für den Mitarbeiter signifikante, Informationen. Rechnergestützt steht meist eine Vielzahl von Daten zur Verfügung. Eine große Datenverfügbarkeit bedeutet jedoch nicht automatisch die Verfügbarkeit der richtigen Informationen. Es kommt vielmehr darauf an, dem Anwender die, der Aufgabe entsprechenden, richtigen Daten bereitzustellen, so daß er den Informationsgehalt dieser Daten aufgrund seiner Kenntnisse erkennen kann. Es müssen daher für jede Aufgabenstellung entsprechend angepasste Benutzeroberflächen oder Programme entwickelt werden, die den Mitarbeitern nur die wesentlichen Informationen zur Verfügung stellen, gleichzeitig aber bei Bedarf einen Zugriff auf andere, normalerweise weniger wichtige, Informationen erlauben.

Wichtige Hilfsmittel der menschengerechten Informationsbereitstellung sind Methoden der Softwareergonomie. Mit einer guten Maskengestaltung kann erreicht werden, daß jeweils nur die benötigten Informationen übersichtlich angezeigt werden. Ein weiterer wichtiger Gesichtspunkt in diesem Zusammenhang ist die Möglichkeit zur Vorauswahl der gewünschten Daten. Aufgaben-, mitarbeiter- oder materialbereitstellungsbezogene Daten sind z.B. die Teileverfügbarkeit, Materialfluß-Abläufe, Angaben über Variantenteile, Behältergrößen und -nummern, Lagerplätze oder Vorfertigungsstellen.

Für alle angesprochenen Aspekte ist vor allem zu beachten, daß das verwendete Informationskonzept durchgängig über alle miteinander verbundenen Bereiche eingesetzt wird, so daß bei Integration von Aufgaben aus mehreren Bereichen keine Schwierigkeiten durch nicht harmonierende Schnittstellen entstehen.

Mangelhafte Transparenz von Informationen	<-->	Transparenz und Nachvoll- ziehbarkeit von Informationen

Prinzipiell gibt es zwei Arten, wie Informationsdefizite entstehen können:

o   Monopolisierung von Information,

o   chaotisch verteilte Informationen.

Monopolisierung von Information entsteht dadurch, daß nur einige wenige Bereiche (im Extremfall nur eine Abteilung) alle Informationen zur Verfügung haben, diese aber nicht oder nur spärlich, an andere Stellen weitergeben. Dadurch werden in den anderen Bereichen Fehler gemacht, die sich vermeiden ließen, wenn jeder rechtzeitig alle benötigten Informationen zur Verfügung hätte. Diese Monopolisierung tritt beispielsweise dann auf, wenn nur ein der Montage vorgelagerter Bereich (Planung, Disposition) weiß, welche Stückzahl, wann montiert werden muß. Montage und Materialbereitstellung erfahren jedoch erst zum Zeitpunkt der Beendigung des vorhergehenden Auftrags den Inhalt der neuen Tätigkeit. Dadurch ist eine vorausschauende Planung innerhalb des Montagesystems, die auch kapazitive Kriterien berücksichtigt, nicht möglich.

Chaotisch verteilte Informationen treten auf, wenn in einem Arbeitsablauf jede Abteilung nur ihren Teilbereich der Arbeit kennt. Dabei besitzt dann jede Funktionseinheit einen kleinen Teil der Gesamtmenge der Informationen, aber niemand hat einen Überblick über das Gesamtsystem. Erheblich verstärkt wird das "Chaos" dann, wenn jede Abteilung für ihre Anwendung ein eigenes DV-System hat und diese Systeme untereinander nicht vernetzt und kompatibel sind. Aufgrund der großen Anzahl von Informationsträgern gestaltet sich in einem solchen Fall der Informationsaustausch über Systemgrenzen hinweg besonders schwierig.

Eine Arbeitsteilung, die bis hinein in den Informationsfluß reicht, ist oft Ursache für beide Arten von Informationsdefiziten. Soll eine Transparenz von Informationen erreicht werden, sind auch im Bereich der Informationsgewinnung, -haltung und -weitergabe arbeitsteilige Strukturen aufzubrechen. Monopole bildenden Bereichen ist verständlich zu machen, daß nachgelagerte Systeme effektiver arbeiten, wenn sie frühzeitig ausreichende Informationen erhalten. Chaotische Systeme können durch eine rechnergestützte Datenintegration transparent gemacht werden, d.h. bereichsübergreifende Daten sind zentral zu halten. Dadurch können Redundanz und Übertragungsfehler reduziert oder ganz vermieden werden.

Ein weiterer Punkt, der vielfach bei der Gestaltung von Informationsflüssen vergessen wird, ist die Nutzbarmachung von Rückmeldekanälen.

Besonders in Systemen, in denen die Prüfung der Tätigkeit von der Ausführung getrennt ist, bekommt der montierende Mitarbeiter oft keine Informationen über die Qualität seiner Arbeit. Gerade die Rückmeldung von Qualitätsdaten ermöglicht das Erkennen von Zusammenhängen zwischen Tätigkeitsausführung und Tätigkeitsergebnis. Damit kann der Mitarbeiter selbst - ohne den Umweg über Vorgesetzte - individuelle Verbesserungsmaßnahmen ergreifen, z.B. verstärkte Eigenkontrolle, bessere Betriebsmittelwartung, sorgfältigere Prüfung der Montageteile.

Der Aspekt der Rückkopplung zeigt, wie wichtig eine transparente Verfügbarkeit von Informationen für die menschengerechte Gestaltung der Arbeit ist. Integration von Aufgaben, Nutzung von Intelligenz, Übernahme von Eigenverantwortung werden erst dann sinnvoll und effektiv, wenn die benötigten Informationen dezentral bereitgestellt werden und jederzeit - zeitlich und räumlich - verfügbar sind.

<table>
<tr><td>Schlußfolgerung
Statt arm an Arbeitsanforderungen   <-->   reich an Arbeitsanforderungen</td></tr>
</table>

Diese Aussage bildet die Quintessenz der vorangegangenen Regeln zur menschengerechten Gestaltung der Materialbereitstellung. Soll eine menschengerechte, systemübergreifende Arbeitsaufgabengestaltung in der Montage und den sie unterstützenden Tätigkeiten verwirklicht werden, müssen Technik, Organisation und Information als bestimmende Kriterien mit ihren Wechselwirkungen erkannt und anhand der aufgestellten Leitlinien konzipiert werden.

4.4 Zusammenfassung der Kriterien zur Bewertung der vorfindbaren Arbeitsgestaltung

Während in den vorherigen Kapiteln Prinzipien und Leitlinien für eine menschengerechte Gestaltung der Materialbereitstellung in der Montage entwickelt wurden, sollen im folgenden Abschnitt die Kriterien zur Bewertung der in Kapitel 5 analysierten Montagesysteme zusammengefaßt werden.

Dazu zeigt Abbildung 4.4 eine Aufstellung der wichtigsten Kriterien, die Ursachen für die Folgen der vorfindbaren Arbeitsgestaltung sein können.

Anhand dieses Kriterienkatalogs läßt sich eine Bewertung der untersuchten Montagesysteme bzgl. der in Kapitel 4.3 entwickelten Zielkriterien durchführen. Gleichzeitig dienen sie als Anhaltspunkte für die Entwicklung von Gestaltungsvorschlägen für das jeweilige System.

Sind beispielsweise in einem System kurzzyklische Tätigkeiten bei gleichzeitigem Auftreten von belastenden, hohen Aufmerksamkeitserfordernissen durch eine Maschinenbedienung festzustellen, muß auf diese psychische Einseitigkeit der Arbeit mit der Entkopplung des Mitarbeiters vom Maschinentakt und der Erweiterung seiner Arbeitsinhalte reagiert werden.

	Kennzeichen der konventionellen, technikorientierten Arbeitsgestaltung	werden verursacht z.B. durch
Technik	● psychische Einseitigkeit	● kurzzyklische Tätigkeiten, Belastungen durch hohe Aufmerksamkeitserfordernisse, Monotonie
	● physisch einseitge Belastungen	● einseitige, schwere, dynamische Muskelarbeit, reine Ausführung von Handhabungstätigkeiten
	● kurzfristige, ablauforientierte Ergonomie	● reine Greifraumoptimierung, keine Berücksichtigung montageunterstützender Tätigkeiten
Organisation	● Fremdverantwortung, Fremdbestimmung	● keine freie Wahl von Zeit, Mitteln oder Wegen zur Ausführung der Arbeit, fehlende Alternativen
	● Arbeitsteilung	● strenge Trennung der Montagetätigkeiten nach Teiltätigkeiten, geringe Arbeitsinhalte
	● Beschränkung auf rein ausführende Tätigkeiten	● Technik-orientierte Planung, Restarbeitsplätze, starre Kopplung von Arbeitsplätzen, enge Bindung an den Takt
	● zentrale Steuerung der Materialbereitstellung	● starres System ohne Einflußmöglichkeiten durch die Mitarbeiter, falscher Einsatz der Informationstechnik
	● Systemgestaltung	● enge, starre Montagesystemgrenzen
Informationsfluß	● Datenbereitstellung	● Daten / Informationen falsch, nicht rechtzeitig am richtigen Ort verfügbar, viele Schnittstellen im Fluß, Datenflut nicht in Informationen umsetzbar
	● mangelhafte Qualität von Informationen	● Monopolisierung, chaotische Verteilung von Informationen, fehlende Rückmeldungen

MML / 34

Arbeitsaufgabe anforderungsarm	**Summe obiger Kriterien**

Abb. 4.4: Ursachen für die Kennzeichen der konventionellen, technikorientierten Arbeitsgestaltung

5 Analyse der Materialbereitstellung

Auf Basis einer Bestandsaufnahme von Beispielen typischer Montagesysteme wird
die Situation der Materialbereitstellung analysiert, bewertet und dokumentiert.
Dazu werden zunächst geeignete Beschreibungskriterien zur Typisierung gängiger
Montagesysteme herausgearbeitet. Die Montagesysteme werden dann anhand dieser Kriterien beschrieben und anschließend entlang der Leitlinien zur menschengerechten Planung der Materialbereitstellung bewertet.

5.1 Typenbildung von Montagesystemen und Entwicklung einer Beschreibungssystematik

In den folgenden Kapiteln werden die Kriterien zur Bildung der Montagesystemtypen
und die Typen selbst beschrieben. Ferner wird, als Vorbereitung auf die Analyse der
Systemtypen, eine detaillierte Erläuterung der entwickelten Beschreibungskriterien
vorgestellt.

5.1.1 Kriterien zur Typenbildung

Die Bildung von Montagesystemtypen hat zum Ziel, das gesamte Spektrum der vorfindbaren Montagesysteme anhand von typischen Vertretern zu erfassen und abzu-
bilden. Die typischen Vertreter sind dabei so zu wählen, daß sie sowohl das gesamte
Feld der Montagesysteme repräsentieren, als auch besonders bzgl. der Materialbereitstellung charakteristische Unterschiede aufweisen.

Es wurden daher in einem ersten Schritt wesentliche Kriterien zur Beschreibung von
Montagesystemen zusammengestellt:

o   Produkt und Produktion
   - Volumen (Größe, Länge x Breite x Höhe),
   - Stückzahl (Produktionsmenge je Jahr),
   - Gewicht (in kg),
   - Teileanzahl (Anzahl Einzelteile je Produkt),
   - Variantenanzahl (Anzahl Varianten je Produkt) und
   - Produktart (Einzel-, Standard-, Serienprodukt).

o   Montagesystemstruktur und Arbeitsorganisation

-       Auslösung des Montageauftrags (Fertigungssteuerung, Kompetenz der Auslösung),

-       Werkstückfluß (verkettet, unverkettet),

-       Anzahl der Arbeitsplätze (Anzahl der Mitarbeiter im Montagesystem),

-       Arbeitsumfang (in Minuten je Stück),

-       Arbeitsteilung (wenige Teilverrichtungen, Komplettmontage) und

-       Arbeitsinhalte (Funktionsumfänge: montieren, prüfen,...).

o   Montagetechnik

-       Automatisierungsgrad (manuell, mechanisiert, automatisiert) und

-       Montagehilfsmittel (Pressen, Schrauber,...).

Eine detaillierte Erklärung der obigen Kriterien folgt in 5.1.3.

Mittels der oben genannten Kriterien wurde eine größere Anzahl Montagesysteme beschrieben und auf Gemeinsamkeiten bzw. Unterschiede bzgl. der Organisation und Durchführung der Materialbereitstellung untersucht.

Als Resultat dieser Untersuchung kristallisierte sich heraus, daß es möglich ist, die Gesamtmenge der Montagesysteme, unter Verwendung von drei der obigen Kriterien:

o   Produktvolumen,

o   Stückzahl und

o   Werkstückfluß (verkettet, unverkettet)

in eindeutig charakterisierte Typklassen zu unterteilen.

Diese drei **Basiskriterien** legen die wesentlichen Randbedingungen dafür fest, inwieweit eine menschengerechte Gestaltung der Materialbereitstellung durch die Charakteristika des Montagesystems unterstützt oder behindert wird (Abbildung 5.1).

Morphologie zur Bildung von Montagesystemtypen		
Kriterien	**Ausprägungen**	
Produktvolumen	groß	klein
Stückzahl	groß	klein
Verkettung	unverkettet	verkettet

MML / 65 SU

Abb. 5.1:   Morphologie zur Bildung von Montagesystemtypen

5.1.2   Typen von Montagesystemen

Nach der Entwicklung der Basiskriterien zur Typenbildung im vorangegangenen Kapitel, werden nun die unterschiedlichen Typen von Montagesystemen vorgestellt. Abb. 5.2 zeigt den Zusammenhang zwischen den Montagesystemtypen und den Basiskriterien.

Die **unverkettete Montage kleinvolumiger Produkte in großen Stückzahlen** wird in der Regel an Montagetischen durchgeführt. Deshalb spricht man typischerweise von "tischgebundenen" Systemen oder auch von Einzelplatzmontage. Besonders bei kleinvolumigen Produkten hat die zunehmende Automatisierung Montagesysteme entstehen lassen, die in bezug auf die Bereitstellung von Material teilweise andere Anforderungen an die Mitarbeiter stellen als manuelle Systeme. Für die Betrachtung der Materialbereitstellung sind daher die beiden Extremfälle der vorwiegend manuellen und der stark automatisierten Montage interessant. Daher wurden als charakteristische Montagesysteme die beiden Typen

o   manuelles, "tischgebundenes" Montagesystem und

o   Montageautomaten

mit den beiden Vertretern "Montage von elektrischen Spielzeugmodellen" und "Leiterplattenmontage" gewählt.

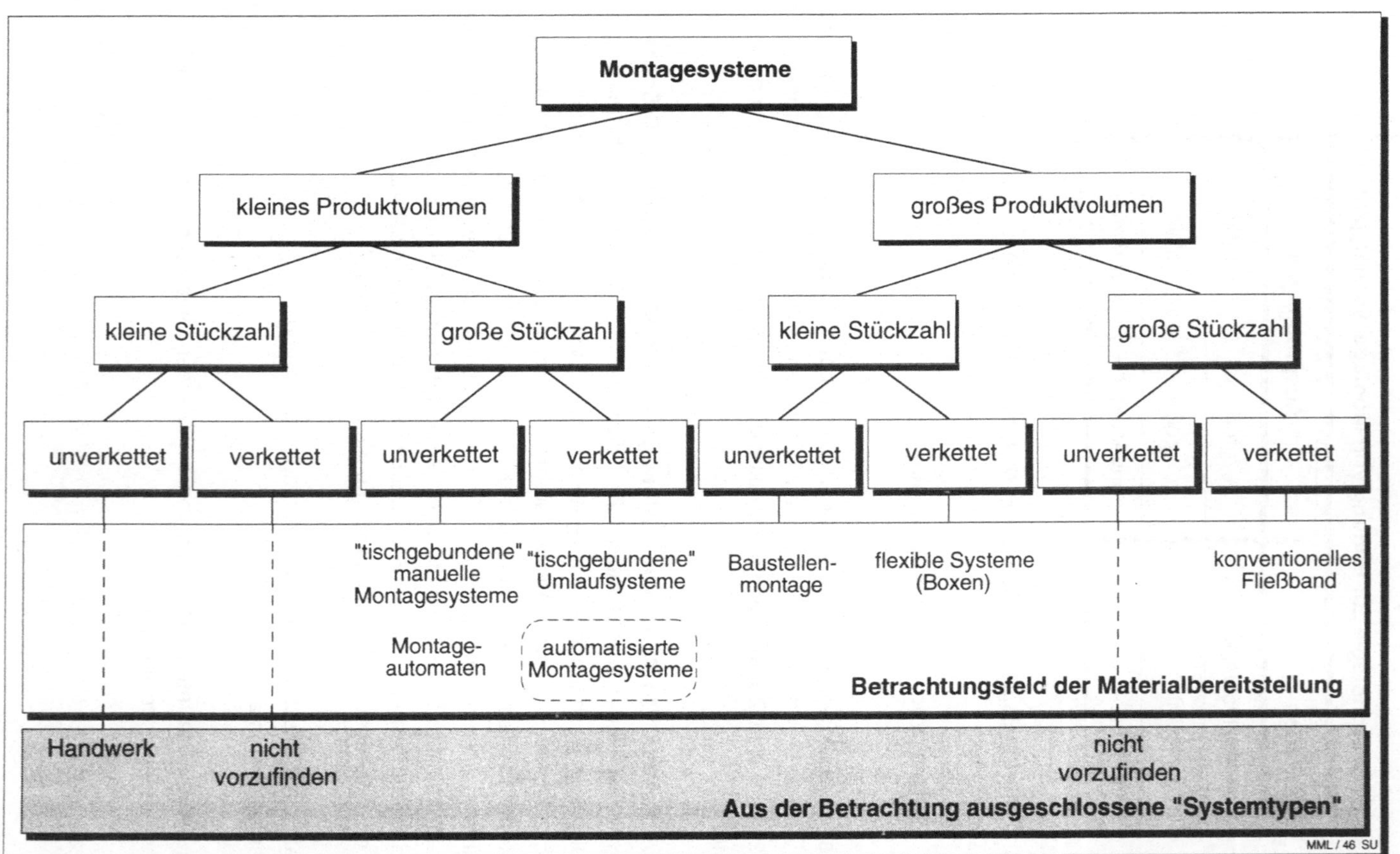

Abb. 5.2:   Entwicklung der Typen aus den Kriterien

Für die **verkettete Montage kleinvolumiger Produkte in großen Stückzahlen** sind häufig "tischgebundene" Umlaufsysteme, in denen die Werkstücke auf geeigneten Werkstückträgern von umlaufenden Bändern, Rollen oder Ketten an ihren
Bestimmungsort transportiert werden, vorzufinden. In dem hier vorgestellten Montagesystem werden kleinvolumige Haushaltsgeräte auf einem Doppelgurtband-Um-
laufsystem montiert. Außerdem wird an diesem Beispiel die Problematik der Materialbereitstellung in automatisierten Montagesystemen anhand von im System integrierten, automatischen Montagestationen, berücksichtigt.

Die **unverkettete Montage großvolumiger Produkte in kleinen Stückzahlen** wird anhand des Beispiels einer Baustellenmontage von Maschinen aus dem
Textilbereich dargestellt werden.

Eine **verkettete Montage großvolumiger Produkte in kleinen Stückzahlen**
erfordert·einen erheblichen Transportaufwand. Dieser Aufwand ist bei kleinen
Stückzahlen nur dann sinnvoll, wenn das Montagesystem besonders flexibel zu betreiben ist. D.h. wenn eine große Flexibilität bzgl. des Personals, der Betriebsmittel,
der Raumausnutzung, der Stückzahlen und der Arbeitsorganisation vorzufinden ist.
Diese Bedingungen erfüllen die sogenannten "flexiblen Systeme", die wie z.B. die
Boxenmontage eine lose Verkettung aufweisen.
Als Beispiel im Bereich der verketteten großvolumigen Montage kleiner Stückzahlen
dient daher ein flexibles Boxensystem in dem Druckmaschinen auf FTS automatisch
in den nächsten Montageabschnitt transportiert werden.

Zur **verketteten Montage großvolumiger Produkte in großen Stückzahlen**
gehören als typische Vertreter mechanisch verkettete Fließbänder. Die Verkettung
der Arbeitsplätze erfolgt dabei meist mechanisch, fest, starr und taktgebunden (Eine
detailliertere Erläuterung des Begriffs Verkettung ist in Kapitel 5.1.3 zu finden).
In dem gewählten Beispiel werden Kraftfahrzeuge an einem konventionellen, d.h.
fest und starr mechanisch verketteten, taktgebundenen Fließband montiert.

Die gewählten Beispiele dienen, wie im vorangegangenen Kapitel gezeigt, dazu das
gesamte Feld der Montagesysteme aufzuspannen. Sie stellen damit auch den Rahmen für Gestaltungsspielräume in der Planung der Materialbereitstellung dar.

5.1.3 Beschreibungssystematik für die Materialbereitstellung in den Montagesystemen

Nach der Herleitung der Montagesystemtypen in den vorangegangenen beiden Kapiteln erfolgt nun die Entwicklung der Beschreibungssystematik. Ziel der Systematik ist es, die typischen Vertreter der Montagesysteme dergestalt zu beschreiben, daß sie in einheitlicher Form, anhand der Leitlinien zur menschengerechten Gestaltung der Materialbereitstellung, bewertet werden können.

Dabei wurde, wie in Abbildung 5.3 dargestellt, eine Teilung in die zwei Bereiche "Montagesystem" und "Materialbereitstellung" vorgenommen. Dadurch wird eine Differenzierung der Betrachtung zwischen mehr allgemeinen, das Arbeitssystem betreffenden Aspekten und den speziell auf die Materialbereitstellung bezogenen Gesichtspunkten erreicht.

Montagesystem: Produkt und Produktion

Produkte mit Abmessungen, die über denen eines Mikrowellen-Geräts liegen bzw. ein größeres **Produktvolumen** als 100 dm^3 aufweisen, werden hierbei als großvolumig angesehen. Kleinvolumige Produkte sind in der Regel ohne Beeinträchtigung der Gesundheit oder des Wohlbefindens vom Mitarbeiter zu heben und können tischgebunden montiert werden. Typische kleinvolumige Produkte sind z.B. Haushalts-Kaffeemaschinen. Waschmaschinen gehören zu den großvolumigen Produkten und Fernsehapparate liegen im Grenzbereich zwischen groß- und kleinvolumigen Erzeugnissen.

Unter Erzeugnissen mit kleiner **Stückzahl** seien hierbei Produkte und Produktfamilien verstanden, von denen im untersuchten Montagesystem weniger als 50.000 Stück pro Jahr montiert werden.

Das **Gewicht** eines Produkts hat, wie auch die Abmessungen, besonders auf die ergonomische Gestaltung der Materialbereitstellung Einfluß, da für das Handhaben schwerer Werkstücke dem Mitarbeiter die entsprechenden Förder- und Handhabungseinrichtungen zur Verfügung gestellt werden müssen.

| Fall-beispiel X | | | Materialfluß: Montageteile | | |
			2. Ordnung	3. Ordnung	4. Ordnung
Organisation / Materialfluß	Ort	Quelle			
		Senke			
	Prinzip				
	Funktionsträger	planen, disponieren			
		auslösen			
		ausführen			
Technik / Informationstechnik	Lagertechnik	Quelle			
		Senke			
	Fördertechnik				
	Bereitstelltechnik				
	Informationstechnik				

Abb. 5.3:   Kriterien für die Beschreibung des Arbeitssystems

Die **Anzahl der Teile** und **Varianten** eines Produkts geben u.a. Aufschluß über die Komplexität der durchzuführenden Montageaufgabe und des Produktaufbaus. Eine komplexe Montageaufgabe, die sich aus einem Produkt mit vielen Teilen und Varianten zusammensetzt, bietet die Möglichkeit Arbeitsplätze mit anspruchsvollen Tätigkeiten in Montage und Bereitstellung zu gestalten. Häufig sind der Materialbereitstellung von Variantenteilen jedoch Grenzen gesetzt, da immer nur eine begrenzte Anzahl von Variantenteilen, insbesondere bei großen und teuren Teilen, für umfangreiche Tätigkeiten an Arbeitsplätzen bereitgestellt werden kann. Hier sind dann beispielsweise produktionssynchrone Materialbereitstellungsstrategien einzusetzen. Für eine differenziertere Betrachtung der Auswirkungen auf die Materialbereitstellung sollten zudem die in engem Zusammenhang mit der Teile- und Variantenanzahl stehenden Kriterien Produktvolumen und Stückzahl berücksichtigt werden.

Für das Kriterium "**Produktart**" gibt es im wesentlichen vier Ausprägungen, die zum Ausdruck bringen, in welchem Maße die Montage vom Kunden und dessen Wünschen tangiert wird:

o   Einzelprodukt nach Kundenspezifikation (Neukonstruktion),

o   Standardprodukt mit kundenspezifischen Wünschen (Anpassungskonstruktion),

o   Standardprodukt mit wählbaren Varianten (Modulbauweise) und

o   Serienprodukt mit geringen Varianten (reine Lagerproduktion).

Bei Einzelprodukten unterscheiden sich die Produkte und damit die Montageaufgaben entsprechend den Kundenanforderungen. Infolge geringer Wiederholtätigkeiten resultieren daraus hohe Anforderungen an die Qualifikation der Mitarbeiter. Dies gilt auch für die Materialbereitstellung, die sich in derartigen Systemen auf die Integration der Erfahrung und Flexibilität des Personals stützt.

In der Serienproduktion auf Lager ist die Materialbereitstellung aufgrund der sich ständig wiederholenden Teile keine besonders anspruchsvolle Tätigkeit, die oft von sogenannten "Bereitstellern" stark arbeitsteilig durchgeführt wird. Die Schaffung dezentraler Verantwortungsbereiche in der Materialbereitstellung bietet hier die Möglichkeit den Mitarbeitern verstärkt, neben den operativen, auch planerische bzw. dispositive Aufgaben zu übertragen und dadurch den Handlungsspielraum zu vergrößern. Dies kann sowohl durch die Integration der Aufgaben in die Montage als auch durch die Erweiterung der Aufgaben der "Bereitsteller" erfolgen.

Montagesystem : Montagesystemstruktur und Arbeitsorganisation

Mit dem Kriterium "**Auslösung des Montageauftrags**" wird sowohl der Ablauf als auch die Kompetenz der Auslösung beschrieben. Dadurch läßt sich der Grad der Eigenständigkeit des Montagesystems in bezug auf dispositive Aufgaben und die Montagereihenfolge angeben. So bedingt eine fremdbestimmte Auslösung der Montage oft auch eine Fremdbestimmung der Materialbereitstellung (push-System), während bei einer vom Montagesystem gesteuerten Auslösung von Aufträgen meist auch der Abruf von Material und die Bereitstellung im Verantwortungsbereich der Montagemitarbeiter liegt (pull-System).

Das Kriterium "**Werkstückfluß**" gibt Auskunft über den Grad der Verkettung und Mechanisierung des Werkstückflusses.
Die Verkettung von Montagearbeitsplätzen kann nach

o   fester und flexibler Verkettung (Reihenfolge der Werkstücke) sowie
o   starrer, elastischer und loser Verkettung (Werkstückfluß)

unterschieden werden.

Bei fester Verkettung ist die Reihenfolge in der die Werkstücke die einzelnen Montagearbeitsplätze durchlaufen fest vorgegeben (Zwangsablauf), während bei flexibler Verkettung eine Wahlmöglichkeit hinsichtlich der Reihenfolge besteht.
Je nachdem wie abhängig aufeinanderfolgende Montagestationen bezüglich des Werkstuckzu- und Werkstückabflusses untereinander sind, wird zwischen starrer, elastischer und loser Verkettung unterschieden (Bullinger, 1993).
Bei starrer Verkettung, d.h. keiner Entkopplung der einzelnen Montagearbeitsplätze, führt jede Störung einer Station zum Stillstand des gesamten Montagesystems. Bei elastischer Verkettung sind die einzelnen Montagearbeitsplätze soweit entkoppelt, daß der kurzfristige Ausfall einer Montagestation nicht sofort zur Blockierung vorgelagerter bzw. zu Folgestillständen bei nachgeordneten Stationen führt. Als lose verkettet werden Montagesysteme bezeichnet, bei denen sich der Ausfall einer Montagestation nicht auf die übrigen Stationen im Montagesystem auswirkt (Abbildung 5.4).

Aus der **Anzahl der Arbeitsplätze** lassen sich Informationen über den Umfang und die personelle Struktur des Montagesystems ableiten.

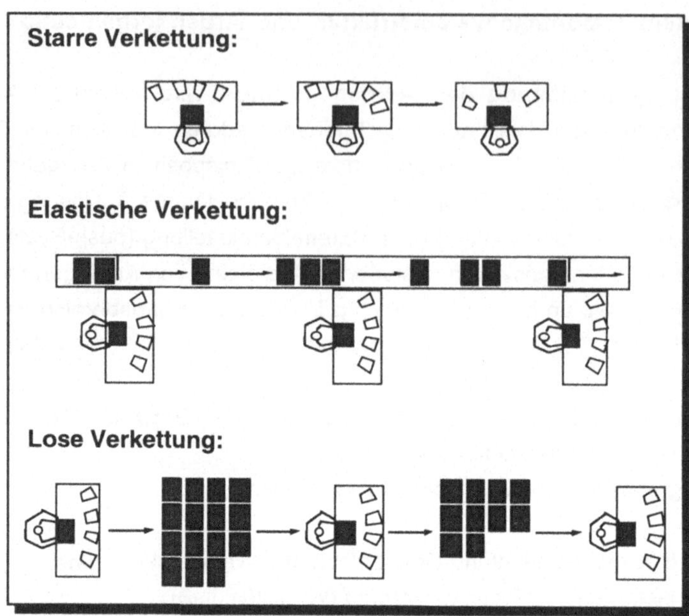

Abb. 5.4:   Mögliche Formen verketteter Montagesysteme (vgl. Bullinger, 1993)

Das Kriterium "**Arbeitsumfang**" bezieht sich auf die Montagezeit eines Produktes am jeweiligen Arbeitsplatz und wird in Minuten je Stück angegeben.

In engem Zusammenhang mit dem Arbeitsumfang steht das Kriterium "**Arbeitsteilung**" welches angibt, welche Tätigkeiten bei der Montage eines Produktes vom einzelnen Mitarbeiter auszuführen sind. In Systemen mit hoher Arbeitsteilung werden vom einzelnen Mitarbeiter jeweils nur eine bzw. wenige Teilverrichtungen verlangt, während bei geringer Arbeitsteilung der Mitarbeiter verschiedene Montagetätigkeiten beherrschen muß. Je nach Komplexität der Montageaufgabe können bei geringer Arbeitsteilung Baugruppen oder auch ganze Produkte (Komplettmontage) vom einzelnen Mitarbeiter gefertigt werden. Darüber hinaus wird eine Reduzierung der Arbeitsteilung auch durch die Integration von Umfeldaufgaben, wie z.B. der Materialbereitstellung, in die Montageaufgabe erreicht.

Ergänzend zu den beiden letzten Kriterien wird mit dem Kriterium "**Arbeitsinhalte**" ermittelt, welche Funktionsumfänge bzw. erweiterten Tätigkeiten im Montagesystem vorzufinden sind. Es können dies beispielsweise sein: Vorbereiten, Montieren, Prüfen, Justieren, Nacharbeiten, Verpacken, Betriebsmittel warten, Instandhalten, Planen, Organisieren, Material nachfordern und Material bereitstellen.

Montagesystem : Montagetechnik

Bei der Beschreibung eines Montagesystems ist ein weiterer wichtiger Aspekt die **Montagetechnik**. Das Material muß sowohl technisch als auch organisatorisch auf unterschiedliche Weise bereitgestellt werden, abhängig davon, ob die Werkstücke manuell, teilmechanisiert, mechanisiert, starr automatisiert, flexibel automatisiert beziehungsweise auf Werkstückträgern montiert werden.

Materialbereitstellung

Mit dem Kriterium **"Teilearten"** werden auf verschiedene Art und Weise bereitgestellte Einzelteile oder Baugruppen unterschieden. Als Teilearten können bei der Montage eines Staubsaugers bspw. Kleinteile variantenunspezifisch (z.B. Schrauben, Dichtungen), Großteile variantenspezifisch (z.B. sperrige Gehäuseteile) und Montageteile (z.B. Gebläse, Getriebe) in Frage kommen. Die Materialbereitstellung der oben genannten Teilearten unterscheidet sich dadurch, daß Kleinteile in einem Handlager verbrauchsgesteuert nachgefüllt, Großteile zielgesteuert und Montageteile vorkommissioniert auf Werkstückträgern angeliefert werden.

Die Kriterien **"Anzahl der Arbeitsplätze"** und **"Arbeitsinhalte"** in der Materialbereitstellung geben Aufschluß über die Anzahl der mit der Bereitstellung befaßten Mitarbeiter und ihre Tätigkeiten. Dabei kann auch ein Montagemitarbeiter mit aufgeführt werden, wenn er Funktionen der Materialbereitstellung übernimmt.

Am **Ablauf**, aufgeteilt nach den Materialflußordnungen der 2., 3. und 4. Ordnung lassen sich alle personellen, organisatorischen und technischen Aspekte der Materialbereitstellung beschreiben. Eine Unterteilung nach den Materialflußordnungen ist vor allem deshalb sinnvoll, da sich dadurch die Schnittstellen, d.h. die Arbeitsteilung in und zwischen den einzelnen Bereichen gut darstellen läßt. Zu den betrachteten Kriterien gehört zuerst der **Bereitstellort**. Zur Verdeutlichung von wo nach wo die Bereitstellung erfolgt, enthält er die Unterpunkte **Quelle** und **Senke**. Unter dem Stichwort **Prinzip** sind, wie in Kapitel 2.3 beschrieben, die Organisationsprinzipien der Materialbereitstellung zu verstehen. Die Zuordnung von **Funktionsträgern** (Mitarbeitern) zu den Funktionen **Planen**, **Auslösen** und **Ausführen** der Materialbereitstellung bringt Aufschluß über den Grad der Arbeitsautonomie im System. In bezug auf die **Technik** sind in der 2. und 3. Materialflußordnung die **Lager-** und **Fördertechnik**, in der 4. Stufe die **Bereitstelltechnik** sowie die über alle Stufen parallel zum Materialfluß ablaufende **Informationstechnik** zu betrachten.

5.2   Beschreibung und Bewertung der Montagesystemtypen

In den folgenden Abschnitten werden die Montagesystemtypen, anhand von Beispielen qualitativer Repräsentanz, entsprechend der im vorangegangenen Abschnitt erläuterten Beschreibungssystematik analysiert und anhand der in Kapitel 4 vorgestellten Leitlinien für die menschengerechte Gestaltung der Materialbereitstellung bewertet.

5.2.1   Fallbeispiel 1

In dem in Fallbeispiel 1 beschriebenen Montagesystem, werden kleinvolumige Produkte in großen Stückzahlen an unverketteten Montagetischen montiert (Einzelplatzmontage).

Montagesystembeschreibung
In der untersuchten Firma, einem Hersteller von elektrischen Spielzeugmodellen, ist eine breite Spanne an Technologien in den Bereichen "Metall- und Kunststoffguß", "Blechbearbeitung", "Zerspanen", "Oberflächenbehandlung", "Farbgebung" und "Montage" im Einsatz.

Im Fallbeispiel 1 wird der Bereich "Gehäuse-Montage" betrachtet. Die Organisation dieses Systems nach dem Werkstattprinzip, mit unverketteten tischgebundenen Systemen, ist für den Großteil der Montagen dieser Firma charakteristisch. Es bestehen viele Schnittstellen innerhalb und zwischen den Kostenstellen, die hohe Steuerungsaufwände und Liegezeiten bewirken. In Abb. 5.5 ist eine zusammengefaßte Beschreibung des Montagesystems dargestellt.

Eine über Jahrzehnte weitgehend unkoordiniert gewachsene Erzeugnisstruktur führte zu einem großen Teilespektrum und einer großen Zahl von Varianten.
Das Produktprogramm setzt sich aus ca. 50 Grundtypen zusammen. Ein Teil dieser Grundtypen wird mit unterschiedlichen Motoren und in mehreren elektrischen und elektronischen Ausstattungen ausgeführt. So entstehen etwa 100 montagerelevante Varianten. Zusätzliche Farbvarianten erhöhen die gesamte Anzahl der Produktvarianten auf etwa 150.

Die Fertigungssteuerung erstellt mit einer Vorlaufzeit von einem halben Jahr vierteljährlich einen Produktionsplan mit einjährigem Planungshorizont. Als Planungs-

grundlage für die Stückzahlen dient ein Mix aus Bestellungen und Prognosen auf
Basis von Vorjahreswerten.

Montagesystem
- Fallbeispiel 1 -

● Systemtyp: *kleinvolumig, große Stückzahl, unverkettet*
                      (tischgebundene manuelle Einzelplatzmontage)

● Produkt: *Spielzeugmodelle*
  ◆ Volumen: *max. 300 x 40 x 60 mm ^{3}*
  ◆ Stückzahl: *ca 500.000 St./ Jahr bei Losen von 100-5000 St.*
  ◆ Gewicht: *< 1 kg*
  ◆ Teileanzahl: *250 Stück/Produkt*
  ◆ Variantenanzahl: *ca. 50 Typen, 100 montagerelevante Varianten*
  ◆ Produktart :   *Standardprodukt mit vielen Varianten*

● Organisation / Struktur :

  ◆ Auslösung des   *Meister führt Kapazitäts- und Terminfeinplanung*
    Montageauftrags: *anhand wöchentlicher PPS-Vorgabe durch*
  ◆ Werkstückfluß: *Losweise mit Hub- und Handwagen*
  ◆ Anzahl der   *ca. 30 Montiererinnen; 2 Nacharbeiterinnen;*
    Arbeitsplätze: *Einrichter; Zählkontrolleur; Prüferin; Transpor-*
                  teur; Meister
  ◆ Arbeitsumfang: *10-60 sec/Stück; durchschnittlich 30 sec*
  ◆ Arbeitsteilung: *stark arbeitsteilige Einzelarbeitsplätze mit*
                  Stückakkord; Qualifikation nur für einzelne
                  Arbeitsgänge (z.B. Pressen, Kleben, Löten)
  ◆ Arbeitsinhalte: *manuelle Montage: teilweise vorrichtungs-*
                  und maschinengebunden;
                  Nacharbeit: Beherrschen aller Arbeitsgänge
                  Einrichten: Umrüsten, Störungen beheben, Ein-
                  lernen von Mitarbeiterinnen, Teilebereitstellung

● Montagetechnik : *manuelle Montage mit in der Regel typgebun-*
                  denen Vorrichtungen oder Betriebsmitteln
                  (meist Tischpressen)

MML / 31 SU

Abb. 5.5:   Montagesystembeschreibung

Vom Disponenten werden Standardwerte als Losgrößen für Werkstattaufträge vorgegeben und mittels PPS-System wöchentlich eingeplant. Das PPS-System führt
keine Kapazitätsplanung durch. Die Kapazitäts- und Termin-Feinplanung erfolgt
durch den Meister.
Zur Weitergabe von Informationen im Montagesystem sind den Losen jeweils Monta-
geauftragspapiere beigelegt. Der Produktionsfortschritt (Stückzahl pro Auftrag und im

Arbeitsplan aufgeführtem Arbeitsgang) wird täglich durch das Meisterbüro an das PPS-System zurückgemeldet.
Der Materialfluß innerhalb des Montagesystems erfolgt manuell mit Hub- und Handwagen. Die Weitergabe der Lose wird von der sogenannten Zählkontrolle durchgeführt oder veranlaßt.
Fehlteile, z.B. aufgrund von Qualitätsmängeln in vorgelagerten Bereichen oder bei Zulieferern, Nacharbeit und ungenügende Kapazitätsplanung, führen teilweise zu langen Liegezeiten der Aufträge im System.

Bei den Montagearbeitsplätzen handelt es sich um Arbeitstische, die häufig mit kleinen Betriebsmitteln, z.B. einer Tischpresse, oder einer einfachen Vorrichtung ausgerüstet sind. Die Arbeitsumfänge der durchzuführenden Montagetätigkeiten liegen etwa zwischen 10 bis 60 Sekunden. Eine Montagewerkerin wird normalerweise nur in einem, höchstens aber in zwei Arbeitsgängen mit unterschiedlichen Montagetätigkeiten eingesetzt. Eine feste Zuteilung von Montagewerkerinnen zu Arbeitsplätzen besteht nicht, so daß in der Regel eine Job-Rotation zwischen zwei leicht anforderungsverschiedenen Arbeitsplätzen erfolgt.
Die Prüferin ist für die Kontrolle der fertigen Gehäuse auf Vollständigkeit und Fehler zuständig und führt auch kleinere Nacharbeiten durch. Dafür beherrscht sie wie die beiden Nacharbeiterinnen alle im Montagesystem anfallenden Arbeitsgänge.

Materialbereitstellung
Eine Zusammenfassung der Beschreibung Materialbereitstellung zeigen die Abbildungen 5.6 und 5.7.

Der Meister fordert das Material vom zentralen Lager an. Dort werden alle Teile auftragsbezogen kommissioniert und in die "Gehäuse-Montage" geschickt. Für Transporte aus dem zentralen Lager an das Montagesystem steht, zusätzlich zu den sonst eingesetzten Hub- und Handwagen, eine Band-Transportanlage zur Verfügung. Teilweise bündelt der Meister mehrere Entnahmescheine, wenn ein Teil für mehrere Aufträge benötigt wird; die entsprechenden Teile werden dann gemeinsam ausgelagert.

Im Montagesystem befindet sich ein Lager, bestehend aus Regalen und Stellplätzen für Paletten. In diesem Lager werden die Teile der eingeplanten Aufträge vor Beginn der Bearbeitung pro Auftrag gesammelt. Die Teile befinden sich in unterschiedlichsten Behältern.

Materialbereitstellung
- Fallbeispiel 1 -

● Teilearten: *Montagebasis- und Anbauteile werden auf die gleiche Art und Weise bereitgestellt*

● Anzahl   *2 Einrichter*
  Arbeitsplätze: *1 Zählkontrolleur*
                      1 Transporteur

● Arbeitsinhalte:

  ◆ Einrichten: *Einrichten und Erstausrüstung der Arbeitsplätze mit Anbauteilen*

  ◆ Zählkontrolle: *Weitertransport der Montagebasisteile von Arbeitsplatz zu Arbeitsplatz; Materialbeschaffung bei Fehlteilen*

  ◆ Transportieren: *Transporteur wird bei Bedarf von der Zählkontrolle oder vom Einrichter hinzugezogen*

MML / 32 SU

Abb. 5.6:   Teilearten und Arbeitsplätze in der Materialbereitstellung

Die Zählkontrolle nimmt das Material in Empfang und prüft es auf Vollständigkeit. Sie lagert das Material pro Auftrag kommissioniert in das oben beschriebene Lager ein und meldet an den Meister, wenn das komplette Material für den ersten Arbeitsgang eines Auftrages vorhanden ist. Wenn während der Montage Fehlteile aufgrund von Ausschuß oder Zählfehlern auftreten, so stößt die Zählkontrolle über den Meister eine Materialbeschaffung (ungeplante Entnahme) an.

Die Einplanung der Arbeitsgänge auf Werkerinnen und Arbeitsplätze erfolgt durch den Meister, die Einrichtung der Arbeitsplätze sowie die Bereitstellung der Montageteile am Arbeitsplatz wird von einem Einrichter durchgeführt.
Behälter mit Kleinteilen werden direkt auf dem Tisch bereitgestellt, die Behälter mit den Gehäusen sind neben dem Arbeitstisch gestapelt.

Die einzelnen Arbeitsgänge bzw. die nachfolgenden Transporte werden losweise abgearbeitet. Dabei werden zur Abarbeitung eines Arbeitsganges die Teile eines kompletten Auftrags, die für diesen Arbeitsgang erforderlich sind, an den entsprechenden Arbeitsplatz transportiert und dort gestapelt.
Zeitkritische Aufträge werden teilweise gesplittet oder überlappend durch die Montage geschleust, wenn dies die Vorrichtungen zulassen.

Fallbeispiel 1		Materialfluß: Montagebasisteile und Anbauteile		
		2. Ordnung	3. Ordnung	4. Ordnung
Organisation/Materialfluß	Ort — Quelle	Zentrallager	Systemlager	Bereitstellager am und neben dem Arbeitsplatz
	Ort — Senke	Systemlager	Bereitstellager am und neben dem Arbeitsplatz	Arbeitsplatz
	Prinzip	Auftragskommissionierung	Auftragskommissionierung	losweise Weitergabe
	Funktionsträger — planen, disponieren	Grobplanung: PPS Feinplanung: Meister	Meister	
	Funktionsträger — auslösen	Meister	Meister	Zählkontrolle
	Funktionsträger — ausführen	Förderband, Transporteur	Einrichter, Transporteur	Zählkontrolle
Technik/Informationstechnik	Lagertechnik — Quelle	Regallager	Regale und Blocklager	
	Lagertechnik — Senke	Regale und Blocklager	in Behältern neben und auf dem Tisch	
	Fördertechnik	z.T. Förderband, Hub-und Handwagen	manuell	
	Bereitstelltechnik			unterschiedlichste Behälter
	Informationstechnik	Materialentnahmeschein	Arbeitsplan	Sichtkontrolle

MML / 27

Abb. 5.7:   Ablauf der Materialbereitstellung für Montagebasis- und Anbauteile

Nach der Abarbeitung des Arbeitsganges für den kompletten Auftrag führt die Zählkontrolle eine Stückzahlkontrolle durch und gibt die Freigabe zum Weitertransport. Idealerweise wird die entstandene Baukomponente von der Zählkontrolle sofort an den zur Ausführung des nächsten Arbeitsganges vorgesehenen Arbeitsplatz weiter transportiert. In der Praxis kommt es häufig zu langen Liegezeiten, die daraus resultieren, daß am nachfolgenden Arbeitsplatz keine Bereitstellfläche mehr zur Verfügung steht, die Zählkontrolle einen anderen Auftrag vorziehen muß oder aufgrund vielfältiger "Zähl-Aufgaben" keine Zeit für den Transport hat bzw. der beauftragte Transporteur anderweitig beschäftigt ist.

Die fertigen Gehäuse werden geprüft, bei Bedarf nachgearbeitet, und dann vom Transporteur an das Lager oder die Endmontage abgeliefert.

Bewertung Fallbeispiel 1

Die Bewertung des Fallbeispiels 1 anhand der in Kapitel 4 vorgestellten personal-orientierten Kriterien ist für den Bereich der Technik, Systemergonomie in Abb. 5.8, für die Organisation, Arbeitsautonomie in Abb. 5.9 und für den Informationsfluß in Abb. 5.10 dargestellt.

Bewertung der Technik, Systemergonomie
- Fallbeispiel 1 -

● Montagemitarbeiter: ◆ *einseitige, eintönige, relativ kurzzyklische Montagetätigkeit*
        ◆ *keine Greifraumoptimierung*
        ◆ *Behälter sind nicht standardisiert*

● Nacharbeiter: ◆ *ausführende Tätigkeit mit Belastungswechsel durch anforderungsverschiedene Aufgaben*

● Einrichter und Zähl-   ◆ *Belastungswechsel durch verschiedene ausführende Tätigkeiten*
  kontrolle: ◆ *Gabelstapler als Hilfsmittel*

MML / 36-1 SU

Abb. 5.8:   Bewertung der Technik, Systemergonomie

Für die Montagemitarbeiter ergeben sich aufgrund der hohen Arbeitsteilung, die zu kurzzyklischen Montagetätigkeiten führt, psychische Einseitigkeit und physische Belastungen. Diese werden durch die unzureichende ergonomische Gestaltung der Arbeitsplätze noch verstärkt.

Die Arbeitsbedingungen werden zusätzlich dadurch erschwert, daß die bereitgestellten Behälter nicht standardisiert sind und daher keine reibungslose bzw. wahlfreie Handhabung und Stapelung am und auf dem Montagetisch möglich ist.

Die Montage ist nach dem Verrichtungsprinzip organisiert und insgesamt über drei Kostenstellen verteilt. Dadurch bestehen eine Vielzahl von internen und externen Schnittstellen, die hohe Steuerungsaufwände und Liegezeiten bewirken. Die Folge sind lange Durchlaufzeiten und schlechte Termintreue sowie große Teileburgen mit negativen Auswirkungen auf die Platzverhältnisse und das gebundene Kapital.

Die einzelnen Montagearbeitsplätze sind zwar durch Puffer voneinander entkoppelt, die dadurch entstandenen Freiheitsgrade werden jedoch aufgrund der geringen Arbeitsinhalte nicht genutzt.

Bewertung der Organisation, Arbeitsautonomie
- Fallbeispiel 1 -

● Montagemitarbeiter:
- ◆ *Entkopplung durch Puffer*
- ◆ *geringe Arbeitsinhalte (nur je ein bis zwei Arbeitsgänge pro Arbeitsplatz)*
- ◆ *strikte Trennung der ausführenden von den dispositiven Tätigkeiten*
- ◆ *starke Fremdbestimmung durch Einrichter und Zählkontrolle*
- ◆ *strenge Trennung der Montagetätigkeiten nach Montieren, Prüfen und Nacharbeiten*
- ◆ *auch Kleinteile werden kommissioniert bereitgestellt*
- ◆ *Entfremdung vom Gesamtprodukt führt zu Qualitätsproblemen und Arbeitsunzufriedenheit*

● Nacharbeiter:
- ◆ *anforderungsverschiedene Aufgaben auf ausführender Ebene*

● Einrichter (Zähl-Kontrolle)
- ◆ *begrenzt dispositive Aufgaben im Rahmen der Steuerung der Materialbereitstellung*

MML / 37-1 SU

Abb. 5.9:   Bewertung der Organisation, Arbeitsautonomie

Es ist nicht nur eine Trennung zwischen ausführenden und dispositiven Aufgaben vorzufinden, sondern auch Montagetätigkeiten wie Montieren, Prüfen und Nacharbeit sind organisatorisch streng voneinander getrennt. Für die Mitarbeiterinnen ist beispielsweise kein Arbeitsplatzwechsel zwischen diesen anforderungsverschiedenen Tätigkeiten möglich.

Die Fremdbestimmung der Mitarbeiter in der Montage geht sogar so weit, daß die Zählkontrolle nach Beendigung jedes Auftrags an jedem Arbeitsplatz die montierte Menge kontrolliert.

Desweiteren erfordert die Vorkommissionierung von Kleinteilen und mehrfach verwendeten Teilen und Baugruppen einen hohen Aufwand. Ein großer Prozentsatz an

Fehlteilen entsteht gleichzeitig dadurch, daß die Kommissioniererinnen sehr geringe Kenntnisse über die zu montierenden Produkte haben.

Bewertung des Informationsflusses
- Fallbeispiel 1 -

● Montagemitarbeiter: ◆ *Arbeitsorganisation bedingt, daß Informationen zentral monopolisiert beim Meister und z. T. beim Einrichter bzw. Zählkontrolle gehalten werden*
◆ *Handhabung des Informationsflusses restriktiv top-down*
◆ *papierorientierter Datenfluß mit Auftragspapieren*

MML / 38-1 SU

Abb. 5.10:   Bewertung des Informationsflusses

Auch bei Montagemitarbeitern führt die starke Arbeitsteilung mit sehr kurzzyklischen Arbeitsgängen zu einer Entfremdung vom Gesamtprodukt. D.h. das Personal kann sich nicht ausreichend mit dem Produkt identifizieren, da es, nicht zuletzt aufgrund des unzureichenden Informationsflusses, keine ausreichenden Kenntnisse über den gesamten Montageablauf im System hat. Dies führt wiederum zu Qualitätsproblemen in der Montage und Arbeitsunzufriedenheit bei den Mitarbeitern.

Gestaltungsvorschläge für Fallbeispiel 1
Abbildung 5.11 zeigt eine Zusammenfassung der Gestaltungsvorschläge für Fallbeispiel 1.

Eine Mindestanforderung für die Gestaltung des betrachteten Montagesystems ist die Einführung von Arbeitsplatzwechseln zwischen den anforderungsverschiedenen Aufgaben Montieren, Nacharbeiten und Prüfen. Desweiteren ist unabdingbar, daß die Montagemitarbeiter zur Erweiterung der Arbeitsinhalte in Zukunft mehr als nur einen Arbeitsgang am Produkt ausführen. Eine stufenweise Integration der Tätigkeiten des Einrichtens, der Zählkontrolle, Nacharbeit, Materialbereitstellung und Prüfung in die Arbeitsaufgabe der Montagemitarbeiter ermöglicht eine allmähliche Höherqualifizierung des Personals.

Durch die Einführung einer Organisation der Montage nach dem Fließprinzip lassen sich die Handlungsspielräume für Mitarbeiter vergrößern. So wird der Montageablauf übersichtlicher und die Weitergabe der Aufträge an den nachfolgenden Arbeitsplatz kann durch die Mitarbeiter ohne Eingreifen der Zählkontrolle geschehen. Es lassen sich außerdem wesentlich kürzere Durchlaufzeiten, eine signifikante Senkung des

Werkstattbestands und eine bessere Nutzung der Räume erreichen. Aufgrund des Fließprinzips kann innerhalb des Montagesystems die Arbeitsplatzbelegungsplanung, d.h. die Feinsteuerung auf ein Minimum reduziert werden. Wichtig ist dabei jedoch, daß die Arbeitsumfänge der Arbeitsplätze untereinander sorgfältig abgestimmt werden und Engpässe z.B. durch die Einrichtung von parallelen Plätzen vermieden werden. Weiterhin ist zu beachten, daß die Arbeitsplätze durch Puffer entkoppelt sind, damit keine neuerliche Einschränkung von Handlungsspielräumen bewirkt wird.

Gestaltungsvorschläge
- Fallbeispiel 1 -

Montagesystem

- Organisation, Struktur
  - *Arbeitsplatzwechsel*
  - *größere Arbeitsinhalte für Montagemitarbeiter*
  - *Einführung eines definiert strukturierten Material- und Produktflusses, möglichst mit parallelen Arbeitsplätzen, so daß die Arbeitsplatz-Belegungsplanung auf ein Minimum reduziert werden kann*
  - *Integration von Einrichten, Zählkontrolle, Nacharbeit, Materialbereitstellung → job-enrichment*
  - *Einführung von Arbeitsgruppen mit Sichtkontakt untereinander und ganzheitlichen Arbeitsinhalten (incl. Prüfung)*
  - *systemübergreifende Betrachtung: z.B. Integration der Verpackung ins System*

Materialbereitstellung

- Organisation, Materialfluß
  - *Weitergabe von Losen durch Montagemitarbeiter selbst, Holen von Teilen selbst → Belastungswechsel*
  - *Kleinteile und Baugruppen verbrauchsgesteuert bereitstellen*
  - *dezentrales Lager, das vom Montagesystem verwaltet wird*
- Technik
  - *Verwenden von Hubtischen,-wagen, Handwagen*
  - *Ausstattung der Arbeitsplätze mit ergonomischen Hilfsmitteln wie beispielsweise standardisierten Greifbehältern*
  - *Arbeitsplätze als umrüstbare ergonomisch gestaltete Standard-Abeitsplätze ausführen*

MML / 41-1 SU

Abb. 5.11:   Gestaltungsvorschläge

Die Einführung von Arbeitsgruppen mit ganzheitlichen Arbeitsinhalten und Sichtkontakt untereinander erhöht ebenfalls die Übersichtlichkeit des Montageablaufs und die Eigenverantwortung der Mitarbeiter.

Um den Aufwand für die Kommissionierung zu reduzieren, sollten Kleinteile und Baugruppen verbrauchsgesteuert und nur hochwertige Montageteile auftragsbezogen bereitgestellt werden.

Die Installation eines montagesystemnahen dezentralen Lagers ermöglicht eine weitere Übertragung von bisher zentral durchgeführten Aufgaben wie beispielsweise der verbrauchsgesteuerten Nachforderung der Teile für dieses Lager durch die Mitarbeiter im Montagesystem.

Zur Verbesserung der Arbeitsbedingungen an den Montagearbeitsplätzen sollten die einzelnen Arbeitsplätze als umrüstbare, ergonomisch gestaltete Standard-Arbeitsplätze ausgeführt werden. Ebenso ist eine Ausrüstung der Arbeitsplätze mit standardisierten und modularen Bereitstell- und Greifbehältern vorzusehen.

5.2.2   Fallbeispiel 2

Das in Fallbeispiel 2 dargestellte Montagesystem besteht im wesentlichen aus verschiedenen Montageautomaten, an denen kleinvolumige Leiterplatten in großen Stückzahlen unverkettet bestückt werden.

Montagesystembeschreibung
Das in Fallbeispiel 2 analysierte Arbeitssystem Leiterplattenfertigung umfaßt die automatische Vorbestuckung (Abb. 5.12). Dem Arbeitssystem vorgelagert ist ein Bereich in dem vorbereitende Tätigkeiten an den Leiterplatten oder Bauelementen durchgeführt werden. Nachgelagert sind eine automatische Lötanlage und der Prüfbereich.

Die Gestaltung des Systems ist funktionsorientiert an Kriterien der Stör- und Ablaufflexibilität orientiert. Innerhalb und zwischen den Bereichen wurde auf eine starre Verkettung verzichtet, um eine hohe Flexibilität zu ermöglichen und die Störanfälligkeit des Gesamtsystems bei Einzelstörungen zu verringern.

Der Ausgangspunkt eines Montageauftrags ist ein vom Vertrieb erstellter Absatzplan, der monatlich rotierend in Abstimmung mit der Produktion fortgeschrieben und angepaßt wird. Einer verbrauchsgesteuerten Disposition der Teile steht eine hohe Rate von entwicklungsbedingten Änderungen und die nicht hinreichende Standardisierung bei den Kaufteilen entgegen. Die Aufträge werden daher vom Vertrieb endterminiert und monatlich an die Produktionsprogrammplanung gegeben.

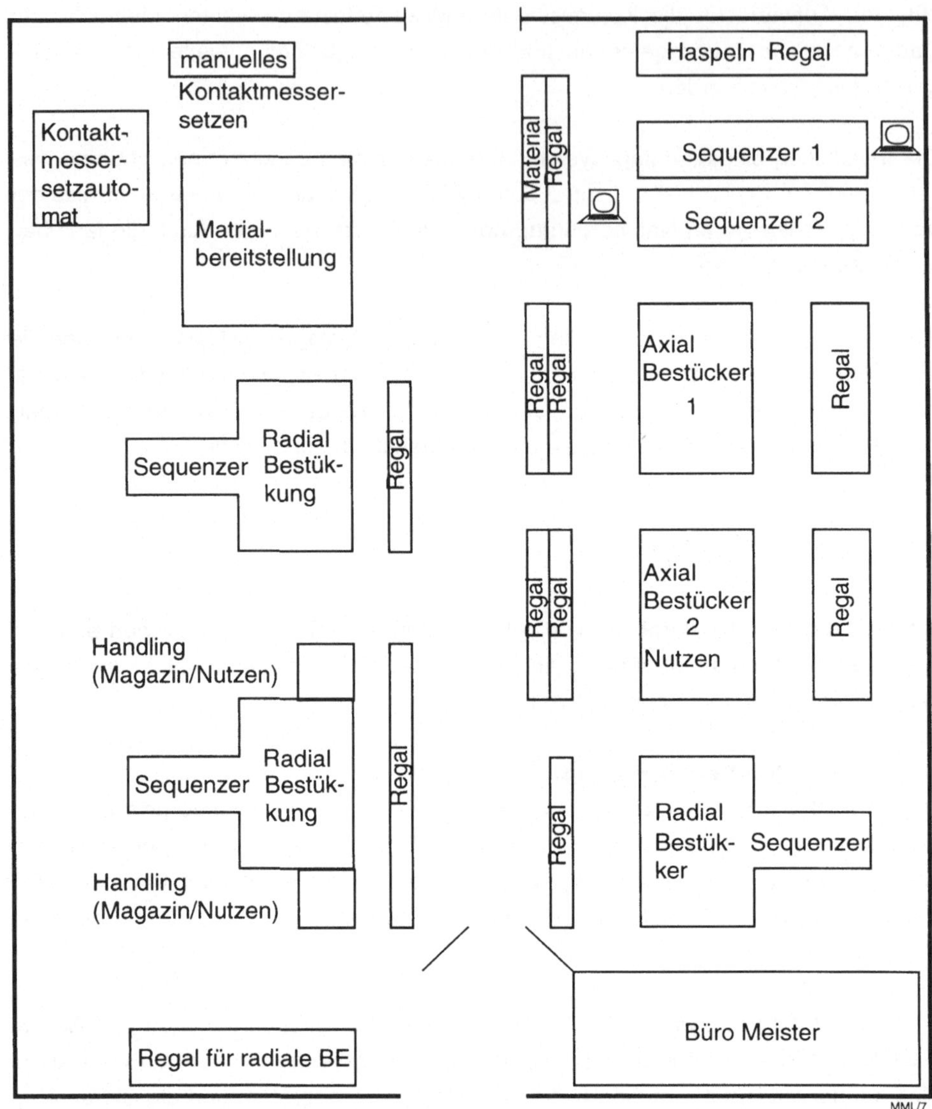

Abb. 5.12: Layout der automatischem Vorbestückung

Die Fertigungssteuerung bestimmt den Nettobedarf an Leiterplatten und Kaufteilen und prüft Materialverfügbarkeit und Kapazität. Bei den Aufträgen, für die nach Einschätzung der Fertigungssteuerung die Teile zum Starttermin vorliegen werden, erfolgt die Einsteuerung der Leiterplattenlose anhand von Plandaten. Mit diesen Plandaten plant der Meister die Wochen- und Tagesproduktion. Zweimal wöchentlich werden mit der Fertigungssteuerung Abstimmungen zur Fortschreibung der Planung vorgenommen. Die Basis für den Fertigungsablauf bildet also die Verfügbarkeit der zu einem Auftrag gehörigen Leiterplatten, die nach dem Auftragsstart zuerst die Axial- und anschliessend die Radial-Bestückung (teilweise mit vorgeschalteten Sequenzern) durchlaufen.

In den Sequenzern werden axiale bedrahtete Bauelemente in einer nach Programm und Auftrag vorgegebenen Reihenfolge auf leere Gurtrollen aufgebracht.
Von Axial-Bestückern werden die in Rollen angelieferten Bauelemente nach Bestückprogramm in die vorgesehenen Bohrungen von Leiterplatten gesetzt, die Drahtenden abgeschnitten und umgebogen.
In den Radial-Bestückern werden die Leiterplatten mit radialen Bauelementen bestückt, die aus angekoppelten Sequenzern in die programmgemäße Bestückreihenfolge gebracht werden.

Abbildung 5.13 zeigt eine Zusammenfassung wichtiger Kriterien und Ausprägungen des untersuchten Montagesystems.

Einrichten Automatenbereich
Die Einrichter im Bereich der automatischen Bestückung bedrahteter Bauelemente sind für Umrüsten, Störungsbeseitigung, Wartung, Instandhaltung, Reparatur und Justage eines Maschinensatzes verantwortlich. Ein Maschinensatz besteht aus einem Sequenzer, einem VCD-Automaten (Axial-Bestücker) und einem Radial-Inserter. Zur Aufgabe der Einrichter gehören u.a. auch komplexe Teiltätigkeiten, wie Austausch und Justage von Setzwerkzeugen. Daneben optimieren sie Bestückprogramme beispielsweise bzgl. der Wege des Bestücktischs oder der Drehung des Setzwerkzeugs. Die zwei Einrichter im Bereich können sich gegenseitig unterstützen und tragen in der Spätschicht auch Personalverantwortung, sind also für Personaleinsatz, Leistung, Qualität und Anlernen an einem Maschinensatz verantwortlich.

Bedienen Sequenzer, Axial-, Radial-Bestücker
Auf der Ebene der Maschinenbediener wird ein regelmäßiger (wöchentlicher) Arbeitsplatzwechsel auf Veranlassung des Meisters oder Vorarbeiters durchgeführt, um z.B. bei Krankheit die notwendige Personalflexibilität im Arbeitssystem zu gewährleisten. Ein freiwilliger, selbstveranlaßter Arbeitsplatzwechsel wird zwar gewünscht, wird aber von den Bedienerinnen noch nicht voll akzeptiert, obwohl eine der wichtigsten Voraussetzungen für den Wechsel, die Entlohnung im Zeitlohn, gegeben ist.

Montagesystem
- Fallbeispiel 2 -

● Systemtyp: *kleinvolumig, große Stückzahl, unverkettet*
                        (Montageautomaten)

● Produkt: *Leiterplatten*

  ◆ Volumen: *300 x 380 x 20 mm* [3]
  ◆ Stückzahl: *> 600.000 Stück / Jahr*
  ◆ Gewicht: *< 1 kg*
  ◆ Teileanzahl: *ca. 70 Bauelemente / Leiterplatte*
  ◆ Variantenanzahl: *3 Typen in zusammen 20 Varianten*
  ◆ Produktart :   *Standardprodukt mit kundenspezifischen*
                        Wünschen

● Organisation / Struktur :

  ◆ Auslösung des   *Fertigungssteuerung, Feinterminierung*
    Montageauftrags: *durch Meister*

  ◆ Werkstückfluß: *unverkettet mit Magazin- oder Handwagen*

  ◆ Anzahl der   *im automatischen Bereich : 1 Meister,*
    Arbeitsplätze: *1 Vorarbeiter, 2 Einrichter, 6 Bediener;*

  ◆ Arbeitsumfang: *30 sec bis 2 min / Leiterplatte*

  ◆ Arbeitsteilung: *stark arbeitsteilige Bedienung von Maschinen*

  ◆ Arbeitsinhalte: *Bedienen: reine Maschinenbedienung,*
                        Beschicken, Entnahme und Bestückkontrolle
                        Einrichten: anforderungsreiche Einrichtarbeit
                        an allen Maschinen;

● Montagetechnik: *automatische Bestückung an Radial- und*
                        Axial-Automaten

MML / 35 SU

Abb. 5.13:   Montagesystembeschreibung

Die Aufgabe der Maschinenbedienung besteht in der Beschickung und Entsorgung
der Automaten mit Leiterplatten und Bauelementegurten, der Kontrolle der Arbeitser-
gebnisse und als Hauptaufgabe der Überwachung des Maschinenlaufs. Bei Maschi-
nenstop sind kleinere Störungen, wie verkantete Bauelemente, zu beseitigen, an den
Sequenzern Fehlteile zu ersetzen und an den Bestückern Fehlbestückungen durch
Nacharbeit zu korrigieren.

An den Sequenzern fallen zusätzlich zum Ersetzen leerer Gurtrollen, Austauschen
fertig sequentierter Gurtrollen gegen leere, Entsorgen von Gurtabfällen und Trans-

portieren der fertigen Gurtrollen zu den Axial-Insertern noch Umrüst- bzw. Einrichttä-
tigkeiten an.

Am Radial-Bestücker übernimmt eine automatische Handlingvorrichtung die Beschik-
kung und Entsorgung mit Leiterplatten.

Materialbereitstellung
Im untersuchten System der Leiterplattenfertigung lassen sich zwei Bereiche der
Materialbereitstellung unterscheiden:

o   Leiterplatten, die im vorliegenden Arbeitssystem die Montagebasisteile darstellen, werden vom Vorarbeiter in Magazinwagen an den Arbeitsstationen bereitgestellt.

o   Automatische Stationen wie z.B. die Sequenzer, oder Axial-Bestücker werden
in der Regel durch die Bediener mit gegurteten Bauelementen beschickt.

Einen Überblick über Teilearten und Arbeitsplätze in der Materialbereitstellung gibt
Abbildung 5.14.

Materialbereitstellung
- Fallbeispiel 2 -

● Teilearten: *Leiterplatten, Bauelemente (lose, gegurtet)*

● Anzahl
  Arbeitsplätze: *1 Vorarbeiter, 6 Bedienerinnen*

● Arbeitsinhalte:

  ◆ Vorarbeiter: *Einsteuern der Montageaufträge,*
                      Bereitstellen der Bauelemente in den Regalen,
                      Bereitstellen der Magazinwagen mit Leiterplatten
                      an den Arbeitsplätzen

  ◆ Bediener: *Bauelemente aus Regalen am Arbeitsplatz be-*
                 reitstellen

MML / 43 SU

Abb. 5.14:   Teilearten und Arbeitsplätze in der Materialbereitstellung

Der Ablauf für die Teilearten Leiterplatten und Bauelemente ist in den Abbildungen
5.15 und 5.16 dargestellt.

Die im Arbeitssystem benötigten Leiterplatten werden magaziniert auf Magazinwagen von einem Transporteur in die Materialbereitstellungszone (Blocklager), die sich

in der Halle der automatischen Vorbestückung befindet, gebracht. Sie kommen dabei entweder aus dem in einer anderen Halle liegenden Zentrallager oder aus einem vorgelagerten Bereich, in dem vorbereitende Tätigkeiten an den Leiterplatten ausgeführt wurden.

Fallbeispiel 2			Materialfluß: Leiterplatten		
			2. Ordnung	3. Ordnung	4. Ordnung
Organisation/Materialfluß	Ort	Quelle	Zentrallager oder vorgelagerter Bereich	Bereitstellager oder vorgelagerter Arbeitsplatz	Magazinwagen am Arbeitsplatz
		Senke	Bereitstellager im System	Arbeitsplatz	Automat
	Prinzip		nach Bedarf	nach Bedarf	nach Verbrauch
	Funktionsträger	planen, disponieren	Fertigungssteuerung	Meister / Vorarbeiter	
		auslösen	Fertigungssteuerung / Meister	Meister / Vorarbeiter	
		ausführen	Transporteur	Vorarbeiter	a) Automat b) Mitarbeiter
Technik/Informationstechnik	Lagertechnik	Quelle	Regallager	Magazinwagen im Blocklager	
		Senke	Magazinwagen in Blocklager	Magazinwagen am Arbeitsplatz	
	Fördertechnik		manuell im Magazinwagen	manuell im Magazinwagen	
	Bereitstelltechnik				Einsetzen d. Leiterpl. a) automatisch b) manuell
	Informationstechnik		Auftragspapiere	Sichtkontrolle, Auftragspapiere	Sichtkontrolle

MML / 22

Legende: a) mit automatischer Handling-Einrichtung
           b) manuelles Handling der Leiterplatten

Abb. 5.15:   Ablauf der Materialbereitstellung für Leiterplatten

In Abstimmung mit dem Meister stellt der Vorarbeiter die mit den Leiterplatten befüllten Magazinwagen am ersten Arbeitsplatz bereit. Alle nachfolgenden Plätze werden ebenso vom Vorarbeiter versorgt, wenn der jeweils vorgelagerte Arbeitsgang abgeschlossen ist.

Dabei muß zuvor die nachfolgend beschriebene Versorgung der Arbeitsstationen mit Bauelementen sichergestellt sein. Ist dies beispielsweise an nur einem Arbeitsplatz aufgrund fehlender Bauteile nicht der Fall, so entstehen "Materialburgen" an den Arbeitsplätzen. Die gleiche Problematik tritt auf, wenn die Bauelemente für den nächsten Auftrag bereits an den Arbeitsstationen verfügbar sind, die Leiterplatten aber nicht termingerecht eintreffen.

Fallbeispiel 2			Materialfluß: Bauelemente		
			2. Ordnung	3. Ordnung	4. Ordnung
Organisation/Materialfluß	Ort	Quelle	Zentrallager oder vorgelagerter Bereich	Bereitstellager im System	Regallager in Arbeitsplatznähe
		Senke	Bereitstellager im System	Regallager in Arbeitsplatznähe	Automat
	Prinzip		nach Bedarf	nach Bedarf	nach Verbrauch
	Funktionsträger	planen, disponieren	Fertigungssteuerung	Vorarbeiter	
		auslösen	Fertigungssteuerung / Meister	Vorarbeiter	
		ausführen	Transporteur	Vorarbeiter	Bediener
Technik/Informationstechnik	Lagertechnik	Quelle	Regallager	Block- oder Regallager	
		Senke	Block- oder Regallager	Regallager	
	Fördertechnik		manuell mit Handwagen	manuell mit Handwagen	
	Bereitstelltechnik		Behälter auf Handwagen	Behälter auf Handwagen	manuelles Bereitstellen im Automat
	Informationstechnik		Auftragspapiere	Auftragspapiere	Sichtkontrolle

MML / 23

Abb. 5.16:   Ablauf der Materialbereitstellung für Bauelemente

Die Beschickung der automatischen Maschinen mit Leiterplatten obliegt den jeweiligen Bedienern. Mit Ausnahme des Radial-Bestückers mit automatischer Handling-
Einrichtung erfolgt die Versorgung der Maschinen durch manuelle Entnahme der
Leiterplatten-Magazine aus den Magazinwagen. Nach Beendigung des Bestück-
oder Lötvorgangs werden die Magazine ebenso manuell entnommen und wieder in
den Magazinwagen eingelegt.

Bauelemente kommen ebenfalls aus dem Zentrallager oder einem vorgelagerten Bereich in die Materialbereitstellungszone. Beim vorgelagerten Bereich handelt es sich
um die Bauelemente-Vorbereitung, die beispielsweise das Kürzen oder Biegen von
Bauelemente-Beinchen vornimmt.

Der Vorarbeiter ist für die auftragsgerechte Versorgung der maschinen- und arbeits-
platznahen Regallager verantwortlich.
Die automatischen Stationen wie z.B. die Sequenzer werden durch die Bediener
versorgt, indem diese die gegurteten Bauelemente aus den maschinennahen
Regalen entnehmen.

Bewertung Fallbeispiel 2
Die Abbildungen 5.17 bis 5.19 zeigen eine Zusammenfassung der Bewertung der
Technik, Organisation und des Informationsflusses.

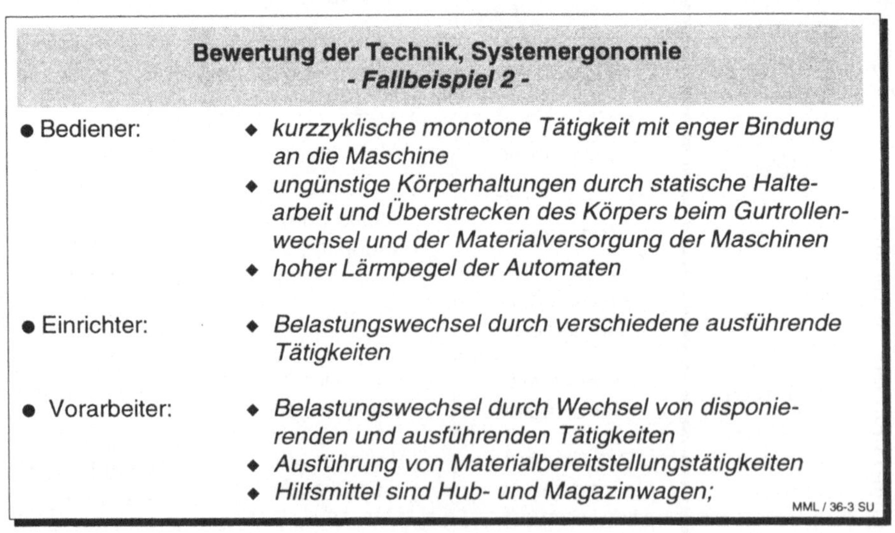

Abb. 5.17: Bewertung der Technik, Systemergonomie

Körperliche Belastungen treten bei den Tätigkeiten der Maschinenbediener im Bereich der ungünstigen Körperhaltungen auf. Verursacht werden diese durch ständiges Stehen oder Gehen und je nach Körpergröße der Arbeitskraft durch Überstrecken des Körpers, kombiniert mit statischer Haltearbeit beim Gurtrollenwechsel.

Psychische Belastungen treten durch die mangelnde Entkopplung vom Maschinentakt auf, da die Arbeitskräfte stark monotonen Arbeitsbedingungen durch den stark repetitiven Charakter der Tätigkeiten ausgesetzt sind.
Am Radial-Bestücker sind zusätzlich hohe Anforderungen an die Aufmerksamkeit bei gleichzeitig geringen Anforderungen an eine aktive Bewältigung von Störfällen zu veranschlagen.

Bewertung der Organisation, Arbeitsautonomie
- Fallbeispiel 2 -

● Bediener:
  - *geringe Freiheitsgrade und Entscheidungsspielräume durch enge Bindung an die Automaten*
  - *strenge Trennung von ausführenden, dispositiven und Materialbereistellungs-Tätigkeiten*
  - *Kennzeichnung defekter Leiterplatten*

● Einrichter:
  - *Handlungs- und Tätigkeitsspielräume sind gegeben durch integrierte Wartung, Instandhaltung, Umrüsten, Programmieren*
  - *keine dispositiven Aufgaben*

● Vorarbeiter:
  - *Einsteuern von Montageaufträgen*
  - *Durchführung der Materialbereitstellung*
  - *Systemgrenze eng, da Transporteur Bauelemente und Leiterplatten aus Nachbarhalle bringt*

MML / 37-3 SU

Abb. 5.18:   Bewertung der Organisation, Arbeitsautonomie

Beim Bedienen bestehen zu geringe Freiheits- und Entscheidungsspielräume, hohe zeitliche Bindung, niedrige Zyklusdauer, zu niedrige kognitive Anforderungen und zu geringe Lernanreize. Somit kann auch bei einem Einsatz von angelernten Arbeitskräften nicht von einer anforderungsreichen und vollwertig qualifikationsförderlichen Arbeitsaufgabe ausgegangen werden. Dies liegt vor allem daran, daß die Tätigkeiten zu sehr auf reine Maschinenbedienung wie Beschicken, Entnahme und Bestückkontrolle von Leiterplatten oder Bauelementen beschränkt sind und Umrüsttätigkeiten lediglich mit geringer Tiefe und geringem Zeitanteil zur Arbeitsaufgabe gehören. Teiltätigkeiten mit höheren Freiheitsgraden und Anforderungen wie z.B. Umrüsten, Anfahren des Automaten, Störungsbeseitigung, Wartung und Reparatur sind arbeitsorganisatorisch den Einrichtern zugeordnet.

Beim Sequenzer kommt hinzu, daß durch recht häufige Maschinenstillstände eine zusätzliche starke Bindung an die Maschine entsteht. Die Stillstände behindern außerdem parallel auszuführende Tätigkeitsbestandteile durch ständige Unterbrechungen. Durch die überwiegend reaktiv auf ein Signal der Maschine erfolgenden gleichförmigen Tätigkeitsabläufe, die zudem in relativ kurzen Zeiträumen erfolgen müssen, bleiben kaum Handlungs- und Entscheidungsspielräume.

Bewertung des Informationsflusses
- Fallbeispiel 2 -

● Bediener:
- *kein Überblick über den Fertigungsfortschritt*
- *durch die Bediener unzureichende Rückmeldung an Vorarbeiter oder Einrichter*
- *unpersönliche Rückmeldung über Kennzeichnung defekter Leiterplatten*

● Einrichter/Vorarbeiter:
- *chaotische Verteilung der Informationen bei Einrichter und Vorarbeiter*
- *Informationen gelangen "top down" vom Meister an Einrichter und Vorarbeiter*

MML / 38-3 SU

Abb. 5.19:   Bewertung des Informationsflusses

Am Radial-Bestücker mit Handlinggerät fallen, verglichen mit dem Radial-Bestücker ohne Handlinggerät, weitere Tätigkeitsbestandteile weg, so daß sich der Arbeitsinhalte auf eine Überwachungstätigkeit mit äußerst geringen aktiven Eingriffsmöglichkeiten reduziert. Die Chance zu einer qualifikationsförderlichen Arbeitsgestaltung, die sich durch die Entkopplung der Arbeitskraft aus dem Maschinentakt ergeben hat, ist hier arbeitsorganisatorisch nicht genutzt worden.

Die Tätigkeiten des Einrichters bieten auch für Facharbeiter genügend Lernanreize zur Weiterentwicklung ihrer Qualifikation. Von der Arbeitsaufgabe her sind Handlungsspielräume zur Entwicklung eigenständiger Handlungsstrategien und aktiver vorbeugender Eingriffe in das System gegeben.

Gestaltungsvorschläge Fallbeispiel 2
Abbildung 5.20 zeigt eine Zusammenfassung der Gestaltungsvorschläge für Fallbeispiel 2.

<table>
<tr><td rowspan="2">Montagesystem</td><td colspan="2" align="center">Gestaltungsvorschläge
- Fallbeispiel 2 -</td></tr>
<tr><td colspan="2">

● Organisation, Struktur

   ◆ *Übernahme von Aufgaben des Einrichters durch Bediener*

   ◆ *Einrichter müssen ausreichend zeitliche Spielräume haben, so daß die von der Arbeitsaufgabe gegebenen Tätigkeitsfreiräume auch genutzt werden können*

   ◆ *Aufheben der Arbeitsteilung von Vorarbeiter und Einrichter*

</td></tr>
</table>

Gestaltungsvorschläge
- Fallbeispiel 2 -

Montagesystem

● Organisation, Struktur

   ◆ *Übernahme von Aufgaben des Einrichters durch Bediener*

   ◆ *Einrichter müssen ausreichend zeitliche Spielräume haben, so daß die von der Arbeitsaufgabe gegebenen Tätigkeitsfreiräume auch genutzt werden können*

   ◆ *Aufheben der Arbeitsteilung von Vorarbeiter und Einrichter*

Materialbereitstellung

● Organisation, Materialfluß

   ◆ *systemübergreifende Maßnahmen durch Holen von Teilen aus vorgelagertem Bereich*

   ◆ *eine umfassende Verbesserung der Situation der Bediener ist erst möglich, wenn die Entkopplung der Maschinen durch die Einführung von Handlinggeräten möglich wird:*
    - Team mit Einrichtern, Bedienern, das einrichtende, bedienende, dispositive Aufgaben und die Materialbereitstellung übernimmt
    - stufenweise Qualifizierung der Bediener zu Einrichtern

● Technik

   ◆ *Einführung von Handhabungsgeräten an allen Maschinen*

   ◆ *Schallschutzkapselung*

MML / 41-3 SU

Abb. 5.20:   Gestaltungsvorschläge

Um eine Annäherung an qualifikationsgerechte Arbeitsinhalte für die Bediener zu erreichen, ist eine Bereicherung der Tätigkeiten durch mehr Umrüst-, Wartungs- und Instandhaltungstätigkeiten notwendig. Dies kann soweit gehen, daß nahezu alle Aufgaben des Einrichters auf die Bediener übertragen werden. Bei den Einrichtern verbleibt dann das Eingreifen bei schweren Störungen und Instandsetzungsarbeiten. Werden die Tätigkeiten der Bediener auch in der nachgelagerten Montage entsprechend erweitert, so kann sich der Aufgabenbereich des Einrichters sowohl auf die Vorbestückung als auch auf die Automaten im nachgelagerten Bereich erstrecken.

Es müssen allerdings zusätzlich auch die Rahmenbedingungen, wie zeitliche Spielräume hierfür gegeben sein. Sind diese nicht in ausreichendem Maß vorhanden, weil z.B. Einrichter oder Bediener personell unterbesetzt sind bzw. eine Häufung von Maschinenstörungen keine erweiterten Aufgaben zuläßt, können Strategien zur Erweiterung von Aufgaben nur eingeschränkt entwickelt werden. Werden die Arbeitsaufgaben dennoch im oben genannten Umfang bereichert, so ist eine quantitative und qualitative Überforderung der Einrichter oder Bediener mit daraus resultierender Demotivation die Folge, was wiederum zu zusätzlichen Maschinenstörungen führt.

Eine umfassende Verbesserung der Situation der Bediener ist erst möglich, wenn die zu starke Kopplung der Maschinenbedienung an den Takt aufgelöst wird. Dazu sind alle Bestückungsautomaten mit Handlingsystemen für Beschickung und Entnahme von Leiterplatten auszurüsten. Erst hierdurch ergeben sich die notwendigen Handlungsspielräume für die Entwicklung von Strategien zur vorbeugenden Störungsvermeidung und Erhöhung der Verfügbarkeit der Automaten, wie sie am bereits vorhandenen Radial-Bestücker mit Handlingsystem bestehen, aber ungenutzt bleiben.

So wird es möglich arbeitsorganisatorisch sehr weitgehende Lösungen zu realisieren, wie z.B. einem sich selbststeuernden Team die gesamte Systemverantwortung von der Disposition bis hin zu Instandhaltung und Reparatur zu übertragen. Die Anforderungen würden dann weitgehend dem Profil der jetzigen Einrichter entsprechen. Voraussetzung für eine solche Lösung wäre dabei nicht unbedingt ein durchgängiger Facharbeitereinsatz, wenn diese Lösung als Endpunkt einer abgestuften Entwicklung realisiert würde. So ist es durchaus denkbar, die bisherigen Maschinenbediener, nach einer fachlichen Grundqualifizierung, zusammen mit Einrichtern und Instandhaltern, als gemischtes Team im System einzusetzen. Im Rahmen der praktischen Kooperation (z.B. bei Wartung und Reparatur) und mit einer begleitenden fachlichen Anleitung könnten die Maschinenbediener sicherlich stufenweise auf ein höheres Qualifikationsniveau angehoben werden.

5.2.3   Fallbeispiel 3

In dem in Fallbeispiel 3 beschriebenen Montagesystem werden kleinvolumige Produkte in großen Stückzahlen auf einem verketteten Werkstückträger-Umlaufsystem montiert.

Montagesystembeschreibung
In Abbildung 5.21 sind die ausgewählten Kriterien und Ausprägungen zur Beschreibung dieses Montagesystemtyps in einer Übersicht dargestellt. Daran anschließend folgt eine Kurzbeschreibung des Montagesystems von Fallbeispiel 3.

Das in Fallbeispiel 3 analysierte Montagesystem besteht aus einem getakteten Umlaufsystem für Werkstückträger mit Nebenschlußstrecken.

Montagesystem
- Fallbeispiel 3 -

● Systemtyp: *kleinvolumig, große Stückzahl, verkettet*
                        (Werstückträger-Umlaufsystem)

● Produkt: *Haushaltsgeräte*
  ◆ Volumen: *380 x 380 x 350 mm* ^{3}
  ◆ Stückzahl: *2 000 - 3 000 Stück/Schicht*
  ◆ Gewicht: *< 3 kg*
  ◆ Teileanzahl: *60 Teile / Produkt*
  ◆ Variantenanzahl: *< 5 / Produkt*
  ◆ Produktart :   *Serienprodukt mit 5 Varianten (auf Lager)*

● Organisation / Struktur :
  ◆ Auslösung des   *Auflegen der Montagebasisteile auf einen*
    Montageauftrags: *Werkstückträger*
  ◆ Werkstückfluß: *automatisches Doppelgurtband - Umlauf-*
                        transfer-System mit Werkstückträgern (400 x
                        400 mm) und Nebenschlußstrecken

  ◆ Anzahl der   *7 Automatikstationen*
    Arbeitsplätze: *20 Manuelle Arbeitsplätze*
                        15 Montagemitarbeiter

  ◆ Arbeitsumfang: *1 - 3 min/Stück*

  ◆ Arbeitsteilung: *stark arbeitsteilige Einzelarbeitsplätze im*
                        Nebenschluß teilweise Job-Rotation oder
                        Arbeitsplatzwechsel

  ◆ Arbeitsinhalte: *montieren, justieren, prüfen, nacharbeiten*
                        an getrennten Arbeitsplätzen

● Montagetechnik: *manuelle Montage auf vorbestückten*
                        Werkstückträgern, viele Hilfsvorrichtungen
                        erforderlich, Automatikstationen

MML / 29 SU

Abb. 5.21:   Montagesystembeschreibung

Der Bedarf an Produkten kann relativ exakt prognostiziert werden, daher entspricht die Produktion einer anonymen Lagerfertigung.

Die Montage beginnt mit dem Auflegen der Montagebasisteile auf einen Werkstückträger am Bandanfang. Dies wird meist von einem Montagemitarbeiter gemacht, kann jedoch auch (bei bestimmten Varianten) durch einen Automaten geschehen.

Der genaue Produkttyp wird durch die Bereitstellung der entsprechenden Montagebasis- und Montageteile am Bandanfang und den nachfolgenden Stationen bestimmt.

Der Materialfluß innerhalb des Montagesystems wird über ein Doppelgurtband-Umlauftransfersystem mit Werkstückträgern der Größe 400 x 400 mm automatisch bewerkstelligt. Abbildung 5.22 zeigt ein Layout des Montagesystems.

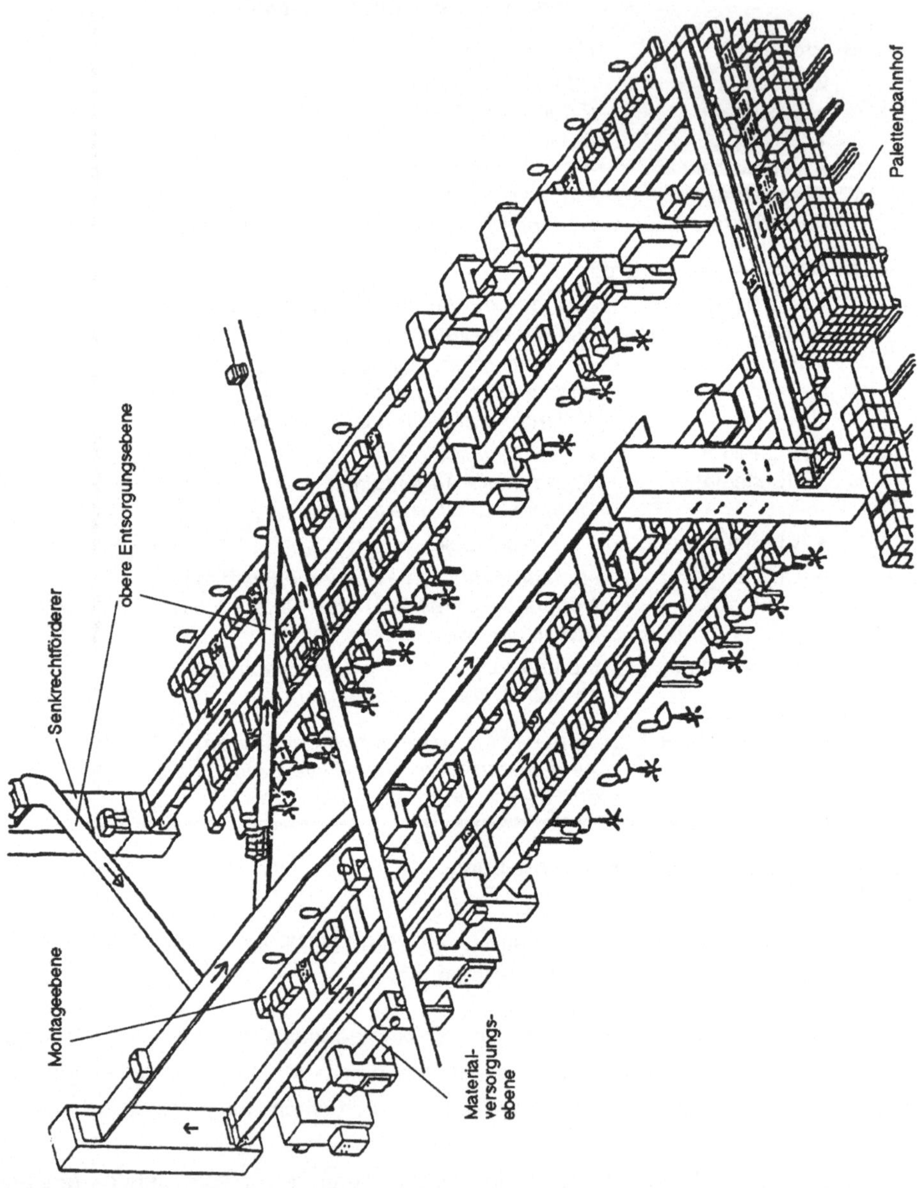

Abb. 5.22: Layout des Montagesystems

Das Montagesystem ist so organisiert, daß sich stark arbeitsteilige Einzelarbeitsplätze im Nebenschluß mit Automatikstationen abwechseln.

In der Endmontage beträgt der Arbeitsinhalt eines Produktes zwischen 3 und 8 Minuten. Die Arbeitsinhalte für Montagemitarbeiter betragen zwischen 1 und 3 Minuten und liegen im Durchschnitt bei 1,5 min. Diese kurze Taktzeit entsteht zum einen dadurch, daß je Arbeitsplatz maximal zwei unterschiedliche Montageteile (große Teile) bereitgestellt werden können, zum anderen wird durch die Mischung von Automatikstationen und manuellen Arbeitsplätzen eine hohe Arbeitsteiligkeit geschaffen.
Der Puffer in den Nebenschlußstrecken, der zur Entkopplung der Arbeitsplätze dient, faßt 3 Werkstückträger. Da nicht alle Arbeitsplätze ständig belegt sein müssen, ist für manche Mitarbeiter ein Arbeitsplatzwechsel innerhalb anforderungsgleicher Plätze möglich. In Verbindung mit den Prüfarbeitsplätzen gibt es außerdem eine Gruppe von 3 Mitarbeitern, die sich 2 Montage- und 3 Prüf-Arbeitsplätze teilen.

Zur Weitergabe von Informationen im Montagesystem sind an den Werkstückträgern induktiv lesbare, programmierbare Mobile Datenträger (MDT) befestigt, die von den entsprechenden Schreib-/Lesestationen (SLS), die sich an Verzweigungs- und Montagestationen befinden, gelesen und beschrieben werden können. Die MDT werden vor Aufsetzen auf das Band programmiert und enthalten unter anderem Daten über Zieladressen, Produkttypen, Anzahl Umläufe und ermöglichen z.B. auch die Registrierung aufgetretener Fehler.

Materialbereitstellung
In der Materialbereitstellung unterscheidet man drei Teilearten (Klein-, Montage- und Montagebasisteile), die auf verschiedene Arten bereitgestellt werden. Teilearten und Arbeitsplätze in der Materialbereitstellung sind in Abbildung 5.23, der Ablauf der Materialbereitstellung für die Teilearten in den Abbildungen 5.24 und 5.25 zusammengefaßt dargestellt.

Das Montagesystem ist mit seiner Teileversorgung in drei Ebenen aufgebaut (siehe auch Abb. 5.22). Auf der ersten, unteren Ebene erfolgt die Versorgung der manuellen Arbeitsplätze mit großen Montageteilen und die Entsorgung der dazugehörigen leeren Behälter. Die zweite Ebene ist die eigentliche Montageebene auf der die Werkstückträger umlaufen. Über die dritte Ebene erfolgt die Entsorgung von leeren und angebrochenen Behältern und von fertig montierten und geprüften Produkten.

Materialbereitstellung
- Fallbeispiel 3 -

● Teilearten: *Kleinteile, Montageteile (große Teile)*

● Anzahl   *1 Systemversorger*
  Arbeitsplätze: *2 - 3 Bereitsteller im systemnahen*
                         Zwischenlager

● Arbeitsinhalte:

  ◆ Bereitsteller: *manuelles Umsetzen von Paletten vom Paletten-*
                         bahnhof auf die Bereitstellbänder; Behebung von
                         kleineren Störungen an den Doppelgurtbändern

MML / 30 SU

Abb. 5.23:   Teilearten und Arbeitsplätze in der Materialbereitstellung

Ein Systemversorger, der nicht der Montage zugeordnet ist, kontrolliert die Handlager der manuellen Arbeitsplätze. Das Nachfüllen von Kleinteilen erfolgt nach Sichtprüfung der Handlager verbrauchsorientiert und manuell. Die Teile werden dabei vom Systemversorger aus einem montagenahen Bereitstellager entnommen und mittels eines Handwagens zu den jeweiligen Arbeitsstationen transportiert.

Montageteile werden im Lager in standardisierten Teilebehältern artenrein vorkommissioniert und mit Gabelstaplern im Palettenbahnhof (Abb. 5.22) abgestellt.

Die Bereitsteller des Montagesystems entnehmen die Behälter von den Paletten und stellen sie auf eine der 14 artenreinen Bereitstellpuffergassen beim Palettenbahnhof. Sie haben dafür zu sorgen, daß die Bereitstellplätze immer mit ausreichend Teilebehältern bestückt sind. Die Bereitsteller sind außer dem Umsetzen der Behälter im Palettenbahnhof auch für den Teilenachschub an den Automatikstationen und die Behebung von kleineren Störungen, beispielsweise beim Verkanten eines Bereitstellbehälters an den schwer zugänglichen Bändern der unteren Materialflußebene, zuständig.

Fallbeispiel 3		Materialfluß: Kleinteile		
		2. Ordnung	3. Ordnung	4. Ordnung
Organisation/Materialfluß	Ort — Quelle	Zentrallager	systemnahes Bereitstellager	Handlager am Arbeitsplatz
	Ort — Senke	sortenrein kommissioniert im systemnahen Bereitstellager	Handlager am Arbeitsplatz	Werkstückträger
	Prinzip	nach Verbrauch	nach Verbrauch	nach Verbrauch
	Funktionsträger — planen, disponieren	Materialwirtschaft		
	Funktionsträger — auslösen	Systemversorger	Systemversorger nach Sichtkontrolle	
	Funktionsträger — ausführen	Kommissionierer, Transporteur	Systemversorger füllt Handlager nach	Montagemitarbeiter
Technik/Informationstechnik	Lagertechnik — Quelle	Hochregallager	Fachbodenregallager	
	Lagertechnik — Senke	Fachbodenregallager	Bereitstellbehälter im Handlager	
	Fördertechnik	Gabelstapler, manuell	Bereitstellwagen, manuelle Entnahme	
	Bereitstelltechnik			manuelles Nachfüllen der Bereitstellbehälter am Arbeitsplatz
	Informationstechnik	Entnahmeschein	Sichtkontrolle	Sichtkontrolle

MML / 68 SU

Abb. 5.24:   Ablauf der Materialbereitstellung für Kleinteile

Von den Bereitstellgassen werden die Teilebehälter automatisch abgerufen, wenn durch Lichtschranken an der Teilebehälterzuführung eines Arbeitsplatzes ein freier Behälterplatz erkannt wird. Dafür befindet sich auf beiden Seiten des Montagearbeitsplatzes je ein zu- und abführendes Band (Abb. 5.26). Die leeren Teilebehälter setzen die Montagearbeiter manuell vom zu- auf das abführende Band um.

Fallbeispiel 3		Materialfluß: Montageteile		
		2. Ordnung	3. Ordnung	4. Ordnung
Organisation/Materialfluß	Ort — Quelle	Zentrallager	Palettenbahnhof	2 Bereitstellbänder am Arbeitsplatz
	Ort — Senke	Palettenbahnhof	Bereitstellbänder	pro Platz nur zwei Teile gleichzeitig möglich
	Prinzip	Auftragskommissionierung in typenreinen Behältern	nach Verbrauch	nach Verbrauch
	Funktionsträger — planen, disponieren	Materialwirtschaft		
	Funktionsträger — auslösen	Materialwirtschaft	Bereitsteller nach Sichtkontrolle	Sensor am Arbeitsplatz, wenn Platz auf Bereitstellband frei ist
	Funktionsträger — ausführen	Kommissionierer, Förderband, Transporteur	Bereitsteller: Umsetzen der Behälter auf die Bänder	Werkstückträgerumlauf-System, Montagemitarbeiter
Technik/Informationstechnik	Lagertechnik — Quelle	Hochregallager	Blocklager	
	Lagertechnik — Senke	Blocklager	Förderband auf unterer Materialflußebene	
	Fördertechnik	Förderband, Gabelstapler, manuell	manuelles Umsetzen, Förderband auf unterer Materialflußebene	
	Bereitstelltechnik			Teile manuell entnehmen, Bereitstellbehälter auf Band umsetzen
	Informationstechnik	Entnahmeschein	Sichtkontrolle	mobile Datenträger, Schreib-/Lesestation

MML / 67 SU

Abb. 5.25:   Ablauf der Materialbereitstellung für Montageteile

Montagebasisteile werden, wie bereits erwähnt, am Bandanfang vom Montagemitarbeiter oder durch einen Automat auf die Werkstückträger aufgelegt. Die Einsteuerung der Montagebasisteile an die Plätze am Bandanfang erfolgt ebenfalls automatisch, wenn das Steuerungssystem an den entsprechenden Plätzen einen freien Werkstückträger-Platz erkennt.

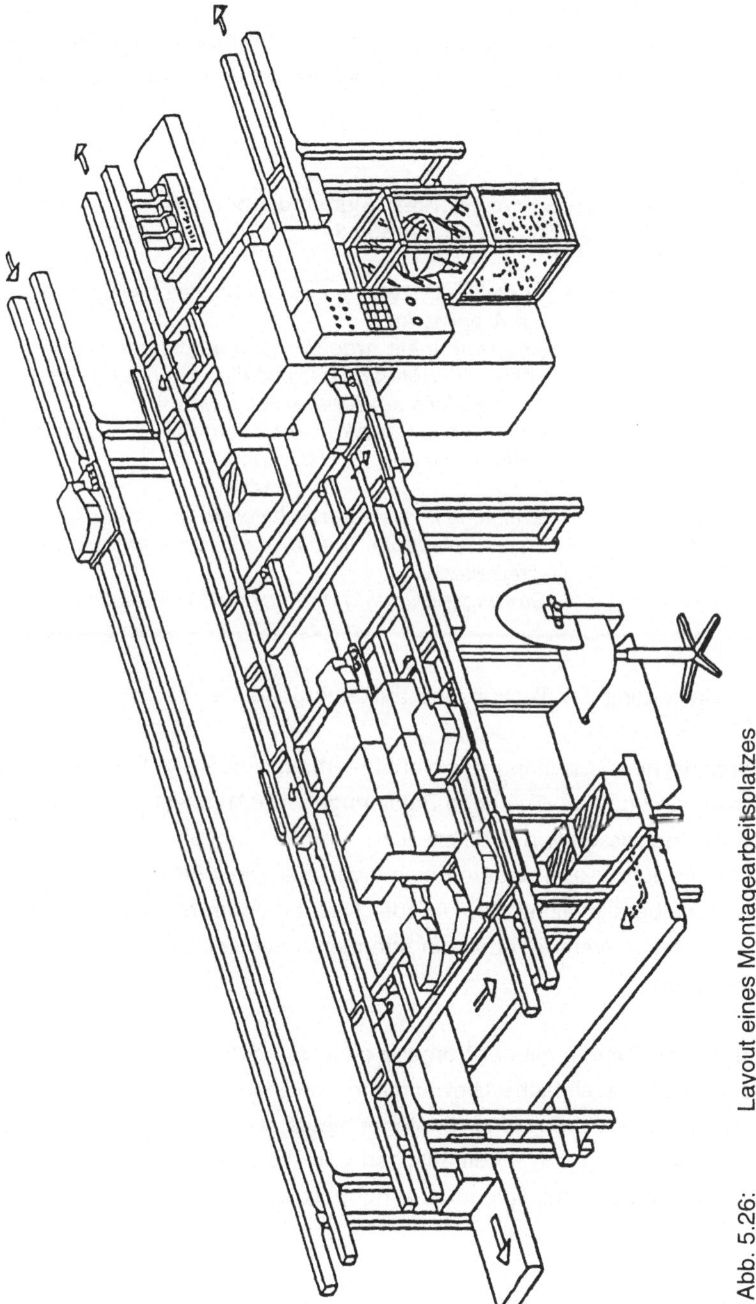

Abb. 5.26: Layout eines Montagearbeitsplatzes

Bewertung des Fallbeispiels 3

Die Abbildungen 5.27 bis 5.29 zeigen eine Zusammenfassung der Bewertung der
Bereiche Technik und Systemergonomie, Organisation und Arbeitsautonomie sowie
Informationsfluß für das Fallbeispiel 3.

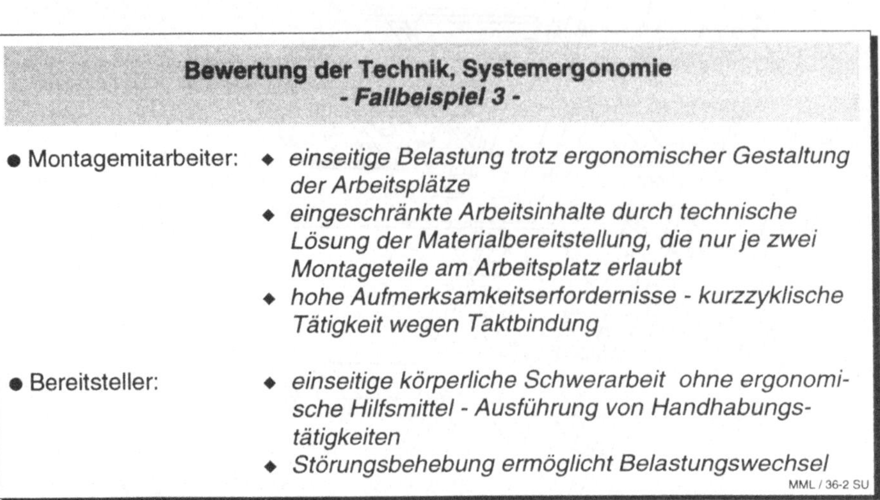

Abb. 5.27:   Bewertung der Technik und Systemergonomie

Trotz ergonomischer Gestaltung der Montagearbeitsplätze ergeben sich für die Mitarbeiter einseitige und zum Teil hohe Belastungen am Arbeitsplatz. Diese resultieren
zum einen aus der gewählten Arbeitsteilung der Montageaufgabe, die zu eintönigen
Montageinhalten führt. Zum anderen sind zwar alle vor- und nachgelagerten Bereiche, wie Materialbereitstellung, Prüfen oder Nacharbeit im Montagesystem angesiedelt, diese Aufgaben werden jedoch in strenger Arbeitsteilung von separaten Mitarbeitern ausgeführt.

Zudem wurde das System mit der Vorgabe gestaltet, daß es zu einem späteren Zeitpunkt allein durch die einfache Umwandlung von manuellen zu automatischen Arbeitsplätzen, ohne Änderung des Montageablaufs, zu automatisieren ist. Dadurch
entstand eine Mischung von automatischen und manuellen Stationen, die für viele
Arbeitsplätze trotz der Entkopplung eine hohe Taktbindung und kurze Zykluszeiten
bewirkt.

Eine weitere Einschränkung der Arbeitsinhalte ergibt sich daraus, daß es mit der der-
zeitigen technischen Lösung zur Bereitstellung der Montageteile nicht möglich ist,
mehr als zwei große Teile gleichzeitig anzuliefern.

Bewertung der Organisation, Arbeitsautonomie
- Fallbeispiel 3 -

● Montagemitarbeiter:
  ◆ *kleine Arbeitsinhalte*
  ◆ *nachgelagerte Funktionen wie Prüfen und Nacharbeit erfolgt an getrennten Arbeitsplätzen*
  ◆ *auf Automatisierbarkeit getrimmter Ablauf führt zu hoher Arbeitsteiligkeit (manuelle Lückenbüßer)*
  ◆ *geringe Entkopplung trotz Nebenschluß z.T. Takte < 20 sec*
  ◆ *starre Verkettung: WT können nicht auf andere Stationen ausweichen - Fremdbestimmung*
  ◆ *Materialbereitstellung der Teile nur an vorprogrammierte Arbeitsplätze beeinträchtigt Flexibilität*

● Bereitsteller:
  ◆ *informelle Integration von anforderungsverschiedenen Tätigkeiten durch Störungsbehebung*
  ◆ *geringe Arbeitsinhalte*
  ◆ *enge Bindung an die Bereitstellbänder*

MML / 37-2 SU

Abb. 5.28:   Bewertung der Organisation und Arbeitsautonomie

Die Flexibilität zur Gestaltung der Arbeitsaufgabe ist auch dadurch erheblich eingeschränkt, daß es nicht möglich ist, die Werkstückträger bei Bedarf in parallele Arbeitsstationen einzuschleusen, wie dies in einem flexibel organisierten Umlaufsystem der Fall wäre. Diese parallele Einsteuerung ist deshalb nicht durchführbar, weil die Materialbereitstellbänder jeweils fest mit bostimmten Arbeitsplatzen verbunden sind, so daß an einem Arbeitsplatz immer nur die ursprünglich festgelegten Arbeitsgänge durchgeführt werden können.

Bewertung des Informationsflusses
- Fallbeispiel 3 -

● Montagemitarbeiter:
  ◆ *durch Mischen von manuellen und automatischen Stationen; das Montagesystem ist für MA unübersichtlich, es entsteht keine Transparenz über den Gesamtablauf; fachliche und soziale Kommunikation und Kooperation sind eingeschränkt*
  ◆ *außer den arbeitsplatz- und aufgabenbezogenen sind keine Informationen verfügbar*

MML / 38-2 SU

Abb. 5.29:   Bewertung des Informationsflusses

Besonders zu kritisieren ist die enge Bindung der Bereitsteller an die Technik, wie sie bei der manuellen Befüllung der Automaten und der Versorgung der Bereitstellpuffergassen auftritt, da sie keine Spielräume zur Gestaltung der Arbeit offen läßt.

Durch das Layout des Montagesystems, besonders im Bereich des Palettenbahnhofs, werden dem Ablauf nach zusammengehörende Montagebereiche voneinander getrennt. Für die Mitarbeiter entsteht dadurch ein unübersichtliches System, in dem von einem Arbeitsplatz zum anderen große Wege zurückzulegen sind (z.B. bei einem Platzwechsel) und außerdem fachliche und soziale Kontakte erschwert werden.

Gestaltungsvorschläge Fallbeispiel 3

Die Abbildung 5.30 zeigt eine Zusammenfassung der Gestaltungsvorschläge.

Gestaltungsvorschläge
- Fallbeispiel 3 -

Montagesystem

● Organisation, Struktur

   ◆ *Integration von Materialbereitstellungsaufgaben in die Montage (z.B. Holen oder Anfordern von Kleinteilen)*

   ◆ *Jobrotation zwischen anforderungsverschiedenen Arbeitsplätzen*

   ◆ *Integration von Prüffunktionen und Nacharbeit*

Materialbereitstellung

● Organisation, Materialfluß

   ◆ *Wahlfreie Anforderung von Teilen durch den Montagemitarbeiter bei gleichzeitiger automatischer Anlieferung*

● Technik

   ◆ *Änderung des technischen Bereitstellsystems, so daß mehr als zwei verschiedene Montageteile gleichzeitig angeliefert werden können*

MML / 41-2 SU

Abb. 5.30:   Gestaltungsvorschläge

Die Integration von Aufgaben der Materialbereitstellung in die Montage ist in einem Montagesystem, das wie das betrachtete einen automatisierten Materialfluß besitzt, nur mit Einschränkungen möglich. Soll beispielsweise anstatt des Systemversorgers der Montagemitarbeiter die Kleinteile selbst aus einem montagenahen Bereitstellager holen, so ist dies prinzipiell eine gute Möglichkeit die Monotonie eines Montagevorgangs zu unterbrechen. Im vorliegenden Fallbeispiel sind jedoch nur wenige Varianten zu montieren, so daß das bloße Holen von Teilen als anspruchslose und monotone Arbeit gelten kann.

Besser ist in diesem Fall die Einführung von Job Rotation zwischen anforderungsverschiedenen Arbeitsplätzen. Dabei können nicht nur Montagefunktionen sondern auch Tätigkeiten der Materialbereitstellung wie z.B. die des Systemversorgers oder eines Bereitstellers einbezogen werden. Allerdings werden solche Arbeitsplätze von den Mitarbeitern oftmals als minderwertig angesehen. Ein Arbeitsplatzwechsel der diese Aufgaben einschließt wird daher immer wieder als Degradierung empfunden. Eine vorgeschaltete Qualifizierung der Arbeitspersonen ist unbedingt notwendig, um den Betroffenen die Bedeutung dieser Arbeitsplätze zu vermitteln.

Die Integration von Prüf- und Verpackungsaufgaben in die Montage ist ebenfalls eine gute Möglichkeit, Belastungswechsel, eine zusätzliche Qualifizierung und eine größere Transparenz des gesamten Montageablaufs für die Mitarbeiter zu erreichen.

Einen großen Schritt in Richtung Selbstbestimmung in der Montage ermöglicht die wahlfreie Anforderung von Teilen durch die Mitarbeiter. Voraussetzung dafür ist allerdings die Ausstattung der Arbeitsplätze mit entsprechender Informationstechnik (z.B. Barcodelesern). Dabei kann die Anlieferung der Teile weiterhin automatisch erfolgen, indem mobile Datenträger auch für die Bereitstellung der Montageteile eingesetzt werden, d.h. am Bandanfang der anfordernde Arbeitsplatz als Zieladresse programmiert wird. Ein solch flexibel automatisiertes System schafft eine Arbeitsumgebung, die den Menschen von einseitig belastenden Handhabungsaufgaben entlastet, gleichzeitig verstärkt Denkanforderungen an ihn stellt und ihm eine größere Verantwortung für seine Arbeit überträgt.

Eine wesentliche Restriktion im Montagesystem des betrachteten Fallbeispiels ist die eingeschränkte Bereitstellung von nur zwei verschiedenen Montageteilen je Arbeitsplatz. Eine Vergrößerung der Montageinhalte und Verringerung in der Arbeitsteiligkeit im System wird durch eine Änderung des technischen Bereitstellsystems ermöglicht, so daß mehr als zwei Teile gleichzeitig bereitgestellt werden können. Insgesamt wird durch die größere Freiheit bei der Gestaltung von Montageumfängen und der Arbeitsaufgabe eine erhöhte Flexibilität bzgl. Produktvarianten, Stückzahlschwankungen und Personaleinsatz erreicht.

5.2.4   Fallbeispiel 4

Im Montagesystem von Fallbeispiel 4 werden großvolumige Produkte in kleinen
Stückzahlen unverkettet montiert.

Montagesystembeschreibung
Die Produktionsaufgabe des untersuchten Fallbeispiels besteht in der Montage eines
großvolumigen Produkts, das kundenspezifisch zur Auswahl steht. Es erfolgt nach
dem Prinzip der Baustellenmontage. In Abbildung 5.31 sind die wesentlichen Kenngrößen des Montagesystems zusammengestellt.

Montagesystem
- Fallbeispiel 4 -

● Systemtyp: *großvolumig, kleine Stückzahlen, unverkettet*
                          (Baustellenmontage)

● Produkt: *Textilmaschinen*

  ◆ Volumen: *$10 \times 2 \times 1,8 \, m^{3}$*
  ◆ Stückzahl: *80-140 Stück/Jahr*
  ◆ Gewicht: *je nach Variante: 2-4 t*
  ◆ Teileanzahl: *2500 Teile/Produkt*
  ◆ Variantenanzahl: *8 Varianten*
  ◆ Produktart :   *Einzelprodukt nach Kundenspezifikation*

● Organisation / Struktur :

  ◆ Auslösung des   *Kundenauftrag geht über zentrale*
    Montageauftrags: *Werkslogistik an Modulleiter*

  ◆ Werkstückfluß: *Produkt bleibt stationär im Endmontagebereich;*
                          Weitergabe aller Baugruppen auf KANBAN-
                          Plätze mittels Stapler oder Handwagen

  ◆ Anzahl der   *je 1 Modulleiter, 1 Modullogistiker*
    Arbeitsplätze: *14 Montagemitarbeiter*

  ◆ Arbeitsumfang: *zwischen 15 und 30 Std. je Montageaufgabe*

  ◆ Arbeitsteilung: *gering arbeitsteilige Einzelarbeitsplätze, teil-*
                          weise Springerfunktionen

  ◆ Arbeitsinhalte: *unterschiedlich, entsprechend den Montage-*
                          blöcken

● Montagetechnik :   *manuelle Montage im stationären Testrahmen,*
                          teilweise Unterstützung durch Montagevor-
                          richtungen

MML / 34 SU

Abb. 5.31:   Montagesystembeschreibung

Die Montageinhalte sind sehr abwechslungsreich. Einerseits ist die Montage von feinmechanischen und elektronischen Vormontagebaugruppen notwendig, andererseits müssen auch große Rahmenteile miteinander verschraubt oder verschweißt werden.
Das untersuchte Montagesystem ist auf die Montage einzelner Vormontagebaugruppen, die zu Testzwecken in einem stationären Testrahmen montiert werden, ausgerichtet.

Die nachfolgende Abbildung 5.32 zeigt den Testrahmen mit den zugehörigen montierten Vormontagebaugruppen.

Abb. 5.32:   Testrahmen mit Vormontagebaugruppen

Die Montage der Anlagen im untersuchten Montagesystem erfolgt in den Arbeitsschritten Vormontage, Endmontage und Demontage, wobei die Durchlaufzeit einer Anlage, basierend auf dem durchschnittlichen Produktionsprogramm, in der Montage 2 Wochen beträgt.
Eine grobe Strukturierung des Montagesystems zeigt Abbildung 5.33.

Das Montagesystem ist in einzelne Bereiche (Teilmodule), in denen jeweils eine prüfbare Vormontagebaugruppe fertiggestellt wird, aufgeteilt. Mehrere Teilmodule (TM) zusammengefaßt bilden eine Montagegruppe in der jeweils ein bis drei Montagemitarbeiter anforderungsähnliche Montagevorgänge durchführen.

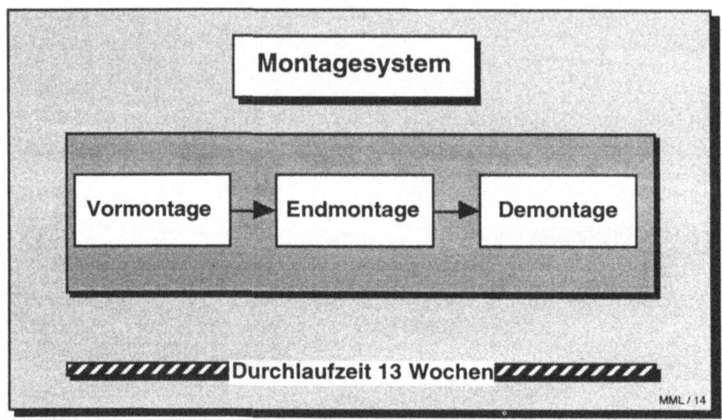

Abb. 5.33:   Schematische Darstellung des Arbeitssystems

Aufgrund der Größe des Produktes ist der Versand nicht ohne eine vorherige Demontage möglich. Die Demontage in verpackungsgerechte Einheiten wird daher am gleichen Ort wie die Endmontage und von denselben Mitarbeitern durchgeführt. In Abbildung 5.34 sind die einzelnen Teilmodule, die eine Montagegruppe bilden, durch gleiche Schraffur gekennzeichnet.

Die Teilmodule sind untereinander und mit der Endmontage über jeweils zwei Kanban-Plätze, entsprechend des Montageablaufs, verbunden. Der Mitarbeiter, der eine Vormontagebaugruppe verbaut, holt sich diese vom Kanban-Platz des entsprechenden Teilmoduls. Ein leerer Kanban-Platz wiederum löst die Montage einer neuen Vormontagebaugruppe aus. Abweichend vom reinen Kanban-Prinzip wird der leere Platz jedoch nicht mit derselben Variante aufgefüllt, sondern aufgrund der enormen Variantenvielfalt mit der Variante gemäß dem nächsten Kundenauftrag. Alle Kanban-Plätze sind übersichtlich an den Hauptverkehrswegen angeordnet. Jeder Mitarbeiter kann diese von seinem Arbeitsplatz aus einsehen.

In der Endmontage werden die Vormontagebaugruppen in ein stationäres Testgestell eingebaut und geprüft. Dieser Aufbau entspricht dem Endprodukt.

Der Montagebeginn wird durch die Weitergabe eines Kundenauftrags von der zentralen Werkslogistik im Hauptwerk an den Modulleiter (Meister) des Montagesystems ausgelöst.

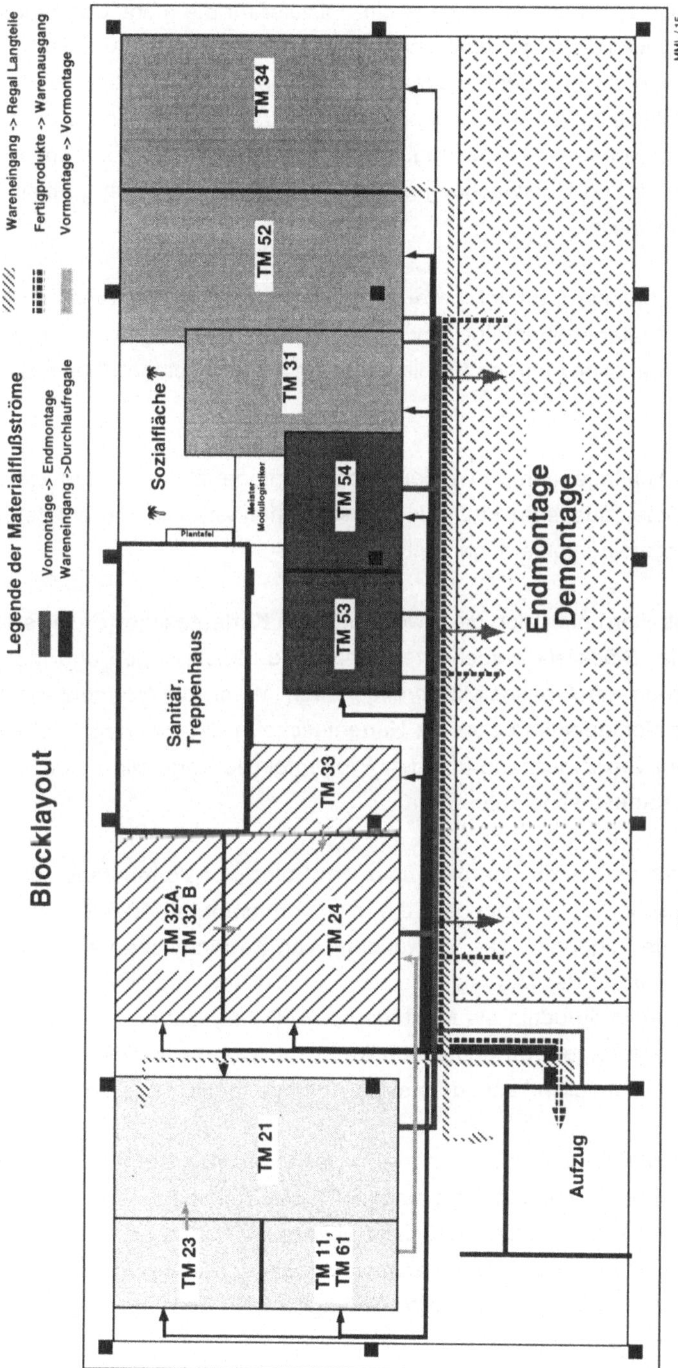

Abb. 5.34: Blocklayout des Montagesystems incl. qualitativem Materialfluß

Der Modulleiter ist zusammen mit einem Modullogistiker für die montagesysteminternen Vorgänge verantwortlich. Der Modulleiter hat die Aufgaben der Arbeitsorganisation, Reihenfolgeplanung und der Personalplanung. Der Modullogistiker ist für den Wareneingang (Bestellabgleich mit Stichprobenprüfung, Teile erfassen und umpakken), die Arbeitsvorbereitung, Teileverfügbarkeit und -abruf, Stammdatenpflege sowie die Durchführung und Überwachung der Materialbereitstellung im ganzen Montagesystem verantwortlich.

Die Reihenfolgegrobplanung erfolgt in der "Werkslogistik". Die "Montage" erhält als Information eine Montagereihenfolge sowie die frühesten Anfangstermine und die spätesten Endtermine aller Aufträge für die nächsten 10 Arbeitstage (Planungsraster 2 Wochen).

Für die einzelnen Montageaufträge werden in der Montage für jedes Montagemodul die Montagestücklisten ausgedruckt und in Kartentaschen an einer Kartentafel (Plantafel) in der Montagereihenfolge angebracht.

Die Montagemitarbeiter holen sich die jeweils nächste Kartentasche (Stückliste) und verbauen die in der Stückliste aufgeführten Einzelteile. Zeichnungen und Montageanweisungen werden am Arbeitsplatz bereitgehalten. Wenn die Vormontage beendet ist, steckt der Montagemitarbeiter die Kartentasche in die Planungstafel zurück. Sofern im Rahmen von Zwischenprüfungen Prüfprotokolle angefallen sind, werden auch diese in der Kartentasche aufbewahrt.

Der Modulleiter erhält so einen Überblick über den Stand der Vormontagetätigkeiten. Sind alle Kartentaschen zurückgegeben, d.h. alle Vormontagen fertiggemeldet, wird mit der Endmontage begonnen. Die Verwendung von Kartentaschen ermöglicht die Sammlung aller während der Montage erstellten Stücklisten und Prüfprotokolle, die gegebenenfalls dem Endprodukt als Montageprotokoll beigegeben werden können. Durch den Einsatz farbiger Kartentaschen kann die Übersichtlichkeit verbessert werden. So ist es z.B. möglich besonders eilige Aufträge farblich zu kennzeichnen.

Zur Erfüllung der Montageaufgabe werden in den einzelnen Montagegruppen 14 Mitarbeiter, ausschließlich Facharbeiter, eingesetzt. Die Teilmodule sind dergestalt in Montagegruppen zusammengefaßt, daß Mitarbeiterqualifikation und Teilecharakteristik je Gruppe gleiche oder ähnliche Merkmale besitzen. Die unterschiedlichen Anforderungen an die Mitarbeiter und ihre Verteilung auf die einzelnen Montagegruppen zeigt Abbildung 5.35.

Montageblock	Montageaufgabe / Montageablauf	Mitarbeiter-qualifikation	Teilecharak-teristik
I — TM 24, TM 32a, TM 32b, TM 33	Teilmodule werden an TM 72 montiert	●●	 (kg, kg)
II — TM 11, TM 23, TM 61	klippsen, schrauben, Pneumatikschläuche und Ventile verlegen	●●	 (klein / kg)
II — TM 21	schrauben, nieten	●	 (sperrig)
III — TM 31, TM 34, TM 52, Hand-magazin	schrauben, nieten	●	 (kg / sperrig)
IV — TM53	justieren, einstellen, Funktion prüfen	●●	(klein)
IV — TM54	justieren, einstellen, Funktion prüfen	●●●	(klein)
V — Steuer-schrank	verkabeln, löten	●●	 (Elektronik)
VI — Endmon-tage, De-montage	ganzheitliche Arbeitsaufgabe	●●●	 (Endmontage)

Legende:

●	hohe Anforderungen	(sperrig)	sperrig
●●	höhere Anforderungen		
●●●	höchste Anforderungen	 kg	schwer
 (Endmontage)	Endmontage	 kg kg	sehr schwer
 (Elektronik)	Elektronik	(klein)	klein

MML / 16

Abb. 5.35: Aufteilung der Montagegruppen

Die Mitarbeiter im Montagesystem werden in der Regel in maximal zwei verschiedenen Montagegruppen eingesetzt. Ausfälle einzelner Mitarbeiter durch Krankheit, Urlaub usw. können auf diese Weise aufgefangen werden. Ein Mitarbeiter der nur zu 60% ausgelastet ist, fungiert als Springer für Engpaßbereiche.

Begründet durch die geringe Stückzahl und die hohen Arbeitsinhalte ist der Automatisierungsgrad im Arbeitssystem sehr gering. Um die vielfältigen Montageaufgaben zu vereinfachen und zu beschleunigen, sind für die meisten der Montagearbeitsplätze spezielle Montagevorrichtungen vorhanden. Hierbei handelt es sich um relativ einfache Montagegestelle zur Aufnahme und Justage von Langteilen.

Für technisch aufwendige Montagefunktionen, die in mehreren Montagegruppen durchzuführen sind (z.B. Fügen durch Kleben), gibt es jeweils eine gemeinsame Arbeitsstation auf die alle Mitarbeiter zugreifen können (z.B. Klebestation). Weitere Montagehilfen sind teilweise Scherenhubtische die eine Positionierung großer oder schwerer Vormontagebaugruppen in einer ergonomisch günstigen Lage ermöglichen. In Teilmodulen, in denen Teile oder Vormontagen mit einem Gewicht über 12 kg verbaut werden, sind Hebezeuge geeigneter Art vorhanden.

Materialbereitstellung
Aufgrund der relativ geringen Anzahl an Bereitstellvorgängen kann die Aufgabe der Materialbereitstellung und Teilebestellung im Montagesystem durch einen Mitarbeiter erledigt werden, dem sogenannten Modullogistiker.

Die Grundlage für die Strategien der Materialbereitstellung und der Auslösung des Teileabrufs bzw. der Teilebestellung in vorgelagerten Bereichen, anderen Werken oder bei Zulieferern, bildet eine Teileklassifizierung nach X-, Y- und Z- Teilen. Von dieser Klassifizierung sind die Vormontagebaugruppen, die nach dem Kanban-Prinzip in der Endmontage bereitgestellt werden, ausgenommen. In Abhängigkeit verschiedener Kriterien existiert daher für jedes Teil bzw. für die Teileklasse eine geeignete Bereitstell- und Beschaffungsstrategie. Abb. 5.36 zeigt die den Bereitstell- und Beschaffungscode bestimmenden Kriterien sowie die zugehörigen Strategien. Ergänzend dazu sind in Abbildung 5.37 die Teilearten und Arbeitsplätze der Materialbereitstellung zu entnehmen.

Zum Beispiel wird ein X-Teil mit einer Länge, Breite oder Höhe größer 1 m und einer Verwendungshäufigkeit von kleiner 0,25 %, bezogen auf die Anzahl der montierten Produkte, bedarfsgesteuert bereitgestellt und nach Kundenauftrag gefertigt oder bestellt.

Code	Wiederbeschaffung > 40 Tage	A-Teil	Volumen L,B,H > 1.000 mm	Exote Stk./Jahr ≤ 0,25%	Bereitstellstrategie	Bestellstrategie
X			✓	✓	Bedarf	Kundenauftrag
X		✓	✓	✓	Bedarf	Kundenauftrag
X		✓		✓	Bedarf	Kundenauftrag
Y	✓	✓			Bedarf	Prognose
Y	✓	✓	✓		Bedarf	Prognose
Y	✓		✓	✓	Bedarf	Prognose
Y	✓	✓		✓	Bedarf	Prognose
Y	✓	✓	✓	✓	Bedarf	Prognose
Z		✓			Verbrauch	teilorientiert
Z		✓	✓		Verbrauch	teilorientiert
Z			✓		Verbrauch	teilorientiert
Z				✓	Verbrauch	teilorientiert
Z	✓		✓		Verbrauch	teilorientiert
Z	✓			✓	Verbrauch	teilorientiert
Z	✓				Verbrauch	teilorientiert
Z					Verbrauch	teilorientiert

MML / 17

Abb. 5.36:   Bereitstell- und Bestellstrategien

Materialbereitstellung
- Fallbeispiel 4 -

- Teilearten: *X- und Y-Teile; Z-Teile, Vormontagebaugruppen*

- Anzahl Arbeitsplätze: *1 Modullogistiker*
  14 Montagemitarbeiter

- Arbeitsinhalte:

  - Modullogistiker: *Bereitstellung der Teile im Montagesystemlager, Durchlaufregalen und Rollwägen; Teilebestellung*
  - Montagemitarbeiter: *Bereitstellung aus den Durchlaufregalen an den Arbeitsplatz; Fehlteile bei Modullogistiker anfordern; fehlerhafte Teile aussondern*

MML / 13

Abb. 5.37:   Teilearten und Arbeitsplätze in der Marterialbereitstellung

Das Montagesystem ist dergestalt strukturiert, daß alle Teilmodule einer Montagegruppe nebeneinander liegen (siehe auch Abb. 5.34). Um die Übersichtlichkeit im Arbeitssystem zu gewährleisten sind die Montagegruppen weitgehend um die Endmontage gruppiert. Hieraus resultieren minimale Bereitstellwege die eine zügige Bereitstellung der Vormontagebaugruppen ermöglichen. Bei der Anordnung der Montagegruppen wurden diejenigen mit einer größeren Anzahl an Bereitstellvorgängen näher am Wareneingang plaziert als diejenigen mit geringeren Anzahl. Daraus ergibt sich ein weitgehend kreuzungsfreier und wegoptimierter Materialfluß.

Der Großteil des Materials wird in Durchlaufregalen, die in jedem Teilmodul griff-
günstig angeordnet sind, bereitgestellt. Materiallagerung in den Durchlaufregalen
erfolgt nach dem Prinzip der typenreinen Gassenpuffer. Da die Speicherkapazität im
Durchlaufregal begrenzt ist, wird sichergestellt, daß es in der Montage nicht zur An-
häufung von Material ("Teileburgen") kommt. Die nicht in den Durchlaufregalen bereitgestellten Teile befinden sich in größeren Behältern, Paletten, Kragarmregalen
und Rollbehältern (Kleinteile) im Montagebereich. In der Montage befinden sich
keine weiteren Materialpuffer, wodurch eine doppelte Materialhandhabung entfällt.
Abbildung 5.38 zeigt eine Zusammenfassung des Ablaufs der Materialbereitstellung
ausgenommen des Materialflusses 3. Ordnung (Vormontage => Endmontage) der
fertig montierten Vormontagebaugruppen.

Nach Eingang des Montageauftrags im Montagesystem, in Form einer Auftragsbe-
gleitmappe, sorgt der Modullogistiker für die Bereitstellung aller notwendigen Teile in
den Teilmodulen.
Fehlteile werden aus dem Zentrallager des Hauptwerks per LKW ins Nebenwerk
transportiert, wo sie in kürzester Zeit durch den Modullogistiker aus einem Puffer der
Warenannahme in die Durchlaufregale, Rollwägen usw. der einzelnen Teilmodule
eingelagert werden. Aus diesen wiederum entnimmt der Montagemitarbeiter die jeweils zur Erfüllung der Montageaufgabe benötigten Teile. Ist die Vormontagebaugruppe komplett montiert, wird diese auf dem Kanban-Platz des Teilmoduls abgelegt
und bei Bedarf dort von einem Mitarbeiter der Endmontage entnommen.

An jedem Lagerbehälter ist eine "Kanban-Karte" angebracht und an den einzelnen
Gassen der Durchlaufregale sind Ablagefächer für Kanban-Karten vorhanden. Wenn
die Anzahl der Kanban-Karten die Abrufzahl erreicht hat, wird der Teileabruf durch
den Modullogistiker ausgelöst. Mittels des auf der Kanban-Karte aufgedruckten Barcodes wird die Bestellung (on-line) an das, organisatorisch wie ein Zulieferer behan-
delte, Hauptwerk übermittelt.

Die Vorteile des Kanban-Abrufs liegen in

o   der Transparenz des Ablaufes,
o   der übersichtlichen Bedarfsanforderung,
o   der einfachen Handhabung.

Fallbeispiel 4		Materialfluß: a) X-, Y-Teile; b) Z-, Kleinteile		
		2. Ordnung	3. Ordnung	4. Ordnung
Organisation/Materialfluß	Ort — Quelle	Warenannahme		Puffer am Arbeitsplatz
	Ort — Senke	Puffer am Arbeitsplatz		Teil montieren
	Prinzip	a) nach Bedarf b) nach Verbrauch		nach Verbrauch
	Funktionsträger — planen, disponieren	Modullogistiker		
	Funktionsträger — auslösen	Modullogistiker		
	Funktionsträger — ausführen	Modullogistiker		Montagemitarbeiter
Technik/Informationstechnik	Lagertechnik — Quelle	Block-Pufferlager		
	Lagertechnik — Senke	a) Durchlaufregal b) Rollwagen		
	Fördertechnik	LKW, Gabelstapler, Handwagen		
	Bereitstelltechnik	Behälter		Hebezeug, manuell
	Informationstechnik	Auftragsbegleitmappe, Barcode (on-line)		Sichtkontrolle

MML / 19

Abb. 5.38:   Ablauf der Materialbereitstellung

Aufgrund der Verwendung von Durchlaufregalen können die Teilmodule bis auf wenige Behälter (Paletten, Langteile, ...) von den Hauptverkehrswegen aus beschickt werden. Hierdurch werden die Arbeitsabläufe und -flächen nicht durch die Materialbereitstellung gestört.

Alle verwendeten Lager- und Transporthilfsmittel entsprechen firmenspezifisch ausgewählten und standardisierten Normbehältern. Der Transport des Materials erfolgt mittels Handwagen oder Elektrostapler. Für besonders lange Teile wird ein Langteilestapler verwendet. Die Langteile werden in platzsparenden Kragarmregalen bereitgestellt. Alle voluminösen Vormontagebaugruppen sind rollbar und von einem Montagemitarbeiter zu handhaben. Eine sehr schwere Vormontagebaugruppe wird mittels eines Gabelstaplers in der Endmontage bereitgestellt.

Die Durchlaufregale besitzen vier Ebenen. Drei Ebenen dienen der Materialbereitstellung und eine der Entsorgung leerer Behälter. Nachfolgende Abbildung 5.39 zeigt das Prinzip eines Durchlaufregals.

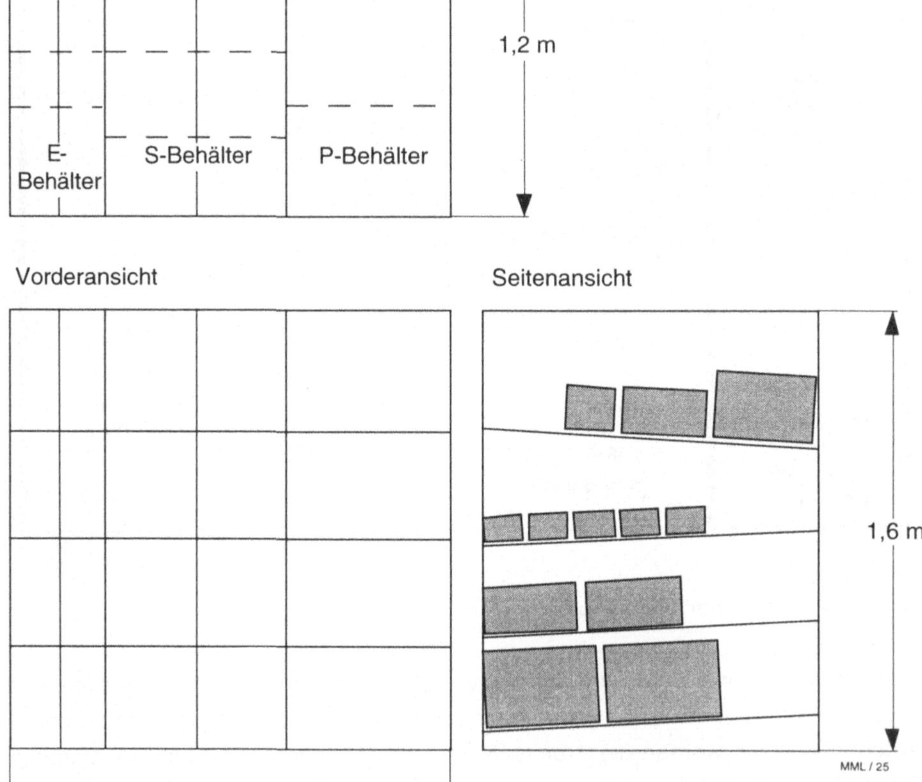

Abb. 5.39: Prinzip eines Durchlaufregals

Drei Arten von Behältern mit genormten Abmessungen werden im Durchlaufregal bereitgestellt. Die Anzahl an Teilen pro Behälter wurde normiert auf 1, ..., 5, 10, 15, 20, 30, 40, 50, 100, 150, 200, ..., 1000, 1500, ... Bedingt durch die Begrenzung des maximalen Behältergewichts auf 12 kg und die geringe Höhe von 1,6 m des Durchlaufregals kann eine manuelle Befüllung und Materialentnahme ohne Hilfsmittel von einem Mitarbeiter durchgeführt werden.

Bewertung Fallbeispiel 4
Eine Zusammenfassung der Bewertung der Kriterien Technik und Systemergonomie, Organisation und Arbeitsautonomie sowie Informationsfluß findet sich in den Abbildungen 5.40 bis 5.42.

Bewertung der Technik, Systemergonomie
- Fallbeispiel 4 -

- Montagemitarbeiter:
  - *teilweise schwere Muskelarbeit, aber ausreichend Belastungswechsel zwischen Bereitstellungs-, Rüst-, Handhabungs- und Montagetätigkeiten*
  - *nur eingeschränkte ergonomische Gestaltung möglich, aber ergonomisch gestaltete Kleinteilewagen und -behälter; Unterstützung durch Hebevorrichtungen und Krane*
- Modullogistiker:
  - *Belastungswechsel durch verschiedene dispositive und ausführende Tätigkeiten*

MMI / 36-4 SU

Abb. 5.40:   Bewertung der Technik, Systemergonomie

Von den Montagemitarbeitern ist, aufgrund der Größe des Produkts und der zu montierenden Teile, teilweise schwere Muskelarbeit zu leisten. Außerdem bedingt die große Komplexität der Montage psychische Belastungen durch hohe Aufmerksamkeitserfordernisse. Der Zeitanteil dieser Teiltätigkeiten ist jedoch verhältnismäßig gering, da sich Rüst-, Handhabungs- und Montagetätigkeiten miteinander abwechseln, so daß in diesem System in der Regel nicht von beeinträchtigenden psychischen oder physischen Belastungen gesprochen werden kann. Ergonomische Gesichtspunkte sind in der Materialbereitstellung insoweit berücksichtigt, als daß Kleinteile auf Kleinteilewagen in Bereitstellbehältern, größere Montageteile in Behältern, die befüllt maximal ein Gewicht von 12 kg haben, in ergonomisch gestalteten Durchlaufregalen untergebracht sind.

Die großen Arbeitsinhalte bei der Montage der großvolumigen Maschinen erfordern eine hohe Qualifikation der Mitarbeiter. Aus diesem Grund kommen im untersuchten

Montagesystem Facharbeiter zum Einsatz, welchen bei der Ausführung der Montageaufgabe eine große Eigenverantwortung und Selbstbestimmung übertragen ist.

Bewertung der Organisation, Arbeitsautonomie
- Fallbeispiel 4 -

● Montagemitarbeiter: ◆ *hohe Qualifikation erforderlich*
                       ◆ *große Eigenverantwortung und -bestimmung*
                       ◆ *Integration der Materialbereitstellung am Arbeitsplatz*
                       ◆ *dezentrale Lagerung von Teilen je Modul*
                       ◆ *prinzipielle Trennung der Montage von der Disposition*
                       ◆ *geringe dispositive Aufgaben (Fehlteile);*
                         keine Bestellung von Teilen

● Modullogistiker: ◆ *Durchführung der Materialbereitstellung und der*
                         Disposition für das System

MML / 37-4 SU

Abb. 5.41:   Bewertung der Organisation, Arbeitsautonomie

Die Materialbereitstellung wird in der Regel über dezentral in jedem Teilmodul angeordnete Durchlaufregallager gesteuert. Aus diesen Regalen entnimmt der Mitarbeiter
die benötigten Teile und fordert Fehlteile beim Modullogistiker nach. Der Materialfluß
zwischen Vor- und Endmontage ist mit Hilfe von Kanban-Plätzen und Montageaufträgen in einem sich selbst steuernden, durch den Einsatz der Plantafel visualisierten
Regelkreis organisiert. Alle anderen dispositiven Aufgaben gehören zum Aufgabenbereich des Modullogistikers, der auch die physische Materialbereitstellung in den
Durchlaufregalen durchführt.

Bewertung des Informationsflusses
- Fallbeispiel 4 -

● Montagemitarbeiter   ◆ *alle Mitarbeiter haben Zugriff auf die*
  und Modullogistiker: *Informationen an der Plantafel*
                        ◆ *papier-gestützter Informationsfluß mit farbigen*
                          Karten zur besseren Übersichtlichkeit
                        ◆ *KANBAN-Karten für Baugruppen*
                        ◆ *Montageablauf ist allen bekannt*
                        ◆ *kurze Informationswege*
                        ◆ *Montagesystem aufgrund der räumlichen*
                          Gestaltung gut zu überblicken

MML / 38-4 SU

Abb. 5.42:   Bewertung des Informationsflusses

Der Informationsfluß im System wird aus mehreren Gründen schnell und übersichtlich bewerkstelligt. Zum einen haben die einzelnen Mitarbeiter aufgrund der aufgelockerten räumlichen Gestaltung des Montagesystems und der Anordnung der Montagegruppen in der Nähe der Endmontage einen guten Überblick über den Montageablauf und die Informationswege sind denkbar kurz. Zum anderen ermöglicht die zentrale Anordnung der Plantafel im Bereich einer in die Montage integrierten Sozialfläche die Möglichkeit der schnellen, informellen und umfassenden Information eines jeden Montagemitarbeiters.

Gestaltungsvorschläge Fallbeispiel 4
Abbildung 5.43 zeigt die Zusammenfassung der Gestaltungsvorschläge für Fallbeispiel 4.

Gestaltungsvorschläge
- Fallbeispiel 4 -

Montagesystem

- Organisation, Struktur
  - *Ersatz des Modullogistikers durch Bildung von Gruppen, die auch Disposition und Materialbereitstellung übernehmen*

Materialbereitstellung

- Organisation, Materialfluß
- Technik
  - *ausreichende Unterstützung der Montage durch Hubtische und Hebevorrichtungen*
  - *Ersetzen der "Papierlösung" durch ein EDV-System ermöglicht größere Entscheidungs- und Tätigkeitsspielräume für die Mitarbeiter (z.B. Bestellen von Teilen direkt beim Zulieferer)*

MML / 41-4 SU

Abb. 5.43:   Gestaltungsvorschläge

Durch die Übertragung von dispositiven und operativen Materialbereitstellungsaufgaben des Modullogistikers an Mitarbeitergruppen, die idealerweise den bisherigen Montagegruppen entsprechen, könnten bspw. Fehlteile in den Durchlaufregalen schneller erkannt, Teilebestellungen noch mehr am Bedarf orientiert ausgelöst und die Einflußmöglichkeiten und Entscheidungsspielräume der Werker vergrößert werden. Nachteilig wirkt sich bei dieser Lösung allerdings der erhöhte Bedarf an Koordination der Mitarbeiter aus. Dieser Aufwand wird jedoch bei Einführung eines EDV-Systems, auf das alle Mitarbeiter Zugriff haben, wieder erheblich reduziert. Ein Ersetzen der Plantafel mit Auftragspapieren durch ein EDV-gestütztes System, das dieselben Daten enthält und über dezentrale Terminals für alle Mitarbeiter verfügbar ist, ermöglicht somit größere Entscheidungsspielräume und Eigenverantwortung für das Personal. D.h. es kann dann beispielsweise durch die Montagegruppen direkt eine Bestellung von Teilen beim Zulieferer erfolgen.

5.2.5   Fallbeispiel 5

In Fallbeispiel 5 werden großvolumige Produkte in kleinen Stückzahlen mit FTS flexibel verkettet montiert.

Montagesystembeschreibung
Die Aufgabe des in Fallbeispiel 5 untersuchten Arbeitssystems besteht in der Montage einer komplexen Baugruppe. Mehrere dieser Baugruppen bilden in einer bestimmten Folge hintereinander montiert die komplette Anlage. Darüber hinaus können die Baugruppen an verschiedenen Stellen in die Produkte eingebaut werden und unterscheiden sich daher nach der Position, die sie später innerhalb der Maschinen einnehmen. Die Produkte gliedern sich in fünf sehr unterschiedliche Typreihen, die eine hohe kundenspezifische Varianz ausweisen. Das heißt, der Kunde kann aus einer großen Palette von vorgegebenen Optionen wählen.

Abbildung 5.44 zeigt eine Zusammenfassung der Beschreibung des Montagesystems. Die Angaben zum Produkt beziehen sich dabei auf die im System montierten Baugruppen.

Die Montage wird in einem zentralen Bereich, der sogenannten Zentralmontage, in der 240 Werker täglich ca. 100 Baugruppen im 1 1/2 Schicht-Betrieb montieren, durchgeführt. Sie wird für jeden Typ in vier bis acht Montageabschnitte abgewickelt. Zu einem Abschnitt gehören eine oder mehrere möglichst nahe nebeneinander liegende Arbeitsstationen. Der Einsatz der Mitarbeiter wird durch Werkeranforderungen initiiert und durch einen oder mehrere Werkerdisponenten organisiert. D.h. die Werkerdisponenten bestimmen die Abläufe im Arbeitssystem in dem sie den Werkeranforderungen Werker zuordnen.

In der Vergangenheit waren die Werkerdisponenten der Fertigungssteuerung zugeordnete Mitarbeiter, die die Aufgaben der Werkstattsteuerung wahrnahmen. Inzwischen wird unter Disponent bzw. Werkerdisponent ein ebenfalls der Fertigungssteuerung zugehöriges EDV-System verstanden, das die nachfolgend beschriebenen Funktionen ausführt.

Am Ende jeder Abschnittsmontage (vgl. Abb. 5.45) befinden sich Terminals des Systems, so daß die Mitarbeiter jederzeit in nächster Nähe ihres Arbeitsplatzes Zugriff auf die Werkerdisponenten haben. Die Werkeraufträge sind im allgemeinen Montageaufgaben. Nach Ankunft einer Baugruppe in einer Station wird ein (oder mehrere) Werker für diese Bearbeitung angefordert. Dies wird dem zugeordneten Disponenten mitgeteilt. In der Auftragsliste des Disponenten wird der Auftrag ausgewählt, der den frühesten Termin innerhalb dieser Montageaufgabe besitzt, am längsten auf seine Bearbeitung wartet und der vom Werker ausgeführt werden kann.

Montagesystem
- Fallbeispiel 5 -

● Systemtyp: *großvolumig, kleine Stückzahl, verkettet*
                       (Boxenmontage)

● Produkt: *Druckmaschinen*

   ◆ Volumen (LxBxH): *von 1,0 x 0,8 x 1,5 bis 2,0 x 2,0 x 2,5 m ^{3}*
   ◆ Stückzahl: *ca. 25.000 Stück/Jahr*
   ◆ Gewicht: *400 - 1000 kg*
   ◆ Teileanzahl: *> 500 Teile/Produkt*
   ◆ Variantenanzahl: *5 Typen mit je 20 Varianten*
   ◆ Produktart :   *Standardprodukt mit kundenspezifischen*
                       Wünschen

● Organisation / Struktur :

   ◆ Auslösung des   *Disponent wählt aus Auftragsliste*
     Montageauftrags: *nächsten Auftrag aus*

   ◆ Werkstückfluß: *Transport mit FTS-Carrier von einem*
                       Montage-Abschnitt zum Nächsten

   ◆ Anzahl der   *ca. 240 Montagearbeiter, die sich in spezialisier-*
     Arbeitsplätze: *te und flexible Werker sowie Springer aufgliedern*

   ◆ Arbeitsumfang: *max. 300, durchschnittlich 150 min/Stück*

   ◆ Arbeitsteilung: *Einzelarbeitsplätze mit Komplettmontage bis*
                       300 min/Aufgabe

   ◆ Arbeitsinhalte: *vorbereiten, montieren, justieren, prüfen, nach-*
                       arbeiten, Material nachfordern , z.T. bereitstellen.

● Montagetechnik :   *manuelle Montage am Platz unter Zuhilfenahme*
                       von abschnittsspezifischen Hilfsvorrichtungen
                       und Handhabungsgeräten

                                                            MML / 44 SU

Abb. 5.44:   Montagesystembeschreibung

Der Werkstückfluß im Montagesystem wird aufgrund von frei werdenden Stellplätzen in den Stationen oder Puffern gesteuert. Die freien Stellplätze werden an einen der Werkstückdisponenten (Werkstattsteuerung) weitergeleitet. Der Disponent ordnet den Werkstücken Stellplätze zu. Anschließend gibt er dem Transportsystem den Ort bekannt, wo die Baugruppe abgeholt werden soll und das Ziel des Transports, wohin sie gebracht werden soll. Das Transportsystem sorgt dann selbständig für die Erledigung des Transportauftrags.

Für den Werkstückfluß ist die Art der Werkergruppe und die Montagegruppe nur beim Transport in Folgebereiche wichtig. Baugruppen können nur in Stationen von Montageplatzgruppen transportiert werden, in denen sie die nächste erforderliche Bearbeitung erfahren können. Die Baugruppen werden einzeln von einem FTS-Carrier zur Station gebracht, dort seitlich nach dem Taxi-Prinzip abgesetzt und anschließend, nachdem der Carrier die Station verlassen hat, bearbeitet. Das entsprechende Material wird diesem Abschnitt zugeführt und einem Werker mit entsprechenden Kenntnissen zugesteuert. Je nach der definierten Arbeitsteilung sind Arbeitszeiten zwischen 10 und 300 min vorgesehen, wobei ein Durchschnitt von ca. 150 min die Regel ist. In einem Abschnitt können, falls der Arbeitsumfang für einen Werker zu groß ist, z.B. größer 300 Minuten, mehrere Bearbeitungen nacheinander auch von verschiedenen Werkern ausgeführt werden. Jede der Bearbeitungen im Abschnitt wird als Unterabschnitt (Montageaufgabe) definiert. Die Unterabschnitte werden von der Steuerung genauso wie Abschnitte behandelt. Der einzige Unterschied besteht darin, daß zwischen den Unterabschnitten keine Transporte stattfinden.

Das Layout ist, wie Abbildung 5.45 zeigt, rasterartig gegliedert.

Dieses Layout wird zunächst überlagert mit dem sogenannten "Produktionsmodell". Dieses beschreibt den logischen Ablauf der Montage und somit den Fluß des Produkts durch das Layout.
In Abbildung 5.46 ist dieses Produktionsmodell für eine Typfamilie beispielhaft dargestellt. Man erkennt, daß die Gesamtmontage in die Abschnitte C, D, E, H und K gegliedert ist. Abschnitt C umfaßt in diesem Beispiel 11 Werker und 16 Arbeitsstationen, Abschnitt D umfaßt 9 Werker und 13 Stationen usw.
Als nächstes muß dafür gesorgt werden, daß ein Werker mit der richtigen Qualifikation zugeordnet wird. Diese Zuordnung ist ebenfalls in Abbildung 5.46 dargestellt. Sie ist dort gekennzeichnet als "WRD". Diese Abkürzung steht für "Werkerdisponent". In dieser Darstellung ist dem Arbeitsinhalt des "C" der Disponent "WRD 18" zugeordnet. Dieser verwaltet und steuert die Werker in den Stationsbereichen mit den Nummern 69, 70 und 71.

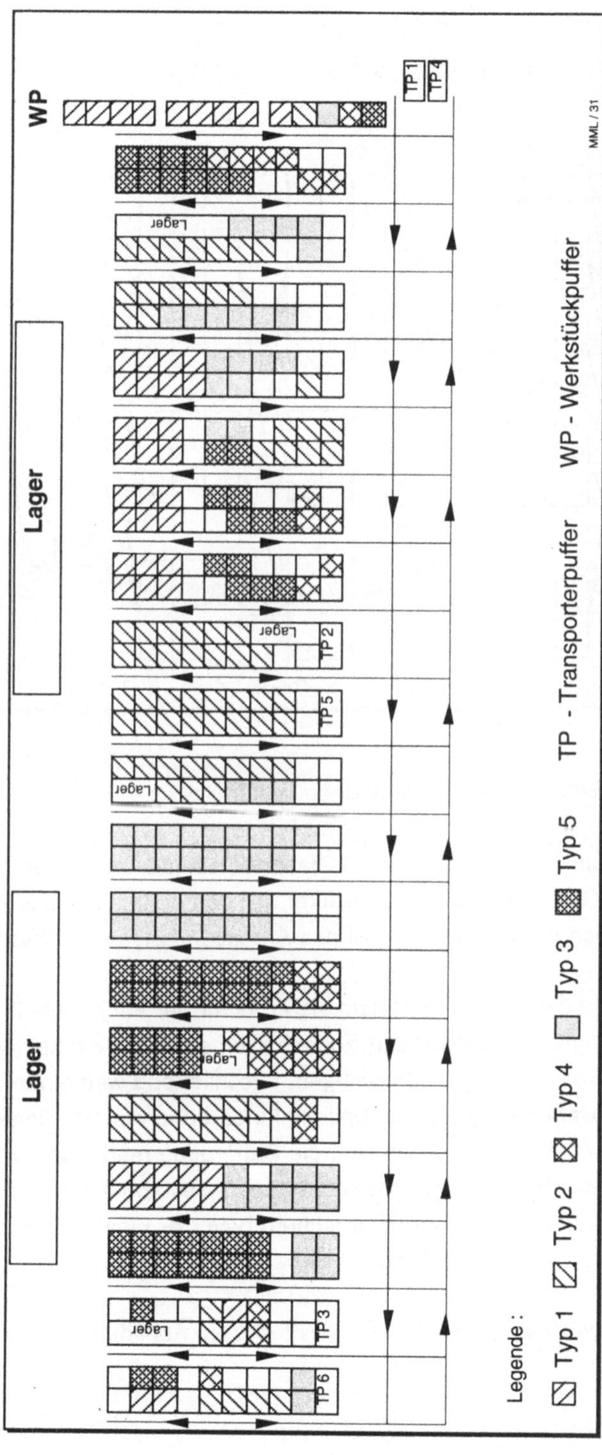

Legende :

Typ 1   Typ 2   Typ 3   Typ 4   Typ 5   TP - Transporterpuffer   WP - Werkstückpuffer

Abb. 5.45:   Schematisches Layout des Montagesystems

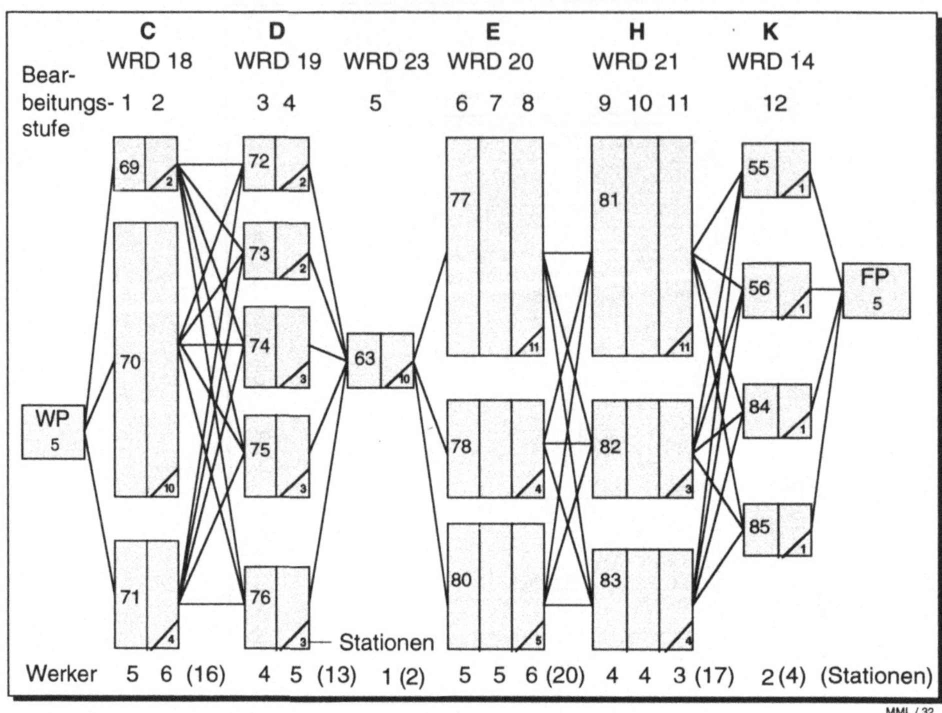

Abb. 5.46:   Beispielhafter Montageablauf einer Typfamilie

Es sind dies insgesamt 11 Werker, die in 16 Stationen eingesetzt werden. Außerdem berücksichtigt "WRD 18", daß fünf dieser Werker nur den ersten Teil des Arbeitsumfangs, 6 Werker jedoch nur den letzten Teil des Arbeitsumfangs von Abschnitt C beherrschen.

Für eine Baugruppe bedeutet dies, nachdem sie an einer der auf Abschnitt C spezialisierten Stationen abgesetzt wurde, daß zunächst einer der 5 Werker zugeordnet wird, die den ersten Teil der Aufgabe bewältigen, anschließend wird einer der 6 Werker zugeteilt, die den zweiten Teil des Arbeitsumfangs beherrschen. Danach ist der Arbeitsinhalt von Abschnitt C abgeschlossen, die Baugruppe muß zum nächsten Abschnitt transportiert werden, wo der Disponent "WRD 19" zunächst einen der vier Werker zusteuert, die den ersten Teil beherrschen, bevor er einen der 5 Werker zusteuert, die den zweiten Teil dieses Abschnittes beherrschen.

Dieser Ablauf der Ereignisse innerhalb einer Station ist in Abbildung 5.47 dargestellt.

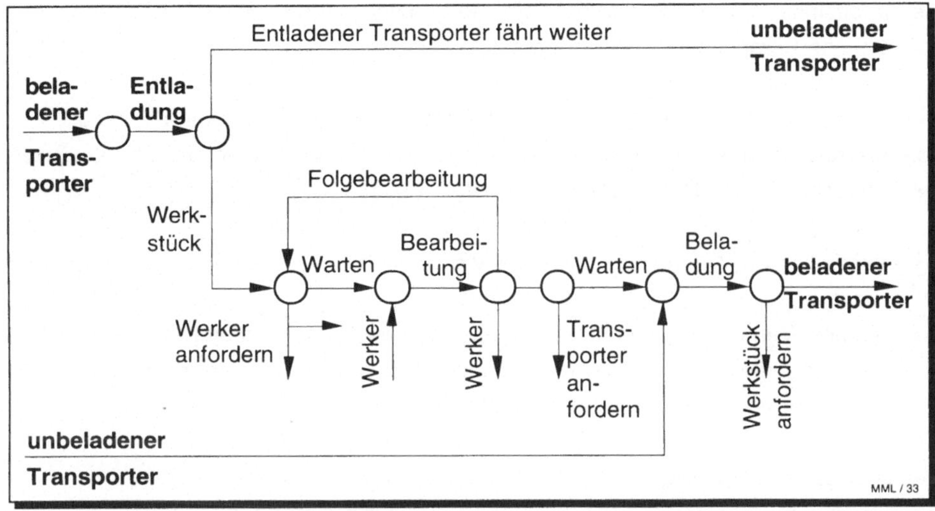

Abb. 5.47:   Abläufe in einer Arbeitsstation

Die Folge von Abläufen innerhalb einer Station beginnt mit der Ankunft eines mit einer Baugruppe beladenen Fahrzeugs. Nach dem Absetzen des Werkstücks auf einer
Palette, direkt auf dem Boden, erhält das Fahrzeug als "unbeladener Transporter" ein
neues Ziel und entfernt sich. Unmittelbar nach dem Absetzen fordert das Werkstück
einen Werker an. Das Werkstück wartet nun auf diesen. Der Werkerdisponent prüft
ob ein Werker der ersten Arbeitsstufe dieses Abschnitts sofort verfügbar ist (auf Arbeit
wartet) kann ein solcher gefunden werden wird dieser sofort zugesteuert. Andernfalls
(dies ist wesentlich wahrscheinlicher) wartet das Werkstück, bis ein Werker verfügbar
ist und ihm zugeordnet wird.

Nachdem der Werker in der Arbeitsstation eintrifft, beginnt die Bearbeitung, z.B. mit
der Stufe eins in Abschnitt C. Der Werker arbeitet nun bis der Auftrag abgeschlossen
ist. Danach verläßt der Werker die Arbeitsstation. Der Disponent (WRD 18) erkennt,
ob weitere Bearbeitungen notwendig sind und führt ggf. den nächsten Werker der
selben Arbeitsstufe zu. Der Ablauf Warten und Bearbeiten wiederholt sich.

Sind alle Arbeiten einer Stufe abgeschlossen, folgt eine weitere Stufe in gleicher
Weise. Erst wenn alle Arbeiten eines Abschnitts durchgeführt sind, wird das Werkstück für den Transport freigegeben. In diesem Fall wird ein unbeladener Transporter
angefordert, das Werkstück wartet bis zu dessen Eintreffen. Danach wird dieser bela-
den und verläßt mit dem Werkstück die Station. Diese fordert dann ein neues Werkstück an, der Ablauf wiederholt sich. Zur Erreichung größtmöglicher Flexibilität sind

die Arbeitsinhalte in der Zentralmontage so konzipiert, daß sie innerhalb eines Abschnitts eine Komplettmontage umfassen.

Die im untersuchten Montagesystem eingesetzten Mitarbeiter sind in der Regel Angelernte oder fachfremde Facharbeiter und können in drei unterschiedliche Gruppen mit unterschiedlichen Qualifikationen eingeteilt werden:

o   spezialisierte Werker, die in nur einem Unterabschnitt eines Typs eingesetzt werden,

o   flexible Werker, die in mehreren Abschnitten eines Typs arbeiten können und

o   Springer, die für mehr als eine Montageaufgabe qualifiziert sind und in Abschnitten mehrerer Typen beschäftigt werden können.

Materialbereitstellung

Im untersuchten Montagesystem sind, wie Abbildung 5.48 zeigt, drei verschiedene Teilearten, Werkstücke, Kommissionierteile und Kleinteile bereitzustellen.

Materialbereitstellung
- Fallbeispiel 5 -

Teilearten: Werkstücke, Kommissionierteile, Kleinteile
Anzahl   Transporteure, Kommissionier- / Lager-
Arbeitsplätze: arbeiter, Montagemitarbeiter
Arbeitsinhalte:
Kommissionierer: Einlagern, Auslagern, Kommissionieren in
                       diversen Lagerbereichen
Montagemitarbeiter: selbständiges Anfordern und Nachfüllen
                       von Kleinteilen an Bahnhöfen
MML / 45 SU

Abb. 5.48:   Teilearten und Arbeitsplätze in der Materialbereitstellung

Werkstücke werden durch Transporteure mit Gabelstaplern von vorgelagerten Bereichen, beispielsweise einer Baugruppen-Vormontage, auf Pufferplätzen in der Zentralmontage bereitgestellt.
Dort warten sie so lange bis ein Stellplatz im ersten Montageabschnitt frei wird. Die Bereitstellung der Werkstücke in der Zentralmontage von einem Abschnitt zum nächsten bis zur Fertigstellung der Baugruppen erfolgt durch ein FTS im Taxi-Prinzip. Abbildung 5.49 zeigt eine Zusammenfassung der Abläufe.

Fallbeispiel 5		Materialfluß: Werkstücke		
		2. Ordnung	3. Ordnung	4. Ordnung
Organisation/Materialfluß	Ort – Quelle	vorgelagerte Bereiche	vorgelagerter Abschnitt oder Pufferlager	
	Ort – Senke	Pufferlager in der Zentralmontage	Arbeitsplatz im Abschnitt	
	Prinzip	nach Bedarf	nach Verbrauch (leerer Stellplatz)	
	Funktionsträger – planen, disponieren	Fertigungs- steuerung	Disponent (EDV-System)	
	Funktionsträger – auslösen	Fertigungs- steuerung	Disponent (EDV-System)	
	Funktionsträger – ausführen	Transporteur	Technik	
Technik/Informationstechnik	Lagertechnik – Quelle	Blocklager	Blocklager	
	Lagertechnik – Senke	Blocklager	Stellfläche am Arbeitsplatz	
	Fördertechnik	Gabelstapler	FTS-Carrier	
	Bereitstell- technik	Paletten	Paletten	
	Informations- technik	EDV-System, Arbeitspapiere	EDV-System	

MML / 29

Abb. 5.49:   Ablauf der Materialbereitstellung von Werkstücken

Unter Kommissionierteilen sind größere Teile zu verstehen, die aufgrund ihres Wertes, der Beschädigungsgefahr beim Handhaben und der großen Anzahl von Varianten bedarfsgerecht kommissioniert am jeweiligen Arbeitsplatz bereitgestellt werden.

Als Zwischenlager für Kommissionierteile fungieren im Bereich der Zentralmontage die in Abbildung 5.45 gezeigten dezentralen Montagelager.

Abbildung 5.50 zeigt den Ablauf der Materialbereitstellung für die Kommissionierteile.

Fallbeispiel 5			Materialfluß: Kommissionierteile		
			2. Ordnung	**3. Ordnung**	**4. Ordnung**
Organisation/Materialfluß	**Ort**	Quelle	Zentrallager oder vorgelagerte Bereiche	Zwischenlager	Kommissionier-wagen
		Senke	Zwischenlager in der Zentralmontage	im Kommissionierwagen am Arbeitsplatz	Arbeitsplatz
	Prinzip		nach Bedarf	nach Verbrauch (leerer Stellplatz)	montieren entsprechend dem Arbeitsfortschritt
	Funktionsträger	planen, disponieren	Fertigungssteuerung	Disponent (EDV-System)	
		auslösen	Fertigungssteuerung	Disponent (EDV-System)	
		ausführen	Technik, Lagerarbeiter, Transporteur	Kommissionierer	Montagemitarbeiter
Technik/Informationstechnik	**Lagertechnik**	Quelle	Hochregallager	Regallager	
		Senke	Regallager	Stellplatz für Kommissionierwagen	
	Fördertechnik		RFZ, Rollenbahn, Gabelstapler	Gabelstapler, Kommissionierwagen	
	Bereitstelltechnik		Behälter	Behälter, speziell konstruierte Kommissionierwagen	manuell, Handhabungsgeräte
	Informationstechnik		EDV-System-Listen	EDV-System-Listen	

MML / 18

Abb. 5.50:   Ablauf der Materialbereitstellung für Kommissionierteile

Entsprechend den Vorgaben der Fertigungssteuerung werden Kommissionierteile entweder aus einem zentralen Hochregallager oder bei Eigenfertigungsteilen teilweise auch aus vorgelagerten Produktionsbereichen versorgt.

In diesen Zwischenlagern sind Kommissionierer tätig, die für die Einlagerung der

Kommissionierteile ins Lager sowie die Auslagerung und bedarfsgerechte Bereitstellung der Teile an den Arbeitsplätzen der Montageabschnitte zuständig sind. Anhand einer vom Disponenten EDV-System vorgegebenen EDV-Liste werden die Teile von den Kommissionierern auftragsorientiert ausgelagert und auf speziell für diesen Zweck konstruierten Kommissionierwagen an den Montagearbeitsplatz gefahren. Besonders schwere Kommissionierwagen werden vom Kommissionierer mit einem Gabelstapler an den Arbeitsplatz gebracht. In der Regel genügen ein bis zwei Wagen pro Montageaufgabe. Ist ein Kommissionierwagen leer, so wird er wieder in das Zwischenlager gefahren und vom Kommissionierer mit einer neuen Kommission für die nächste Montageaufgabe bestückt.

Insgesamt gibt es drei unterschiedliche Kommissionierwagen, die mit speziellen Vorrichtungen für spezielle Teile wie z.B. Zylinder oder Wellen ausgerüstet sind und entsprechend der unterschiedlichen Montageaufgaben und -abschnitte eingesetzt werden.

In Abbildung 5.51. ist ein Montagearbeitsplatz mit Kommissionierwagen abgebildet.

Abb. 5.51:   Montagearbeitsplatz

Die dritte Gruppe der bereitzustellenden Teile sind die sogenannten Kleinteile, die jedem Montagemitarbeiter in einem nicht an den Arbeitsplatz gebundenen Kleinteilewagen zur Verfügung stehen (Abb. 5.51).

Die Nachforderung der Kleinteile und das Auffüllen des Wagens gehören zur Aufgabe der Werker.

Eine Kleinteilebestellung kann dabei über das Disponenten-Terminal aufgegeben werden. Die Kleinteile werden von Kommissionierern im zentralen Kleinteilelager in ein Rohrpostsystem eingespeist und können vom Werker am Rohrpost-Bahnhof, der sich beim Terminal befindet, abgeholt werden.

Abbildung 5.52 zeigt den Ablauf bei der Bereitstellung von Kleinteilen.

Fallbeispiel 5			Materialfluß: Kleinteile		
			2. Ordnung	3. Ordnung	4. Ordnung
Organisation/Materialfluß	Ort	Quelle	zentrales Kleinteilelager	Rohrpost-Bahnhof	Kleinteilewagen am Arbeitsplatz
		Senke	Rohrpost-Bahnhof in der Zentralmontage	Kleinteilewagen am Arbeitsplatz	Arbeitsplatz
	Prinzip		nach Verbrauch	nach Verbrauch	nach Verbrauch vermontieren
	Funktionsträger	planen, disponieren	Fertigungs-steuerung		
		auslösen	Montage-mitarbeiter		
		ausführen	Kommissionierer, Technik	Montage-mitarbeiter	Montage-mitarbeiter
Technik/Informationstechnik	Lagertechnik	Quelle	Kleinteilelager	Rohrpost-Bahnhof	
		Senke	Rohrpost-Bahnhof	Behälter auf Kleinteilewagen	
	Fördertechnik		Rohrpost-system	manuell, Kleinteilewagen	manuelle Entnahme vom Wagen
	Bereitstell-technik			Behälter, speziell konstruierte Kommissionierwagen	
	Informations-technik		Sichtkontrolle, EDV-System	EDV-System	

MML / 30

Abb. 5.52:   Ablauf der Materialbereitstellung für Kleinteile

Bewertung Fallbeispiel 5

Die Abbildungen 5.53 bis 5.55 zeigen eine Zusammenfassung der Bewertung der Kriterien Technik, Systemergonomie, Organisation und Arbeitsautonomie sowie Informationsfluß.

Bewertung der Technik, Systemergonomie
- Fallbeispiel 5 -

● Montagemitarbeiter: ◆ *bedingt ergonomisch gestaltete Arbeitsplätze, da kaum Hub- oder Scherentische vorhanden sind;*
◆ *z.T. ungünstige Körperhaltung bei der Montage*
◆ *ausreichend Belastungswechsel*
◆ *Einsatz von Kranen und Gabelstaplern zur Montageunterstützung*

● Kommissionierer: ◆ *hohe Aufmerksamkeitserfordernisse*
◆ *einseitig monotone Kommissioniertätigkeit*
◆ *geringe Greifraumoptimierung im Lager*

MML / 36-6 SU

Abb. 5.53:   Bewertung der Technik, Systemergonomie

Im untersuchten System sind nur bedingt ergonomisch gestaltete Arbeitsplätze vorzufinden. Dies hat seine Ursache zum einen in der Größe des Produkts, so daß eine gleichbleibende ergonomisch richtige Arbeitshöhe nur schwer sicherzustellen und ungünstige Körperhaltungen bei der Montage nicht immer zu vermeiden sind. Zum anderen werden Hubtische oder -plattformen, die ein individuelles Einstellen der Arbeitshöhe ermöglichen im Montagesystem nur selten eingesetzt. Insgesamt kann davon ausgegangen werden, daß trotz der oben genannten Defizite keine beeinträchtigenden physischen und psychischen Belastungen auftreten, da die Arbeitsaufgabe an sich aufgrund der unterschiedlichen anforderungsverschiedenen Tätigkeiten ausreichend Belastungswechsel bietet.

Der Arbeitsplatz der Kommissionierer an den dezentralen Regallagern ist weder ergonomisch gestaltet noch abwechslungsreich. Außerdem treten starke Belastungen durch hohe Aufmerksamkeitserfordernisse beim Kommissionieren auf.

Die Komplexität des Produkts und die geringe Arbeitsteilung in der Montage führen zu großen Arbeitsinhalten, die in der Regel von Facharbeitern ausgeführt werden. Dabei gibt es außer der Anforderung der Kleinteile über das Rohrpost-System für die Montagemitarbeiter keine weiteren dispositiven Tätigkeiten, da die Aufgaben vom

EDV-System durchgeführt werden. Ein kleiner Handlungsspielraum auf dispositiver Ebene ergibt sich durch die Möglichkeit der Auswahl aus mehreren Aufträgen am Werkerdisponenten-Terminal.

Bewertung der Organisation, Arbeitsautonomie
- Fallbeispiel 5 -

● Montagemitarbeiter:
- ◆ *arbeitsteilige Materialbereitstellung der Kommissionierteile*
- ◆ *Disposition EDV-gestützt*
- ◆ *große Arbeitsinhalte*
- ◆ *außer der Kleinteileanforderung gibt es nur ausführende Tätigkeiten*
- ◆ *Handlungsspielraum durch Auswahl aus mehreren Aufträgen*

● Kommissionierer:
- ◆ *reine Kommissionierung; geringe Arbeitsinhalte*
- ◆ *zentrale EDV-gesteuerte Materialbereitstellung*
- ◆ *Teileverwechslung durch fehlendes Montage-know-how*

MML / 37-6 SU

Abb. 5.54:   Bewertung der Organisation, Arbeitsautonomie

Bewertung des Informationsflusses
- Fallbeispiel 5 -

● Montagemitarbeiter:
- ◆ *Informationsterminals mit weitreichenden Informationen*
- ◆ *beschränkter Einfluß der Mitarbeiter durch geringe Eingriffsmöglichkeit in den Informationsfluß*
- ◆ *eingeschränkte Kommunikation der Mitarbeiter durch Einzelarbeitsplätze und rechnergestützten Informationsfluß*

MML / 38-6 SU

Abb. 5.55:   Bewertung des Informationsflusses

Die Arbeitsaufgabe der Kommissionierer in den dezentralen Bereitstellungslagern, die das Kommissionieren der Montageteile anhand einer EDV-Liste beinhaltet, ist durch sehr geringe Arbeitsinhalte gekennzeichnet. Aufgrund der unzureichenden Kenntnisse der Kommissionierer über den Montageablauf und Inhalt treten außerdem recht häufig Verwechslungen von Teilen auf, die zu Unterbrechungen in der Montage führen.

Durch die Steuerung des Personaleinsatzes über die Werkerdisponenten-Terminals stehen den Mitarbeitern dezentral alle benötigten Informationen zur Verfügung. Die Eingriffsmöglichkeiten in den Informationsfluß sind recht gering und beschränken sich im wesentlichen auf die Auswahl eines Arbeitsauftrags. Dabei muß aber immer gewährleistet sein, daß auch mehrere Aufträge vom Disponenten angeboten werden, sonst geht dieser Handlungsspielraum des Mitarbeiters verloren.
Nachteilig auf die Kommunikation der Werker untereinander wirkt sich aus, daß zwischen den Mitarbeitern, die ohnehin schon in Einzelarbeitsplätzen arbeiten, aufgrund der Informationsvielfalt im EDV-gestützten Informationssystem keine Abstimmung mehr über den Arbeitsablauf oder die Auftragsfolge erfolgen muß.

Gestaltungsvorschläge Fallbeispiel 5

Abbildung 5.56 zeigt eine Zusammenfassung der Gestaltungsvorschläge für Fallbeispiel 5.

Gestaltungsvorschläge
- Fallbeispiel 5 -

Montagesystem

- Organisation, Struktur
  - *Gruppenarbeitsplätze, die Kommissionierung mit einschließen*
  - *es müssen mehrere Montageaufträge gleicher Priorität zur Auswahl vorhanden sein, damit der Montagearbeiter einen Handlungsspielraum hat*

Materialbereitstellung

- Organisation, Materialfluß
  - *Kommissionierung durch Mitarbeiter*
  - *Integration von vorgelagerten Aufgaben der Materialbereitstellung in die Kommissionierung*
- Technik
  - *Hub-,Scherentische zur Unterstützung der Montage; Arbeitsplattformen zur Vermeidung von ungünstigen Körperhaltungen*

MML / 41-6 SU

Abb. 5.56: Gestaltungsvorschläge

Eine große Erweiterung des Handlungsspielraums für die Mitarbeiter stellt die Einführung von Gruppen dar die für einen Abschnitt oder Unterabschnitt in Eigenverantwortung die ihnen vom Werker-Disponenten zugewiesenen Aufträge unter sich aufteilen. Besonderen Wert ist dabei auf die Integration der Kommissioniertätigkeiten in diese Gruppen zu legen. Es ist immer abwechselnd ein Mitarbeiter der Gruppe für die Kommissionierung und Bereitstellung der Montageteile zuständig, so daß Kommissionierfehler aufgrund fehlender Teile-Kenntnisse erheblich reduziert werden können.

Wichtig für den Einsatz des Werker-Disponenten-Systems ist, wie bereits erwähnt, daß das System dem Mitarbeiter mehrere Aufträge gleicher Priorität zur Auswahl anbietet.
Außerdem müssen für die Montagemitarbeiter Möglichkeiten zur Kommunikation untereinander sowie zur aktiven Teil- und Einflußnahme auf den Informationsfluß gegeben sein. D.h. der Einsatz des umfassenden Informationssystem in Form der dezentralen Terminals darf nicht dazu führen, daß sich die Werker nicht mehr auf fachlichem Gebiet über Änderungen, Neuerungen oder Schwierigkeiten in der Montage untereinander austauschen können.

Für die Verbesserung der Situation in der Kommissionierung sollte diese durch die Montagemitarbeiter im Rahmen der Aufgaben einer Gruppe erfolgen. Den Kommissionierern müssen zur Bereicherung ihrer Aufgabe Materialbereitstellungs-Tätigkeiten aus den vorgelagerten Bereichen, z.B. das Holen von eiligen Baugruppen, übertragen werden.

Zur Unterstützung der Montagetätigkeiten sind außerdem geeignete Betriebsmittel einzusetzen, die dazu beitragen, daß ungünstige Körperhaltungen bei der Montage an den großvolumigen Produkten möglichst vermieden werden.

5.2.6   Fallbeispiel 6

Im Montagesystem von Fallbeispiel 6 werden großvolumige Produkte in großen Stückzahlen verkettet an einem mechanisch starr verketteten, taktgebundenen Fließband montiert.

Montagesystembeschreibung

In Fallbeispiel 6 wird eine Endmontage vorgestellt, in der etwa 90 000 Kraftfahrzeuge pro Jahr produziert werden. In der Hauptsache handelt es sich dabei um zwei Baureihen von Fahrzeugen, die im Zweischichtbetrieb auf einer zweifach parallel organisierten Fließlinie hergestellt werden. Eine Linie wird typenrein betrieben, auf der anderen erfolgt die Montage der beiden Baureihen im Mix. Die gesamte Linie erstreckt sich dabei über mehrere Stockwerke.

Abbildung 5.57 zeigt eine zusammengefaßte Beschreibung des Montagesystems.

Montagesystem
- Fallbeispiel 6 -

● Systemtyp: *großvolumig, große Stückzahl, verkettet*
                        (konventionelles Fließband)

● Produkt: *Kraftfahrzeuge*

    ◆ Volumen: *ca. 6,5 x 2,0 x 2,2 m ^{3}*

    ◆ Stückzahl: *90000 Fahrzeuge / Jahr*

    ◆ Gewicht: *> 1 t / Stück*

    ◆ Teileanzahl: *> 1000 Teile / Produkt*

    ◆ Variantenanzahl: *2 Typen mit zahlreichen Sonderausstattungen*

    ◆ Produktart :   *Serienprodukt mit zahlreichen wählbaren*
                        Varianten

● Organisation / Struktur :

    ◆ Auslösung des   *Einsteuerung der Karossen durch die Fertigungs-*
       Montageauftrags: *steuerung und die Montagemeister*

    ◆ Werkstückfluß: *Kettenförderer mit Montageschlitten;*
                        später Plattenbänder

    ◆ Anzahl der
       Arbeitsplätze: *335 manuelle Arbeitsplätze*

    ◆ Arbeitsumfang: *ca. 20 h / Fahrzeug; 5 min / Montagemitarbeiter*

    ◆ Arbeitsteilung: *stark arbeitsteilige Einzelarbeitsplätze*

    ◆ Arbeitsinhalte: *reine Montage; Prüfen durch Qualitäts-*
                        sicherungsmitarbeiter

● Montagetechnik: *manuelle Montage mit einfachen*
                        Betriebsmitteln (z.B. Pressluftschrauber)   MML / 10

Abb. 5.57:   Montagesystembeschreibung

Bei den montierten Fahrzeugen handelt es sich um komplexe Produkte mit mehr als 1000 Einzelteilen und Baugruppen, die vom Kunden in zahlreichen Varianten und mit verschiedenen Sonderausstattungen gewählt werden können.

An die Endmontagebänder sind mehrere Vormontagesysteme angegliedert, die je nach Baugruppe verbrauchs- oder bedarfsgesteuert an die Endmontage gebunden sind.

Die Endmontage ist außerdem von einer vorgelagerten Lackierung durch einen wahlfreien Karossenpuffer mit einer Kapazität von ca. einer Schicht entkoppelt. Er verhindert, daß sich Störungen in der Lackiererei bis in die Endmontage auswirken. Darüber hinaus ermöglicht der Puffer eine begrenzte Optimierung der Einsteuerfolge.

Auf Grundlage von Bestellungen wird ein Monatsprogramm und daraus ein Tagesprogramm erstellt. Die Reihenfolge der Einsteuerung wird von der Fertigungssteuerung in enger Abstimmung mit den Montagemeistern optimiert. Ziel ist es, durch eine Gleichverteilung von Ausstattungen (leichte und schwere Modelle) die einsteuerfolgeabhängigen Verlustzeiten zu minimieren. Desweiteren werden Fahrzeuge zurückgehalten, für die nicht alle Teile verfügbar sind.

Die Karossen werden in der Lackierung auf die Montageschlitten gesetzt und über ein Förderband ins 1. Obergeschoß transportiert. Von dort werden sie über einen Aufzug in den Karossenpuffer im 2. Obergeschoß eingelagert.

Abbildung 5.58 zeigt ein Layout des beschriebenen Montagesystems.

Zur Montage werden die Karossen ausgelagert und über zwei Karossensenker auf das Hochband im 1. Obergeschoß gesetzt. Jeder der beiden Karossensenker ist einem der Montagebänder zugeordnet. Nach Beendigung der Tätigkeiten, die von unten durchzuführen sind, wird die Karosse abgesenkt. Bis zum Ende des ersten Montagebands (vor dem ersten Querversetzen) werden die ersten Umfänge des Inneneinbaus montiert. Fahrzeuge mit großen Sonderausstattungsumfängen werden auf die Standplätze im 1. Obergeschoß ausgeschleust, die restlichen Fahrzeuge werden direkt auf die zurückführenden Bänder querversetzt, wo der restliche Inneneinbau erfolgt.

Aus dem 1. Obergeschoß werden die Karossen in das Erdgeschoß direkt auf die vormontierten Aggregate zur "Hochzeit" des Fahrgestells mit der Karosse abgesenkt. Die Aggregate (im wesentlichen Motor und Getriebe mit Achsen) sind auf einem Montagehubwagen vormontiert. Auf diesem Montagehubwagen erfolgen über mehrere Stationen die mit der "Hochzeit" in Zusammenhang stehenden Montageumfänge. Anschließend werden die Karossen, die nun auf Rädern stehen, auf Plattenbänder abgesetzt und fertig montiert. Die nun fertigen Fahrzeuge fahren mit eigener Kraft in Rollenprüfstände und werden anschließend auf die Finishbänder gefahren, wo sie eingestellt, gereinigt und bei Bedarf nachgearbeitet werden. Für umfangreiche Nacharbeiten und zur Montage von speziellen Ausstattungen stehen auch im Erdgeschoß Standplätze zur Verfügung.

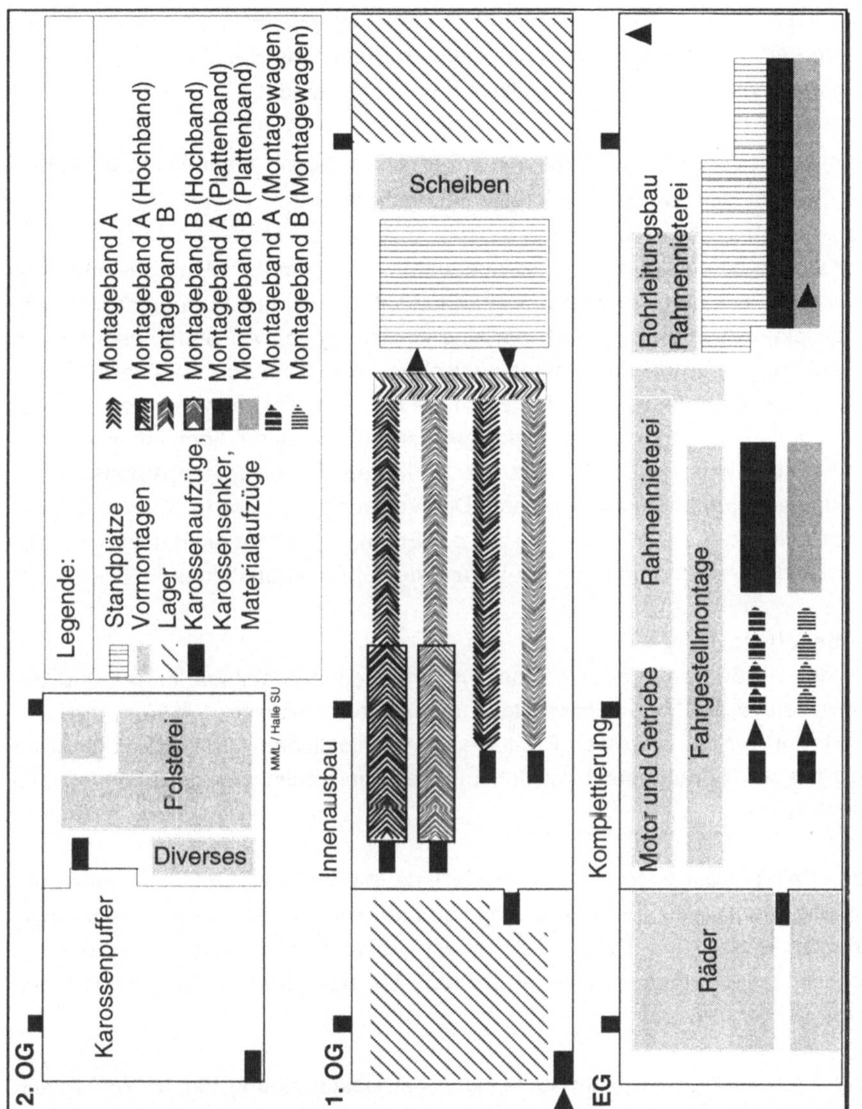

Abb. 5.58: Layout des Montagesystems

Aufgrund der Variantenvielfalt des Fahrzeugs können die Ausführungszeiten für einen Arbeitsumfang von Produkt zu Produkt sehr stark streuen. Für Arbeitsumfänge mit stark streuenden Ausführungszeiten stehen im Bereich des Innenausbaus einzelne Standplätze zur Verfügung an denen diese Arbeitsgänge durchgeführt werden. Für jedes Fahrzeug, das vom Band auf einen Standplatz ausgeschleust wird, wird ein bereits bearbeitetes wieder eingeschleust, so daß keine Lücke im Band entsteht.

Das Montagepersonal in der Endmontage besteht aus Meistern, Gruppenmeistern, Vorarbeitern und Montagewerkern. Dazu kommen Prüfer und Bandbelieferer, die der Qualitätssicherung bzw. der Materialwirtschaft unterstellt sind.

Die Durchführung der Montagetätigkeiten erfolgt überwiegend manuell mit einfachen Betriebsmitteln, beispielsweise mit Pressluftschraubern.

An jeder Karosse befindet sich ein Montageauftrag, aus dem der Montagewerker ablesen kann, was er zu montieren hat. Dabei handelt es sich nicht um produktspezifische Arbeitspläne, sondern lediglich um eine Auflistung von Ausstattungsnummern und -bezeichnungen sowie der montagekritischen Teile. Dadurch ist eine intensive Einarbeitung der Montagewerker erforderlich. Je nach Qualifikation kann ein Werker an einem Arbeitsplatz, an mehreren Arbeitsplätzen oder in einem kompletten Arbeitsbereich eingesetzt werden. Der Einsatz der Werker an den einzelnen Arbeitsplätzen wird durch die Gruppenmeister geplant. Die Vormontagen, wenn nötig auch die Standplätze, dienen als Personalpuffer für die Endmontagebänder. Bei Bedarf, z.B. bei Kapazitätsspitzen, übernehmen die Vorarbeiter Springerfunktionen.

Materialbereitstellung
Aufgrund der Größe des Produktes, des umfangreichen Arbeitsumfanges und der Variantenvielfalt ist die Materialbereitstellung sehr problematisch. Die Variantenvielfalt bewirkt, daß für die einzelnen Produkte unterschiedliche Teile zur Erfüllung der gleichen Funktion bereitgestellt werden müssen, beispielsweise unterschiedliche Hauptkabelsätze.

Auf beiden Seiten jeder Linie sind drei Meter tiefe Materialbereitstellungsstreifen angeordnet. Die Bereitstellung erfolgt in Regalen oder bei großen Teilen in Blocklagerung auf dem Boden. Die Regale sind meist dreistöckig ausgelegt, das oberste Stockwerk ist nur über eine Leiter erreichbar. Als Behälter werden überwiegend Gitterboxen verwendet.

Abbildung 5.59 zeigt eine Zusammenfassung der Beschreibung der Materialbereitstellung.

Die Bereitstellung ins System wird von sogenannten Bandbelieferern durchgeführt, die der Materialwirtschaft unterstehen. Der Materialtransport findet mit Gabelstaplern statt. Nur wenige große Teile, beispielsweise Fahrgestell mit Aggregaten, Räder und Sitze, werden über mechanisierte Förderstrecken angeliefert.

Das bereitzustellende Teilespektrum ist in die drei Klassen "Montageteile", "zielgesteuerte Teile" und "Normteile" eingeteilt. Im Montagesystem sind die Bandbelieferer für die Versorgung der Materialbereitstellungsstreifen verantwortlich. Montagemitarbeiter holen sich Teile zum Montieren von den entsprechenden Bereitstellungsflächen und -regalen und füllen ihren Vorrat an Normteilen selbst nach.

Materialbereitstellung
- Fallbeispiel 6 -

● Teilearten: *"Montageteile":*   *verbrauchsgesteuert,*
                                                  Mehr-Behälter-System
                       "zielgesteuerte Zeile":   *bedarfsgesteuert, Zielsteuerung*
                       "Normteile":   *verbrauchsgssteuert, Handlager*

● Anzahl   *335 Montagemitarbeiter*
  Arbeitsplätze: *20 Bandbelieferer (nicht zum System gehörend)*

● Arbeitsinhalte:

  ◆ Montagemitarbeiter: *Bereitstellung von Montageteilen und z.T. von zielgesteuerten Teilen vom Bereitstellstreifen an den Einbauort; Nachfüllen von Normteilen aus dem Normteilebahnhof*

  ◆ Bandbelieferer: *Bereitstellen von Montageteilen und z.T. zielgesteuerten Teilen in den Regalen der Materialbereitstellungszone; Beliefern der Normteilebahnhöfe; Transport von Teilen zu und von ihren jeweiligen Lagerorten*

MML / 11

Abb. 5.59:   Teilearten und Arbeitsplätze in der Materialbereitstellung

Montageteile
Die überwiegende Anzahl aller Teile sind Montageteile. Sie werden direkt an der Arbeitsstation, an der sie verbaut werden, in Regalen oder auf dem Boden in Gitterboxen verbrauchsgesteuert bereitgestellt.

Abbildung 5.60 zeigt den Ablauf der Materialbereitstellung für Montageteile.

Für jedes Montageteil (Teilenummer) ist der Bereitstellort (Arbeitsstation und Bandseite) genau festgelegt und in der EDV gespeichert. Wird einem Teil ein anderer Bereitstellort zugeordnet, so wird diese Änderung des Ortes nach dem Verursacherprinzip vom Auslöser dieser Verlagerung (Meister oder Arbeitsvorbereitung) an die EDV gemeldet.

Der Bestand in der Bereitstellung der Arbeitsstationen wird im Rechnersystem aktuell mitgeführt. Für jedes Produkt, das eine Arbeitsstation durchläuft, werden die verbauten Teile abgebucht. Die Ermittlung der verbauten Teile erfolgt durch eine Stücklistenauflösung unter Berücksichtigung von Varianten und Sonderausstattungen.

Fallbeispiel 6		Materialfluß: Montageteile		
		2. Ordnung	3. Ordnung	4. Ordnung
Organisation/Materialfluß	Ort — Quelle	Zentrallager		Bereitstellfläche oder -regal am Band
	Ort — Senke	Bereitstellfläche oder -regal am Band		Einbauort am Band (Produkt)
	Prinzip	nach Verbrauch (Mehr-Behälter-System)		nach Verbrauch, produktspezifisch
	Funktionsträger — planen, disponieren	EDV		
	Funktionsträger — auslösen	EDV		Montagemitarbeiter, wenn Fahrzeug da ist
	Funktionsträger — ausführen	Bandbelieferer		Montagemitarbeiter
Technik/Informationstechnik	Lagertechnik — Quelle	Hochregallager		Fachbodenregallager oder Blocklager am Boden
	Lagertechnik — Senke	Fachbodenregallager oder Blocklager am Boden		
	Fördertechnik	Gabelstapler		manuell
	Bereitstelltechnik	Gitterboxen,Behälter		
	Informationstechnik	EDV		

MML / 21

Abb. 5.60:   Ablauf der Materialbereitstellung für Montageteile

Beim Unterschreiten einer abgespeicherten Mindestmenge wird automatisch eine
Auslagerung aus dem Zentrallager durchgeführt. Die Montageteile werden dann von
einem der Bandbelieferer an die Arbeitsstation transportiert. Befinden sich in einem
Behälter an der Arbeitsstation noch Teile, so packt er diese in den angelieferten Behälter um, den leeren Behälter nimmt er sofort mit. Treten Ausschußteile auf, so bringt
diese der Montagewerker an einen bandnahen Ausschuß-Sammelplatz, wo sie der
Meister im Rechnersystem abbucht.

Normteile

Bei den Normteilen handelt es sich um kleine mehrfachverwendete Teile, die den Montagearbeitern in Handlagern am Montageband zur Verfügung stehen.

Abbildung 5.61 zeigt den Ablauf der Materialbereitstellung für Normteile.

Fallbeispiel 6		Materialfluß: Normteile		
		2. Ordnung	3. Ordnung	4. Ordnung
Organisation/Materialfluß	**Ort** Quelle	Zentrallager	Normteilebahnhof	Handlager am Arbeitsplatz
	Ort Senke	systemnaher Normteilebahnhof	Handlager am Arbeitsplatz	Einbauort (Produkt)
	Prinzip	nach Verbrauch (Mehr-Behälter-System)	nach Verbrauch (Handlager)	nach Verbrauch
	Funktionsträger planen, disponieren	2-Behälter-System mit Material-karten		
	Funktionsträger auslösen	Bandbelieferer nach Sichtkontrolle	Montagemitarbeiter wenn Teile fehlen	
	Funktionsträger ausführen	Bandbelieferer	Montagemitarbeiter	Montagemitarbeiter
Technik/Informationstechnik	**Lagertechnik** Quelle	Hochregallager	Fachboden-regallager	
	Lagertechnik Senke	Fachboden-regallager	Bereitstellbehälter im Handlager	
	Fördertechnik	Gabelstapler, manuell	manuelles Umfüllen	
	Bereitstell-technik	Kleinteile- und Bereitstellbehälter	Kleinteile- und Bereitstellbehälter	manuelles Nach-füllen der Bereit-stellbehälter
	Informations-technik	Materialkarte -> EDV	Sichtkontrolle	

MML / 12

Abb. 5.61:   Ablauf der Materialbereitstellung für Normteile

In Montagesystemnähe werden die Normteile verbrauchsgesteuert an mehreren - über das Montagesystem verteilte - Normteilebahnhöfen in Regalen bereitgestellt, die nach dem Zweibehälterprinzip organisiert sind. Wird ein Behälter mit Normteilen im Handlager leer, so geht ein Montagemitarbeiter an den nächsten Normteilebahnhof und entnimmt dort die nächste Füllung für seinen Normteilebehälter. Leert ein Werker einen Normteile-Behälter im Regal, so entnimmt er die Materialkarte aus der Leerkiste und heftet sie an ein Anforderungsbrett an der Seite des Regals im Normteilebahnhof. Anhand der Anforderungen an den Anforderungsbrettern, die von den Bandbelieferern regelmäßig kontrolliert werden, lösen diese eine Auslagerung im Zentrallager aus und transportieren die Normteile von dort zum Normteilebahnhof.

Zielgesteuerte Teile

Bei den zielgesteuerten Teilen handelt es sich um großvolumige, variantenreiche Teile wie z.B. Aggregate, Instrumententafeln oder Sitze. Da sie aufgrund des Platzbedarfs nicht mehrfach an einem Arbeitsplatz bereitgestellt werden können, werden sie direkt auf das jeweilige Fahrzeug und die entsprechende Arbeitsstation, in der sie verbaut werden, zugesteuert.

Abbildung 5.62 zeigt den Ablauf der Materialbereitstellung für zielgesteuerte Teile.

Die Belieferung der jeweiligen Bandabschnitte erfolgt durch mechanische Förderstrecken. Die Vormontage bzw. Auslagerung wird vom Materialrechner bedarfsgesteuert mit einer festen Vorlaufzeit angestoßen, bevor das entsprechende Fahrzeug die Arbeitsstation erreicht. Dazu muß die Reihenfolge in der die einzelnen Fahrzeuge auf dem Band stehen, bekannt sein. Diese Reihenfolge wird zunächst bei der Einsteuerung ins Endmontagesystem ermittelt. Durch das Ausschleusen von Fahrzeugen auf Standplätze kann sich die Reihenfolge durchmischen, so daß im Bandablauf weitere Informations-Punkte für die Ermittlung der Reihenfolge vorhanden sind.

Bewertung Fallbeispiel 6

Bei einzelnen Montagemitarbeitern treten große körperliche Belastungen im Bereich der Technik und Systemergonomie beispielsweise bei der Handhabung von schweren Montageteilen auf, die zum Teil bei ungünstigen Körperhaltungen aus am Boden stehenden Gitterboxen herausgehoben werden müssen.

Aufgrund der unterschiedlichen Ausführungszeiten pro Produkt, aber auch wegen individuellen Leistungsschwankungen, "schwimmen" die Werker im Band mit, d. h. sie arbeiten sich zeitweilig etwas vor, bzw. sie treiben zeitweilig ab. Dadurch muß der Montagemitarbeiter teilweise längere Wege zum Einbauort zurückzulegen. Trotz der damit verbundenen körperlichen Belastung sind diese Wege unter personalorientierten Gesichtspunkten nicht grundsätzlich negativ zu bewerten, da sie auch zum Belastungswechsel beitragen.

| Fallbeispiel 6 | | Materialfluß: zielgesteuerte Teile | | |
		2. Ordnung	3. Ordnung	4. Ordnung
Organisation/Materialfluß	Ort — Quelle	Vormontage		
	Ort — Senke	Bereitstellfläche oder -regal am Band		Einbauort (Produkt)
	Prinzip	nach Bedarf (Zielsteuerung)		vermontieren, wenn Fahrzeug da ist
	Funktionsträger — planen, disponieren	EDV-System		
	Funktionsträger — auslösen	Rechner anhand der Informationen an den I-Punkten		
	Funktionsträger — ausführen	mechanisches Förderband		Montagemitarbeiter
Technik/Informationstechnik	Lagertechnik — Quelle	Hochregallager		mechanisches Förderband
	Lagertechnik — Senke	Einbauort		
	Fördertechnik	mechanisches Förderband		manuell
	Bereitstelltechnik	mechanisches Förderband		manuell
	Informationstechnik	EDV		Sichtkontrolle

MML / 20

Abb. 5.62:   Ablauf der Materialbereitstellung für zielgesteuerte Teile

Die Montagetätigkeit am Produkt bewirkt teilweise ungünstige Körperhaltungen, besonders im Bereich des Hochbandes und bei den Montagehubwagen im Bereich der "Hochzeit". Aufgrund von Stückzahlerhöhungen hat das Hochband seine Kapazitätsgrenze erreicht, das bereitzustellende Material schränkt die Bewegungsfreiheit der Werker stark ein. Die Montagehubwagen decken den größten Teil der Fahrzeugunterseite ab, das Produkt ist dadurch schlecht zugänglich. Eine Verbesserung dieser Situation wird zukünftig durch die Verwendung von Hängeförderern angestrebt.

Die obere Ebene der dreistöckigen Regale ist nur über eine kleine Trittleiter erreichbar. Auch wenn nur leichte und kleine Teile in der oberen Regalebene bereitgestellt werden, bewirkt die Leiter neben hohen Nebenzeiten, eine erhöhte Unfallgefahr. Dreistöckige Regale sollten deshalb nur dort verwendet werden, wo sie aufgrund der Materialdichte unbedingt erforderlich sind.

Abbildung 5.63 zeigt eine Zusammenfassung der Bewertung der Technik und Systemergonomie.

Das Montagesystem ist überwiegend als Fließlinie organisiert. Dadurch ist die Arbeitsautonomie gering. Die Montagemitarbeiter sind streng an den Takt gebunden und führen die fast ausschließlich manuellen Tätigkeiten ohne nennenswerte Eigenverantwortung durch. Von einer gering arbeitsteiligen Montage kann insgesamt nicht gesprochen werden, da beim relativ großen Arbeitsumfang von 5 Minuten teilweise vollständige Montageaufgaben durchgeführt werden können. Bei Arbeitsaufgaben, die im Grundumfang jedes Fahrzeugs enthalten sind, kann es trotzdem zu psychischen Belastungen durch Monotonie kommen. Diese Belastungen treten besonders dann auf, wenn jeder Mitarbeiter nur an einem Arbeitsplatz eingesetzt wird. Als Lösungsansatz bietet sich die Einführung von Gruppenarbeit an. Auch in den Montagelinien soll Gruppenarbeit über organisatorische Ansätze realisiert werden.

Bewertung der Technik, Systemergonomie
- Fallbeispiel 6 -

● Montagemitarbeiter:
  ◆ *physische Belastungen durch Monotonie bei Mitarbeitern, die nur an einem Arbeitsplatz eingesetzt werden*
  ◆ *z.T. ist schwere Muskelarbeit zu leisten*
  ◆ *ungünstige Haltungen bei der Montage am Band*
  ◆ *ungünstige Gestaltung der Bereitstellregale, da die oberste Ebene nur über Leitern zu erreichen ist*
  ◆ *z.T. sind vom Bereitstell- zum Einbauort lange Wege mit schweren Teilen zurückzulegen*

● Bandbelieferer:
  ◆ *Belastungswechsel durch Wechsel von Arbeit mit Gabelstapler, manueller Handhabung und geringfügigen dispositiven Aufgaben*

MML / 36-5 SU

Abb. 5.63:   Bewertung der Technik, Systemergonomie

Die den Mitarbeitern übertragenen Aufgaben der Materialbereitstellung beschränken sich auf das Holen der Montageteile aus dem Bereitstellstreifen und dem Nachfüllen von Normteilen am Normteilebahnhof. Alle anderen ausführenden Bereitstellungsaufgaben obliegen den Bandbelieferern, die organisatorisch nicht dem Montagesystem zugeordnet sind. Die Arbeit der Bandbelieferer enthält diverse anforderungsverschiedene Tätigkeiten, die zu psychischem und physischem Belastungswechsel beitragen.

Abbildung 5.64 zeigt eine Zusammenfassung der Bewertung der Organisation und Arbeitsautonomie.

Der Mitarbeiter erhält Informationen über die anstehende Montageaufgabe in Form einer Auflistung von Montageteilen und von, für dieses Fahrzeug vorgesehenen, Ausstattungen. Dadurch ist zum einen eine schnelle Information über die anstehende Montage möglich, andererseits erfordert diese Art Kurzinformation qualifizierte und eingearbeitete Mitarbeiter, die für die schnelle Durchführung ihrer Arbeit keine Hilfestellung mehr brauchen.

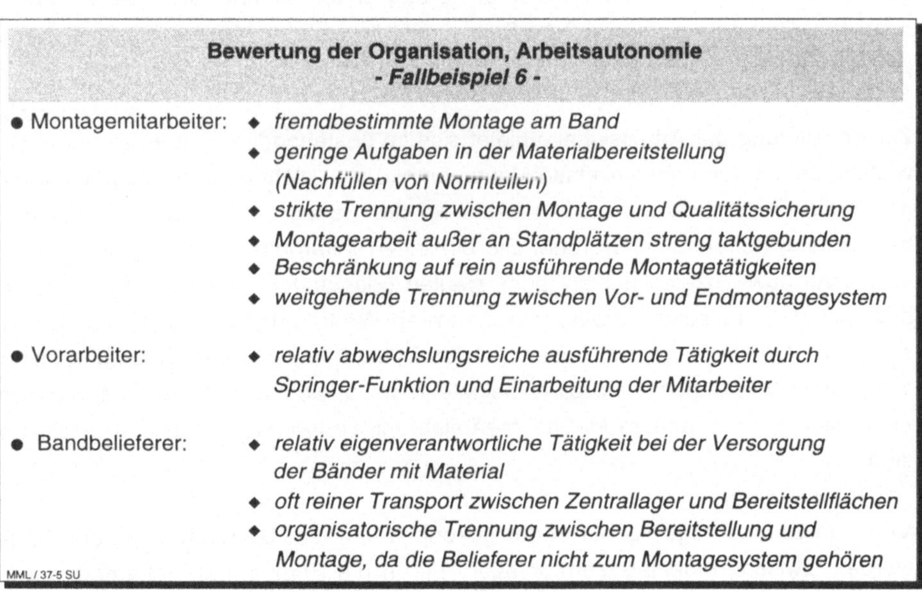

Abb. 5.64:   Bewertung der Organisation, Arbeitsautonomie

In Abbildung 5.65 ist die Bewertung des Informationsflusses zusammenfassend dargestellt.

> **Bewertung des Informationsflusses**
> **- Fallbeispiel 6 -**
>
> ● Montagemitarbeiter: ◆ *den Mitarbeitern stehen wenige Informationen*
>   *über die Arbeitsaufgabe zur Verfügung*
>   ◆ *papiergestützter Datenfluß mit Auftragspapieren*
>   ◆ *Bandbelieferer muß immer wieder spezielle Bahn-*
>   *höfe anfahren, um Arbeitsaufträge zu bekommen*
>
> MML / 38-5 SU

Abb. 5.65:   Bewertung des Informationsflusses

Gestaltungsvorschläge für Fallbeispiel 6

Zur Bereicherung der Arbeitsaufgabe und Vergrößerung der Arbeitsinhalte bietet sich im analysierten Montagesystem die Einführung von Gruppen an. Diese sollten in Eigenverantwortung Aufgaben der Materialbereitstellung und der Qualitätssicherung übertragen bekommen. Durch diese Maßnahmen lassen sich die Abhängigkeit des Montagesystems von den Bandbelieferern und die Rückkopplungswege bei Montagefehlern verringern, eine Arbeitsbereicherung erreichen und die Eigenverantwortung der Mitarbeiter durch größere Selbstkontrolle steigern. Selbstverständlich muß parallel zu diesen Aktionen eine Höherqualifizierung der Mitarbeiter erfolgen.

Zur Erweiterung der Arbeitsinhalte bietet sich im bestehenden System eine Taktausweitung an, so daß vom einzelnen Montagemitarbeiter nicht mehr nur der Umfang eines Takts von 5 Minuten, sondern zwei oder drei Takte mit 10 bzw. 15 Minuten Arbeitsumfang abgearbeitet werden. Die einzelnen Mitarbeiter oder Montagegruppen sind dann abwechselnd nur an jeder zweiten oder dritten Karosse tätig. Jeder Arbeitsumfang wird somit parallel von mehreren Werkergruppen bearbeitet. Die Bildung von Arbeitsgruppen in denen sich drei Mitarbeiter bei der Durchführung von zwei wenig belastenden und einer belastenden Tätigkeit abwechseln, ist nur dann eine Lösung, wenn andere Maßnahmen nicht mit vertretbarem Aufwand realisierbar sind.

Vor- und Endmontage sollten enger gekoppelt werden. Dabei muß unterschieden werden, zwischen kleinen Vormontagen, die in die Endmontage integriert werden können und großen Vormontagen, die weiterhin räumlich getrennt bleiben.

Abbildung 5.66 zeigt eine Zusammenfassung der Gestaltungsvorschläge für Fallbeispiel 6.

<table>
<tr><td colspan="2" align="center">Gestaltungsvorschläge
- Fallbeispiel 6 -</td></tr>
<tr>
<td>Montagesystem</td>
<td>

● Organisation, Struktur

  ◆ *Einführung von Gruppen, denen die Materialbereitstellung und die Qualitätsicherungen übertragen werden kann*
  ◆ *Vormontagen in Bandnähe anordnen, dadurch Arbeitsplatzwechsel zwischen anforderungsverschiedenen Aufgaben ermöglichen*
  ◆ *Taktausweitung (Mehrfachtaktarbeit)*
  ◆ *parallele Arbeitssysteme einführen*

</td>
</tr>
<tr>
<td>Materialbereitstellung</td>
<td>

● Organisation, Materialfluß

  ◆ *die Wege zwischen Bereitstell- und Einbauort müssen besonders bei schweren Teilen nahe zusammen liegen*
  ◆ *Gruppen bilden, in denen sich belastende mit wenig belastenden Tätigkeiten abwechseln*
  ◆ *Montagereihenfolge, Bandgeschwindigkeit, Arbeitsinhalte und Materialbereitstellung müssen miteinander abgestimmt werden*
  ◆ *Bandbelieferer organisatorisch der Montage zuordnen*

● Technik

  ◆ *Einsatz von masseentlastenden Hebehilfen für schwere Teile*
  ◆ *Ausstattung der Arbeitsplätze mit ergonomischen Hilfsmitteln wie beispielsweise standardisierten Greifbehältern und Hebetische für Gitterboxen*
  ◆ *Regale ergonomisch gestalten*
  ◆ *ungünstige Haltungen z.B. durch Verlagerung des Einbauorts vermeiden*
  ◆ *Einsatz fortschrittlicher Informationstechnik ermöglicht Anzeige von Arbeitsaufgaben am Bildschirm*

MML / 41-5 SU

</td>
</tr>
</table>

Abb. 5.66:   Gestaltungsvorschläge

Unterschiedliche Ausführungszeiten pro Produktvariante bewirken temporäre Über- und Unterlastung der Montagemitarbeiter. Diese können durch eine verstärkte Integration von kleinen Vormontagen in die Endmontagelinien reduziert werden. Die kleinen in die Endmontage integrierten Vormontagen stellen Zeitpuffer dar, die den Montagemitarbeiter etwas vom strengen Taktzwang entkoppeln und die Bearbeitung von aufwendigen Varianten erleichtern. Ist der Montagewerker zeitweilig unterlastet, so montiert er an einem Montagetisch direkt an der Endmontagelinie Vormontagebaugruppen in einen Puffer, bei Produktvarianten mit großer Vorgabezeit greift er auf diesen Puffer zu. Dadurch werden streßerzeugende Überlastungen verringert, der Handlungsspielraum des Montagewerkers wird erhöht.

Die großen Vormontagen können als Personalpuffer für die Endmontagelinie wirken. Fließsysteme sind wenig flexibel in bezug auf Schwankungen im Arbeitskräfteangebot, wie sie beispielsweise aufgrund von Urlaub und Krankheit auftreten. Bei Bedarf können Mitarbeiter zwischen Vormontagen und Band verschoben werden. Diese Maßnahme schafft außerdem die Voraussetzung für einen effektiven Belastungswechsel zwischen einfachen und anforderungsreichen Tätigkeiten sowie zwischen Sitz- und Steharbeitsplätzen. Grundlage dafür ist eine entsprechende Qualifikation der Mitarbeiter. Außerdem müssen die Vormontagen durch Puffer von der Endmontage entkoppelt werden und mit einer ausreichenden technischen Überkapazität ausgelegt werden. Günstig wirkt sich die räumliche Nähe zur Endmontage aus. Diese Voraussetzungen können nicht von allen Vormontagen erfüllt werden. Beispielsweise wird es erforderlich sein, große Baugruppen, wie Aggregate, weitgehend synchron zur Endmontage, d. h. ohne Pufferung, vorzumontieren. Für derartige Baugruppen kann ein selbststeuernder Regelkreis zwischen Vor- und Endmontage installiert werden.

Für das Auftreten von physischen Belastungen bei der Materialbereitstellung und der Montage ist in erster Linie der Einbauort entscheidend. Das bedeutet zu allererst, daß Einbau- und Bereitstellort generell so nahe wie möglich beieinander liegen sollten. Das Gehen stellt zwar im Gegensatz zum Stehen keine übermäßige körperliche Belastung dar, längere Wege sind jedoch unter dem Gesichtspunkt des Zeitverlusts und, wenn schwere Teile getragen werden müssen, als unerwünscht zu betrachten. Aufgrund der Größe der Produkte sind die Einbauorte am Produkt häufig nicht optimal erreichbar. Beispielsweise sind Tätigkeiten an der Mitte des Daches oder an der Unterkante der Fahrzeugseiten nur sehr schwierig durchführbar. Die unterschiedliche Größe der einzelnen Werker verschärft die Problematik. Um die jeweils günstigsten Arbeitshöhen sowie eine geeignete Werkstückträgerauswahl zu ermöglichen, kann eine Videosomatographie durchgeführt werden. Bei dieser Technik werden Videoaufnahmen der Produktzeichnungen und Videoaufnahmen von Personen ineinander geblendet. Die Größe der Personen kann dabei über einen Zoom den jeweils interessierenden Personengruppen (z.B. 5. Perzentil) angepaßt werden. Das Ergebnis einer videosomatographischen Untersuchungen kann beispielsweise sein, daß für den Unterbodenbereich ein höhenverstellbares Gehänge sinnvoll ist, da es einen großen Reichweitenunterschied zwischen den kleinen Personen (z.B. 5. Perzentil Männer) und den großen Personen (z.B. 95. Perzentil Männer) gibt. Dies hat jedoch zur Konsequenz, daß Werker vergleichbarer Körpergröße zusammengestellt werden sollten und daß für den Überkopfbereich größere Taktzeiten anzustreben sind, da eine Höhenverstellung nach jedem Takt von ca. 2 Minuten einen zu hohen zeitlichen Aufwand bedeuten würde, der von den Werkern nicht akzeptiert würde.

Beim Heben schwerer Teile sollten die Montagemitarbeiter unterstützt werden. Dabei sind masseentlastende Hebehilfen angetriebenen Kranen vorzuziehen, da eine Unterlastung des Personals genauso zu vermeiden ist wie eine Überlastung. Außerdem ist der Mitarbeiter beispielsweise beim Einsatz eines pneumatischen Hebers, der nur einen Gewichtsausgleich vornimmt und ansonsten von Hand geführt, geschoben oder gezogen werden muß, unabhängig von der Geschwindigkeit des Antriebs.

Generell sollte der Einbauort schwerer Teile so früh wie möglich erfolgen, da die Zugänglichkeit noch nicht so stark eingeschränkt ist. Als Beispiel hierfür sei der Einbau der Batterie in den Motorraum eines Fahrzeugs genannt, der in der Regel einfacher vor als nach der Montage der Motorhaube durchzuführen ist.

6 Leitfaden für die Planung der Materialbereitstellung

Der folgende Leitfaden ist als übergeordnete Handlungsanleitung für eine durchgängige Planung der Materialbereitstellung zu verstehen, die in einer Montagestrukturplanung integriert ist. Der Leitfaden bietet dem Planer Unterstützung bei der Gestaltung von Technik und Organisation der Materialbereitstellung unter besonderer Berücksichtigung personeller Aspekte.

6.1 Vorgehensweise bei der Planung

Der Planungsablauf zur Konzeption einer personalorientierten Materialbereitstellung in der Montage läßt sich grob in die drei Phasen

o Vorplanung,
o Zielplanung und
o Systemplanung

einteilen (Abb. 6.1).

In der Vorplanungsphase wird die zu gestaltende Materialbereitstellungsaufgabe im betreffenden Montagesystem analysiert.

Die Zielplanungsphase dient zur Konkretisierung der Zielsetzung und zur präzisen Formulierung der Planungsaufgabe. Dabei werden unter anderem mitarbeiter- und unternehmensbezogene Ziele der Planung ermittelt und gewichtet. Im Rahmen der Präzisierung der Planungsaufgabe wird ein sogenanntes Pflichtenheft erarbeitet. Ausgehend von den Anforderungen des Montagesystems wird die Planungsaufgabe detailliert und dokumentiert.

In der Phase der Systemplanung wird auf der Basis erarbeiteter Planungsgrundlagen, ein breites Spektrum von Planungsalternativen entwickelt und beurteilt. Die Systemplanung schließt mit der Auswahl des optimalen Montagesystems ab. Hierzu wird überprüft, inwieweit in den entwickelten Lösungsalternativen alle mitarbeiter- und unternehmensbezogenen Zielsetzungen anforderungsgerecht planerisch umgesetzt wurden.

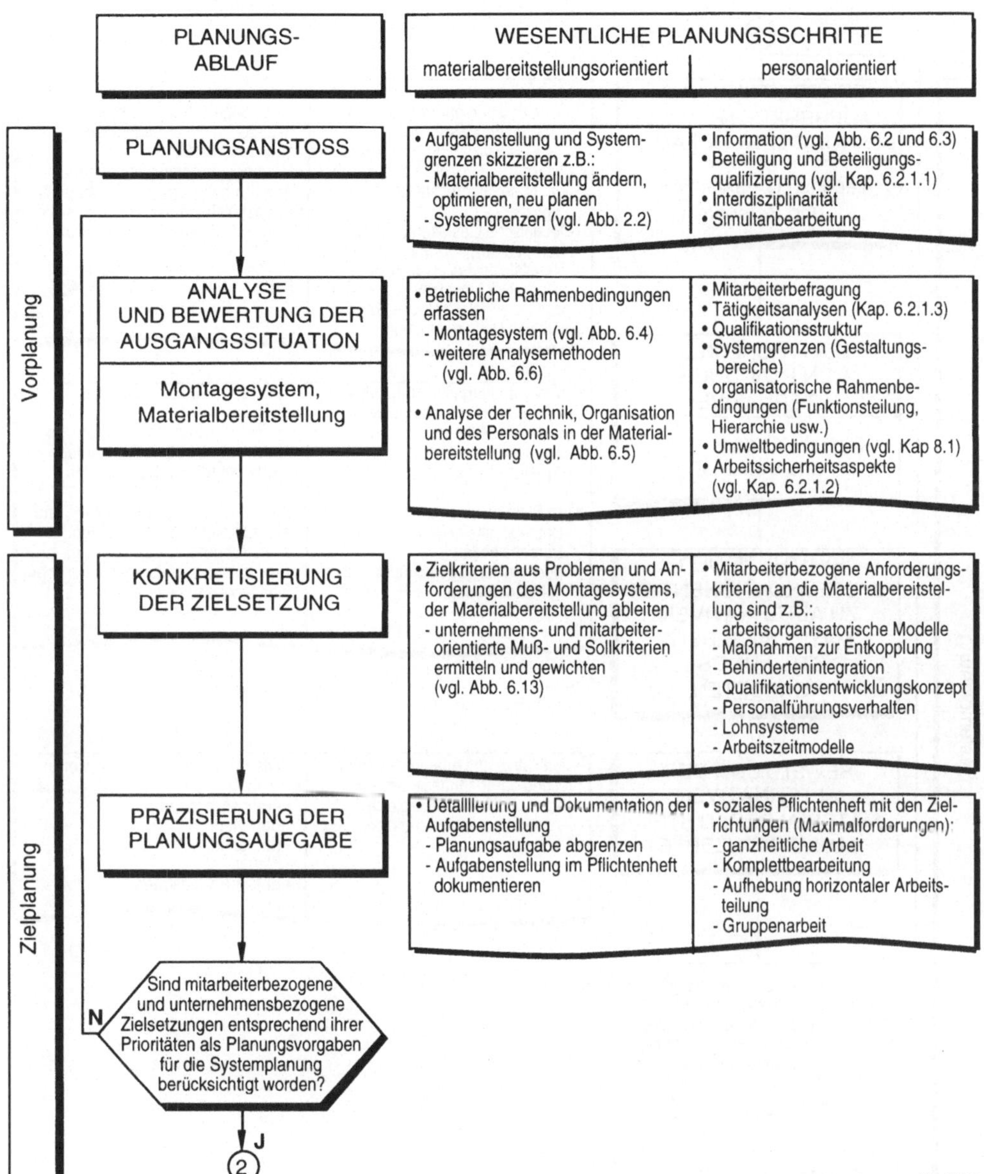

Abb. 6.1a: Planungsvorgehensweise

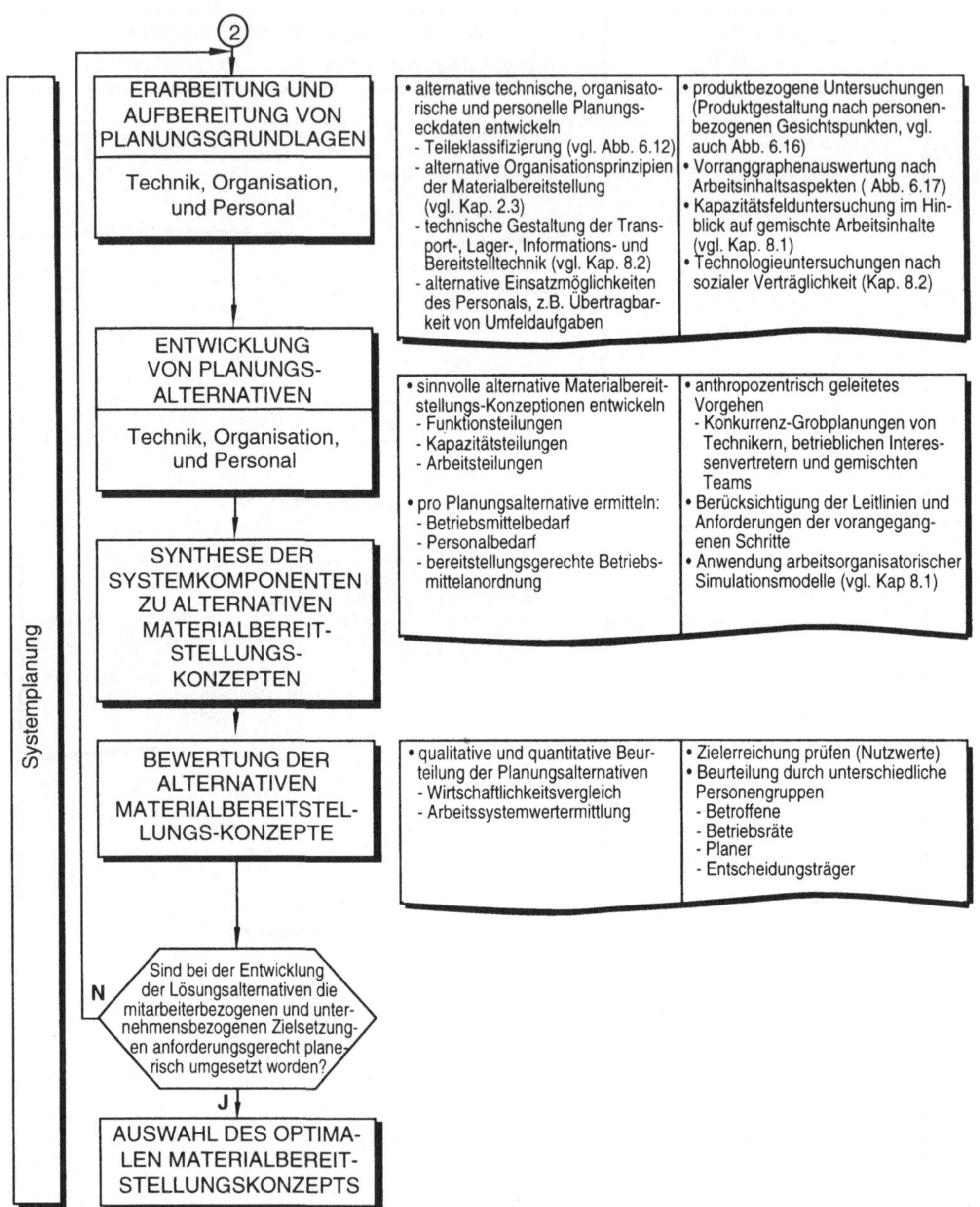

Abb. 6.1b: Planungsvorgehensweise (Fortsetzung)

6.2   Planungsablauf

In Abbildung 6.1 ist die Vorgehensweise zur Planung der personalorientierten Materialbereitstellung in der Montage anhand eines Planungsablaufs dargestellt, der durch die beispielhafte Nennung wichtiger Planungsschritte ergänzt wird.
Diese Planungsschritte erhalten unter dem Aspekt der menschengerechten Konzeption der Materialbereitstellung einen erweiterten Stellenwert für die Gestaltung eines Arbeitssystems. Daher werden im Rahmen dieses Kapitels nur die Planungsschritte detaillierter betrachtet, die für die Gestaltung der Materialbereitstellung nach personellen Aspekten besondere Bedeutung haben.

6.2.1   Vorplanung

Wesentliches Ziel der Vorplanung ist die systematische Erfassung des Ist-Zustands in Form einer Situationsanalyse. Dazu wird ein firmenspezifisches Zielsystem ermittelt und eine grobe Definition der Planungsaufgaben vorgenommen.

Der Planungsanstoß kann dabei aus unterschiedlichen Gründen erfolgen, wie z.B.:

o   aus Wettbewerbsgründen, z.B. durch Erhöhung der Lieferbereitschaft durch die Verbesserung des Materialflusses,

o   aus Imagegründen z.B. durch Einführung moderner Formen der Materialbereitstellung, wie etwa Just-in-Time-Bereitstellung,

o   aus Kostengesichtspunkten, z.B. durch Bestandsreduzierung,

o   aus umweltpolitischen Erwägungen, z.B. durch neue Schadstoffverordnungen.

Zum Zeitpunkt des Planungsanstoßes bestehen häufig nur sehr globale Vorgaben hinsichtlich der Planungsaufgaben. Eine effiziente Durchführung der Planung erfordert in diesem ersten Schritt auch die Aufgabenstellung zu skizzieren und den Projektrahmen bzw. die Projektorganisation abzustecken.

Von Beginn des Projekts an stehen die Entscheidungsträger und Planer vor der schwierigen Aufgabe, materielle Interessen des Unternehmens und immaterielle Interessen, z.B. soziale sowie humane Forderungen der Mitarbeiter zum Ausgleich zu bringen.

Im einzelnen werden sie mit folgenden Forderungen bzw. Wünschen der Mitarbeiter konfrontiert:

o   Betriebsklima und soziale Beziehungen
    -   angenehmes Betriebsklima, insbesondere gutes Verhältnis zu den Vorgesetzten und Kollegen und
    -   Anerkennung und soziales Prestige bei der Arbeit, Verantwortung.
o   Mitbestimmung und Entfaltung am Arbeitsplatz
    -   Förderung beruflicher Aus- und Fortbildung und damit der Aufstiegsmöglichkeiten,
    -   vielseitige und interessante Tätigkeit sowie
    -   Erweiterung des Entfaltungs- und Handlungsspielraums (Selbstverwirklichung) sowie Mitwirkung und Einflußnahme im Arbeitsprozeß.
o   Verbesserung der Arbeitsbedingungen
    -   kürzere und günstiger gelegene Arbeitszeit, Urlaub, Sicherheit am Arbeitsplatz (Unfall- und Gesundheitsschutz) und
    -   Erhöhung der Arbeitsqualität durch moderne Arbeitsplatzgestaltung.

Eine Beteiligung der betroffenen Mitarbeiter, des Betriebsrats und der Fachkräfte für Arbeitssicherheit und Sicherheitsbeauftragte bietet die Chance die Interessen der Betroffenen in den Planungsprozeß einzubringen und damit einen Großteil der oben genannten Forderungen zu erfüllen. Die Beteiligung von Arbeitnehmern und des Betriebsrats ist außerdem im Betriebsverfassungsgesetz in bezug auf:

o   soziale Angelegenheiten (§§ 87-89),
o   technisch-organisatorische Angelegenheiten (§§ 90-91),
o   personelle Angelegenheiten (§§ 92-105),
o   wirtschaftliche Angelegenheiten (§§ 106-113) und
o   Mitwirkungs- und Beschwerderechte des einzelnen Arbeitnehmers (§§ 81-85)

genau geregelt.

Es sind daher bereits in der Vorplanung die Weichen dafür zu stellen, daß die betroffenen Mitarbeiter und für die Arbeitssicherheit zuständige Personen im Verlauf des Planungsprozesses entsprechend informiert werden und sich an der Planung beteiligen können. Die Informationsbedarfe des Betriebsrats und der Fachkräfte für Arbeitssicherheit und der Sicherheitsbeauftragten sind in den Abbildungen 6.2 und 6.3 dargestellt.

Phasen des Entscheidungsprozesses	Informationsbedarf der Betriebsräte
Problemwahrnehmung	
Zielbildung	- Personalplan - Sozialplan - Bauvorhaben - Arbeitssicherheit - Wirtschaftlichkeit - Lohngestaltung rechtzeitige und umfassende Information genaue Details der Planung, genaue Daten
Gestaltung	Informationen über Änderungen Details und deren jeweilige spezifische Auswirkung werden kaum verlangt keine normativen Eingriffsmöglichkeiten
Bewertung/ Auswahl	Der Informationsbedarf ist maßgeblich durch normative Eingriffsmöglichkeiten geprägt - finanzielle Situation des Unternehmens in Bezug auf Sicherheit des Arbeitsplatzes - Gewinne des Unternehmens wegen Finanzierbarkeit von Sozialeinrichtungen - Güte, Aufbereitung und Darstellung der Daten - Erfahrungen mit ähnlichen Problemlösungen in anderen Betrieben
Einführung	Änderung des Arbeitsablaufs Neue Zeitaufnahmen notwondig ? Ändert sich Entlohnungsart ? ergonomische, arbeitsplatzorientierte und arbeitsorganisatorische Aspekte Soziale Auswahl von betroffenen Arbeitnehmern: - Alter - Qualifikation - Geschlecht - sozialer Stand - Veränderungen der Lohngruppen Besitzstandswahrung der Arbeitsplätze Was beabsichtigt die Geschäftsleitung mit den betroffenen Arbeitnehmern Besitzstandssicherung im sozialen Bereich, Alterssicherung Soziale Gesichtspunke Freisetzung von Beschäftigten Wo gibt es Ausgleich durch neue Arbeitsplätze ? Erhaltung der vorhandenen Arbeitsplätze ? Umbesetzungen ? Wird Lohnhöhe erhalten ? Welche Lohngruppen ändern sich ? Prämiensystem ? Akkordlohn ? Zeitlohn ?

MML / 35

Abb. 6.2:   Informationsbedarf der Betriebsräte

Phasen des Entscheidungsprozesses	Informationsbedarf der Fachkräfte für Arbeitssicherheit und der Sicherheitsbeauftragten
Problemwahrnehmung	Erhebung des Ist-Zustands - Erkrankungen - Unfälle - deren Ursachen für zukünftige präventive Maßnahmen

Zielbildung	Hoher Bedarf an allgemeinen Informationen
	- bauliche Maßnahmen
	- Brandschutz
	- Transportwege
	- Zugangswege, Fluchtwege
	- Materialbewegungen
	Einsicht in sämtliche Pläne und Daten
	Der Informationsbedarf der Sicherheitsbeauftragten ist geringer
	Technische Informationen:
	- Art der Anlagen, Maschinen, Sicherheitsvorschriften, Bedienteile, Lärmschutz
	- Arbeitsstoffe
	  MAK-Werte, Beleuchtung, ergonomische Ausstattung, Lärm,
	  Nässe, Dämpfe, Schmutz, Staub
	Zweck: Ableitung eines Beanspruchungs-Belastungskonzepts
	- Arbeitszeit: Schichten, Pausen, Zyklusdauer (Takt)
	- organisatorischer Arbeitszusammenhang
	  Gruppenarbeit, Einzelarbeitsplatz, Sicht- und Gesprächsmöglichkeiten
	  Transport, Materialfluß, Verbund von Arbeitsplätzen
	- Sanitär und Sozialräume im Zusammenhang mit Arbeitsstättenverordnung
	- Erfahrungen mit ähnlichen Problemlösungen in anderen Betrieben
	  Art der Maßnahme, Zahl der betroffenen Arbeitnehmer

Gestaltung	Räumliche Anordnung der Arbeitsplätze Raumbedarf der Arbeitnehmer entsprechend Arbeitsmittel und Arbeitssituation technische Arbeitsmittel und deren Ausstattung - ergonomische Gestaltung, Greifräume, Sitzgelegenheiten - Grundfläche des Arbeitsplatzes - Raum des Arbeitsplatzes - Anordung des Arbeitsplatzes Arbeitsumgebung - Licht, Farbe, Klima, Lärm Psychische Anforderung Arbeitnehmerbezogene Informationen - Anzahl der Arbeitnehmer - Qualifikationen - Gesundheitszustand - etwaige Krankheiten - Behinderungen - Altersstruktur - Geschlechtsstruktur
Bewertung/ Auswahl	Kosten der Umstellung bzw. Investition zusätzliche Kosten für Arbeitssicherheit und Arbeitsschutz
Einführung	Aufklärung der Arbeitnehmer über Änderungen und die neuen Anforderungen an Sicherheitsverhalten - Unfallverhütungsvorschrift - zu benutzende Körperschutzmittel - Änderungen der Sicherheitsvorschriften

MML / 54

Abb. 6.3:   Informationsbedarf der Fachkräfte für Arbeitssicherheit und der Sicherheitsbeauftragten

Abbildung 6.4 zeigt eine Übersicht über Möglichkeiten und Methoden der Information und Beteiligung von Mitarbeitern im Planungsprozeß.

<table>
<tr><td colspan="2">Information und Beteiligung der Mitarbeiter</td></tr>
<tr><td>Informations-
empfänger</td><td>• Betriebsrat
• Vorgesetzte
• betroffene/alle Mitarbeiter</td></tr>
<tr><td>Informations-
zeitpunkt</td><td>• vor Beginn und während der Durchführung der Gestaltungs-Maßnahmen
• fortlaufende Informationen</td></tr>
<tr><td>Informations-
methode</td><td>• Informationsgespräch, Diskussion mit Führungskräften und Betriebsrat
• auf Betriebsversammlungen
• Projektgruppen
• durch Informationsmaterial (z.B. Werkszeitung)</td></tr>
<tr><td>Informations-
umfang</td><td>• sehr umfassend</td></tr>
<tr><td>Abteilung
zuständig für
menschen-
gerechte
Gestaltung</td><td>• Projektleitung
• Sicherheitsabteilung/Sicherheitsingenieur
• Arbeitsstudienabteilung/Ergonomie
• Werksarzt
• Personalabteilung
• Geschäftsleitung
• Betriebs-, Montageabteilung
• Konstruktion</td></tr>
<tr><td>Mitarbeiter-
beteiligung</td><td>• Problemanalyse unter Einbeziehung der Mitarbeiter
• Ausschuß nach § 28 Betr.VG, der Einfluß auf den Verlauf nehmen kann
• Mitarbeit in Projektgruppen
• bei Durchführung
• Einreichung von Vorschlägen
• Arbeitsgruppen auf Betriebsebene
• Betriebs-, Abteilungsversammlungen</td></tr>
<tr><td>Interessen-
gruppen</td><td>• Betriebsrat, beratend, planend, bewertend, kontrollierend
• Planungsgruppe, beratend, planend, kontrollierend
• Berufsgenossenschaft, kontrollierend
• Arbeitgeberverband, beratend
• Gewerkschaft, beratend, kontrollierend
• Gewerbeaufsicht, beratend und kontrollierend</td></tr>
</table>

MML / 56

Abb. 6.4:   Möglichkeiten und Methoden der Information und Beteiligung von Mitarbeitern

Der eigentliche Einstieg in die Planung der Materialbereitstellung beginnt mit der Analyse und Bewertung der Ausgangssituation.

Dazu sind einerseits allgemeine Daten bezüglich des Montagesystems (Abb. 6.5) und andererseits speziell die Materialbereitstellung betreffende Informationen (Abb. 6.6) zu erheben.

Kriterien für die Analyse des Montagesystems

- Produkt und Produktion

  - Volumen
  - Stückzahl
  - Gewicht
  - Teileanzahl
  - Variantenanzahl
  - Produktart

- Montagesystemstruktur und Arbeitsorganisation

  - Auslösung des Montageauftrags
  - Werkstückfluß
  - Anzahl der Arbeitsplätze
  - Arbeitsumfang
  - Arbeitsteilung
  - Arbeitsinhalte

- Montagetechnik

  - Automatisierungsgrad
  - Montagehilfsmittel

MML / 37a

Abb. 6.5:   Kriterien für die Analyse des Montagesystems

Kriterien für die Analyse der Materialbereitstellung

- Teilearten
- Arbeitsinhalte
- Ablauf

Fallbeispiel X			Materialfluß: Montageteile 2. Ordnung	3. Ordnung	4. Ordnung
Organisation / Materialfluß	Ort	Quelle			
Organisation / Materialfluß	Ort	Senke			
Organisation / Materialfluß	Prinzip				
Organisation / Materialfluß	Funktionsträger	planen, disponieren			
Organisation / Materialfluß	Funktionsträger	auslösen			
Organisation / Materialfluß	Funktionsträger	ausführen			
Technik / Informationstechnik	Lagertechnik	Quelle			
Technik / Informationstechnik	Lagertechnik	Senke			
Technik / Informationstechnik	Fördertechnik				
Technik / Informationstechnik	Bereitstelltechnik				
Technik / Informationstechnik	Informationstechnik				

MML / 37b

Abb. 6.6: Kriterien für die Analyse der Materialbereitstellung

Abbildung 6.7 zeigt die wichtigsten Analyseverfahren, die im Rahmen der Planung der Materialbereitstellung in Montagesystemen Anwendung finden.

Analysemethode \ Einsatzbereich	Erzeugnisstruktur	Produktionsstruktur	Aufbauorganisation	Ablauforganisation der Materialbereitstellung	Bereitstellungsstruktur	Logistikwege	Lagerstruktur	Kommissionierung	Transportstruktur	Informationsstruktur	Kostenstruktur	Personalstruktur
ABC-Analyse	●				●	●	●	●	●		●	
XYZ-Analyse	●						●				●	
Multimoment-Aufnahme		●		●	●	●	●	●	●	●	●	●
Operationsfolgediagramm		●		●	●				●	●		
Produktstrukturplan	●				●		●	●				
Betriebsstrukturplan		●	●									
Layout-Pläne		●			●		●		●			
Mengengerüst		●		●	●	●	●	●	●	●		
Von-Zu-Diagramm				●		●			●			
Transportbeziehungsschema				●		●			●			
Materialflußbogen				●	●	●	●	●	●	●		
Ablauffolgestrukturdiagramm				●	●	●	●	●	●	●		
Informationsflußanalyse										●		
Personaleinsatzplan												●
Arbeitszeitstatistik												●
Tätigkeitsanalyse												●
Kostenanalyse											●	

Abb. 6.7:   Analysemethoden und deren Einsatzbereiche

6.2.2   Zielplanung

Die Zielplanung beinhaltet die beiden Schwerpunkte Konkretisierung der Zielsetzung und Präzisierung der Planungsaufgabe.

Das in der Konkretisierung der Zielsetzung zu entwickelnde übergeordnete Anforderungsprofil an den Planungsprozeß soll sowohl mitarbeiter- als auch unternehmensbezogene Zielkriterien enthalten. Es kann dadurch einerseits als Basis für das zielorientierte Arbeiten bei der Entwicklung von Planungsalternativen dienen und andererseits die Grundlage für die spätere Bewertung alternativer Systemkonzepte bilden.

Bei der Erarbeitung der Zielkriterien bietet sich eine Unterteilung in Muß- und Sollkriterien, die auch als Form von Fest- und Mindestanforderungen zu verstehen sind, an.

Unter Muß-Kriterien sind dabei alle Kriterien zu verstehen, die vom entwickelten Systemkonzept erfüllt werden müssen. Ist dies nicht der Fall, so scheidet diese Lösungsalternative aus dem weiteren Bewertungsprozeß aus.

Soll-Kriterien sind von allen Planungsalternativen möglichst gut zu erfüllen. Die Kombination ihrer Rangfolge mit dem Erfüllungsgrad in der jeweiligen Systemalternative ergibt ein Bewertungsschema für die Auswahl des geeigneten Systems aus den entwickelten Planungsalternativen.

Ein Beispiel für die Unterteilung der Zielkriterien in mitarbeiter- und unternehmensbezogene Ziele sowie Muß- und Soll-Kriterien zeigt Abbildung 6.8.

Den Abschluß der Konkretisierung der Zielsetzung bildet die Gewichtung der ermittelten Zielkriterien.

Häufig angewandte Methoden zur Gewichtung von Zielkriterien sind:

o   Argumentenbilanz,
o   direkte Bestimmung der Rangfolge von Zielkriterien,
o   Punktvergabe je Kriterium und
o   Präferenzmatrix.

mitarbeiterbezogene Ziele	unternehmensbezogene Ziele
Muß-Kriterien • Ausführbarkeit der Arbeit • Vermeidung von schädigenden Belastungen • Beeinträchtigungsfreiheit der Arbeit	• Montagesystemflexibilität • Verlängerung der Betriebsmittel-Nutzungszeiten • Verkürzung der Durchlaufzeiten
Soll-Kriterien • psychischer und physischer Belastungswechsel • Möglichkeit der individuellen Leistungsentfaltung der Mitarbeiter • möglichst großer Handlungsspielraum • vollständige Arbeitsinhalte • attraktive Arbeitszeitmodelle	• möglichst hohe Personaleinsatzflexibilität • Optimierung der Montagereihenfolge • Reduzierung von Verlusten infolge technischer Störungen • Erhöhung der Lieferbereitschaft • Sicherung der Qualität

MML / 43

Abb. 6.8:   Beispiel für einen Zielkriterienkatalog

Die Gewichtung durch Punktvergabe ist beispielhaft in Abbildung 6.9 dargestellt. Um eine pauschale Gleichverteilung der Punkte zu vermeiden, ist darauf zu achten, daß jedem Teilnehmer des Bewertungsteams weniger Punkte zur Verfügung stehen als Zielkriterien aufgelistet sind.

Beim paarweisen Vergleich (Präferenzmatrix) werden je zwei Alternativen im Laufe des Verfahrens zweimal bewertet. Das wichtigere Kriterium erhält dabei zwei Punkte, das weniger wichtige keinen Punkt; sind die Alternativen gleich zu bewerten, erhält jedes einen Punkt. Da der Vergleich im Laufe des Verfahrens je Paar zweimal vorgenommen wird, kann Inkonsistenz in der Bewertung aufgedeckt werden. Durch zeilenweises Aufsummieren ergibt sich der Rangplatz der Kriterien (Abb. 6.10).

Die dialektische Bewertung (Argumentenbilanz) macht deutlich, daß die Argumente von zwei Seiten aus gesehen werden können. Eine Unterschlagung der anderen Sichtweise eines Arguments oder ihr Vergessen ist dann nicht so leicht möglich. Durchschauen die Beteiligten die ablaufenden Argumentationsstrategien und die vorgebrachten Argumente nicht, besteht die Gefahr von Manipulation. Werden Einflüsse, wie Status und Macht einzelner Beteiligter zu wichtig, kann eine echte argumentative Auseinandersetzung erschwert werden.

Lfd. Nr.	ZIELKRITERIEN	Anzahl Punkte	Rang
1.	Dezentralisierung von planenden und steuernden Materialbereitstellungsaufgaben	●●●●●● ●●●●●● ●●●	15	1
2.	Flexibilität bzgl. Personaleinsatz	●●●●●● ●●●●●● ●	13	2
3.	Verbesserung der Arbeitsbedingungen in der Materialbereitstellung	●●●●●● ●●●●●●	12	3
4.	Optimale Anwendung von Materialbereitstellungsprinzipien	●●●●●● ●●●●	10	4
5.	Ergonomische Gestaltung der Arbeitsplätze	●●●●●● ●●●	9	5
6.	Reduzierung der Durchlaufzeiten	●●●●●● ●●	8	6
7.	Optimierung der Informationsbereitstellung	●●●●●● ●	7	7
8.	Ausschöpfen der Automatisierungsmöglichkeiten	●●●●●●	5	8
9.	Verringerung des Kommissionieraufwandes	●●●	3	9
10.	Reduzierung des Transportaufwandes	●	1	10

MML / 44

Abb. 6.9:   Gewichtung durch Punkteverteilung

Punktbewertungsverfahren, wie z.B. der paarweise Vergleich, vermitteln zunächst Objektivität durch ihren formalen Ablauf und die scheinbar vom Beurteilenden nicht beeinflußte Synthese der Einzelteile zu einer Gesamtbewertung. Dabei ist jedoch zu beachten, daß der subjektive Schritt nur in die Phasen der Kriterienauswahl vorverlagert wurde (Art und Häufigkeit einzelner Zielkriterien, Unabhängigkeit von Zielkriterien).

Lfd. Nr.	ZIELKRITERIEN	1	2	3	4	5	6	7	8	9	10	Σ	Rang
1.	Dezentralisierung von planenden und steuernden Materialbereitstellungsaufgaben		1	2	1	2	2	2	2	2	2	16	1
2.	Flexibilität bzgl. Personaleinsatz	1		1	1	2	1	2	2	2	2	14	2
3.	Verbesserung der Arbeitsbedingungen in der Materialbereitstellung	0	1		2	1	1	1	2	2	2	12	3
4.	Optimale Anwendung von Material-bereitstellungsprinzipien	1	1	0		2	1	1	1	2	1	10	4
5.	Ergonomische Gestaltung der Arbeitsplätze	0	0	1	0		0	2	2	2	2	9	5
6.	Reduzierung der Durchlaufzeiten	0	1	1	1	2		0	0	1	2	8	6
7.	Optimierung der Informationsbereitstellung	0	0	1	1	0	2		1	1	1	7	7
8.	Ausschöpfen der Automatisierungs-möglichkeiten	0	0	0	1	0	2	1		0	1	5	9
9.	Verringerung des Kommissionier-aufwandes	0	0	0	0	0	1	1	2		2	6	8
10.	Reduzierung des Transportaufwandes	0	0	0	1	0	0	1	1	0		3	10

Legende: 2 : 0 = Kriterium 1 ist wichtiger als Kriterium 2
1 : 1 = Kriterium 1 ist gleich wichtig wie Kriterium 2
0 : 2 = Kriterium 1 ist weniger wichtig als Kriterium 2

Abb. 6.10: Präferenzmatrix (paarweiser Vergleich)

Die Präzisierung der Planungsaufgabe erfolgt schriftlich und enthält das sogenannte Pflichtenheft, in dem die Planungsaufgabe näher spezifiziert und gegenüber dem betrieblichen Umfeld abgegrenzt wird.

6.2.3 Systemplanung

In der Systemplanung geht es vor allem darum, ein breites Spektrum von Planungsalternativen, die auch extreme Lösungen beinhalten sollten, mit vertretbarem Aufwand zu entwickeln und zu beurteilen.

Da die eingesetzte Technik und die Entscheidung für eine bestimmte Arbeitsorganisation in keinem eindeutigen funktionalen Zusammenhang stehen, kann häufig der
Fall eintreten, daß ein und dieselbe prozeßtechnische Systemalternative mit unterschiedlichen arbeitsorganisatorischen Systemalternativen kombiniert werden kann
und umgekehrt. So kann z.B. im prozeßtechnischen System der Montage am tischgebundenen Umlaufsystem die Materialbereitstellung arbeitsorganisatorisch von einem Systemversorger, Mitarbeiter oder von einer Montagegruppe durchgeführt werden. Ebenso können neben der operativen, die dispositiven Elemente der Materialbereitstellung von den unterschiedlichsten Funktionsträgern und nach verschieden-
sten Prinzipien abgewickelt werden. Somit steigt die Anzahl von Gesamtsystemalter-
nativen, die durch eine Synthese von alternativen prozeßtechnischen und arbeitsorganisatorischen Systemkomponenten entstehen, sehr schnell an.

Die planerischen Gestaltungsspielräume bei der Alternativenentwicklung bestehen,
nachdem der Systemauftrag und die Montagetechnologien festliegen, hauptsächlich
in den unterschiedlichen Teilungsarten wie:

o   Funktionsteilung,
o   Kapazitätsteilung und
o   Arbeitsteilung

sowie ihrer mengen- und artteiligen Ausrichtung.

Für jede Kombination von Teillösungen, die als Gesamtlösung in Betracht kommt,
muß sichergestellt sein, daß sie eine sinnvolle Planungsalternative darstellt. D.h.
schon während der Alternativenentwicklung muß eine kritische Begutachtung sei-
tens der Planer im Hinblick auf die im Anforderungsprofil festgelegten Kriterien erfolgen und bei Bedarf ein entsprechender Abgleich bei den Planungsalternativen vorgenommen werden.

Die Bewertung und Beurteilung der Lösungsalternativen erfolgt schließlich anhand
monetär quantifizierbarer und nicht quantifizierbarer Bewertungskriterien. Für die
monetäre Beurteilung werden in der Regel Kostenvergleichsrechnungen eingesetzt.
Die nicht quantifizierbaren Beurteilungskriterien wie z.B. "Flexibilität" oder "Persönlichkeitsförderlichkeit" können zum einen mittels Nutzwertanalysen und zum anderen
durch den Einsatz arbeitswissenschaftlicher Bewertungsverfahren beurteilt werden.

6.2.3.1 Planungsgrundlagen

Teilaufgaben der Erarbeitung und Aufbereitung der Planungsgrundlagen sind:

o   Bildung von Montagefamilien und die Festlegung der Systemgrenzen mit Hilfe
    einer Teileklassifizierung und der Entwicklung einer Montageablaufstruktur,
o   die Festlegung der Montage-, Transport-, Lager- und Bereitstelltechnik,
o   die Festlegung der möglichen Organisationsprinzipien in Montage und Materi-
    albereitstellung.

Teileklassifizierung

Wichtige Basis bei der Erstellung von Planungsgrundlagen ist die Analyse des Pro-
duktprogramms anhand von Klassifizierungsmerkmalen. Die Teileklassifizierung gibt
Hinweise auf die sinnvolle Gliederung eines Montagesystems:

o   in mehrere Teilsysteme oder
o   in Vor-, End- oder Komplettmontage.

Dabei können Auswertungsschwerpunkte

o   teile- und baugruppenorientiert (variantenbestimmt, variantenunabhängig),
o   materialbereitstellungsorientiert,
o   kapazitätsorientiert oder
o   steuerungsorientiert

sein.

Aufgabe der Teileklassifizierung ist es somit, die Menge der Produkte und Teile so in
Klassen zusammen zu fassen, daß diese hinsichtlich bestimmter Merkmale möglichst ähnlich sind. Dazu dient eine mehrstufige Teileklassifizierung, die unterschiedliche Klassifizierungsmerkmale wie z.B. Verbrauch, Volumen, Wert usw. berücksichtigt.

Kriterien der menschengerechten Produkt und Montagesystemgestaltung sind in
Abbildung 6.11 dargestellt.

Menschengerechte Produkt und Montagesystemgestaltung

• Gestaltung der Montage nach humanitären Gesichtspunkten

  - Trennung von manuellen und automatisierten Bereichen

  - Abschnitte mit ganzheitlichen, abgeschlossenen Arbeitsinhalten

  - Qualitätsabschnitte mit kurzen Regelkreisen

  - Verantwortungsbereiche bzgl. Baugruppen oder Komplettprodukten

  - Autonome Abschnitte (bzgl. Steuerung, Materialbereitstellung, ...)

  - Ausgewogenheit von Belastung und Beanspruchung pro Abschnitt

  - Separierung von Emissionsbereichen

  - Kooperations- und Kommunikationsbereiche

  - Gesichtspunkte zur Qualifikationsentwicklung

  - Soziale Verträglichkeit

• Abgeleitete Maßnahmen zur humanitären Produktgestaltung

  - Manuell und automatisch montierbare Einheiten

  - Mix von einfachen und komplexen Montageaufgaben

  - Arbeitsinhaltsabschnitte gesamt ca. 30 min

  - Arbeitsinhaltsmix von ca. 1 - 8 min

  - Emissionsfreie Fügetechnik einsetzen (Schnappen, Schrauben, etc.)

  - Prüfbarkeit der Baugruppen vorsehen

  - Arbeitsteilung von 3 - 12 Mitarbeitern vorsehen

MML / 28

Abb. 6.11:   Menschengerechte Produkt und Montagesystemgestaltung

Entwicklung der Montageablaufstruktur

Die Montageablaufstruktur eines zu montierenden Erzeugnisses veranschaulicht die logische sowie auch zeitliche Aufeinanderfolge von Teilaufgaben der Montage, die zur Erfüllung der Gesamtaufgabe notwendig sind. Hierdurch wird dokumentiert, welche Freiheitsgrade bei der Montage eines Erzeugnisses vorliegen, also welche Teilaufgaben direkt hintereinander ausgeführt werden müssen bzw. unabhängig voneinander ausführbar sind.

Für die Darstellung der Montageablaufstruktur werden bevorzugt Arbeitspläne (Arbeitsanweisungen) und Vorranggraphen eingesetzt.
Arbeitspläne und Arbeitsanweisungen beschreiben eine sukzessive Montagereihenfolge. Der Montageablauf wird darin durch die Angabe von Nummern der Vorgänger bzw. Nachfolger der einzelnen Teilverrichtungen beschrieben. Die Darstellung ist allerdings unübersichtlich und für den Betrachter nur schwer nachvollziehbar. Arbeitspläne und Arbeitsanweisungen sind daher nur für die Beschreibung einfacher Strukturen geeignet.
Bei den Vorranggraphen handelt es sich um eine netzplanähnliche Darstellung von Teilaufgaben der Montage, in der die Teilaufgaben als Knoten und die Abhängigkeitsbeziehungen als Verbindungslinien (Kanten) zwischen den Knoten dargestellt werden. Vorranggraphen bieten eine Reihe von Möglichkeiten der Auswertung hinsichtlich der Arbeitsinhalte und der Materialbereitstellung in einem Montagesystem (Abb. 6.12).

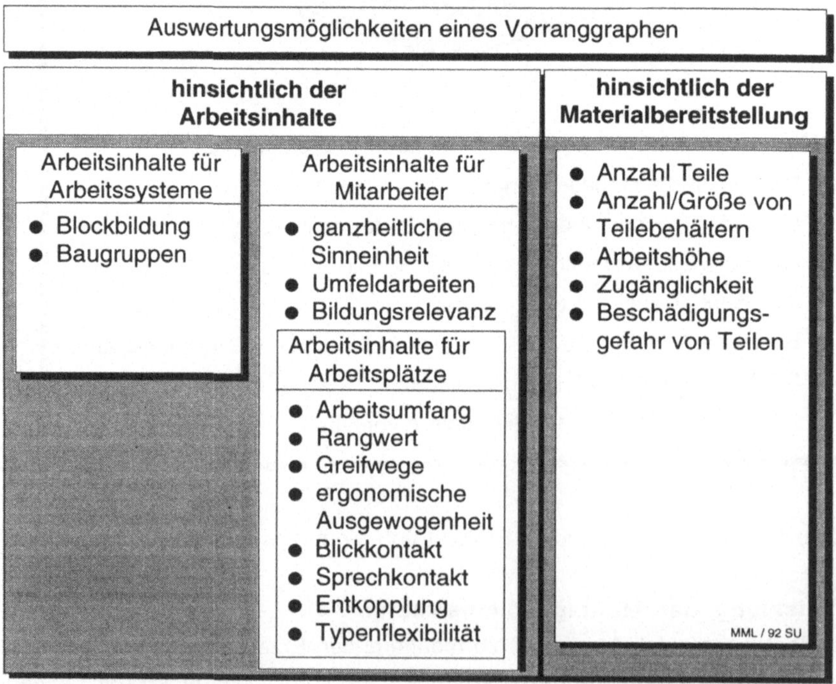

Abb. 6.12:   Auswertungsmöglichkeiten eines Vorranggraphen

Festlegung der Montage-, Transport-, Lager-, Bereitstell- und Informationstechnik

Auf der Basis der analysierten Montageablaufstrukturen und zukünftiger Anforderungen beginnt die Entwicklung der technischen Systemkomponenten des Montagesystems. Es sollten mehrere alternative technische Lösungen entwickelt werden, aus denen in der nächsten Planungsphase in einem iterativen Prozeß sinnvolle Gesamtplanungsalternativen entwickelt werden können.

Bezüglich der Montagetechnik ist die Realisierbarkeit zu untersuchen, d.h. wie und mit welchen Montagemitteln (Vorrichtungen, Werkzeugen) das Produkt montiert werden kann:

a)   manuell,
b)   teilautomatisiert,
c)   vollautomatisiert,
d)   Kombination aus a), b) oder c).

Durch die Anwendung des Simultaneous Engineering zwischen Montageplanung und Entwicklung/ Konstruktion sollen frühzeitig die Punkte

o   Montageverfahren,
o   Montagelage,
o   Baugruppenstruktur,
o   Teilevielfalt und
o   Basisteile

geklärt werden.

Der Montageplaner muß die Möglichkeit haben, einen wesentlichen Einfluß auf die Konstruktion zu nehmen, damit das Produkt montagegerecht gestaltet wird. Alternative Montagetechniken können bereits im Stadium der Produktentwicklung berücksichtigt werden.

Für die Auswahl der Transport-, Lager-, Bereitstell- und Informationstechnik sei an dieser Stelle auf das Kapitel 3 verwiesen.

Festlegung der Organisation

Als Organisationsprinzip einer Montage bezeichnet man die Form der räumlichen und zeitlichen Zusammenfassung von Arbeitskräften und Betriebsmitteln zu organisatorischen Einheiten im Montageprozeß.

Montagesysteme können nach folgenden Prinzipien aufgebaut sein:

o   Prinzip der Verrichtungszentralisation:
     Gleichartige Tätigkeiten an unterschiedlichen Produkten (Objekten) werden zu
     organisatorischen Einheiten zusammengefaßt.
o   Prinzip der Objektzentralisation:
     In einer organisatorischen Einheit werden unterschiedliche Tätigkeiten an
     gleichartigen Objekten zusammengefaßt.
o   Prinzip der "gemischten Strukturen":
     Gemischte Strukturen sind Verbindungen des Verrichtungs- und Objektprinzips
     in einer organisatorischen Einheit.

Vorteile des Verrichtungsprinzips sind:
-    Wenn Betriebsmittel für mehrere Produkt-Baureihen genutzt werden kön-
     nen, sind geringere Investitionen zu erwarten.
-    Jede Auftragsstückzahl kann problemlos gefertigt werden, d.h. die Stück-
     zahlflexibilität ist hoch.
-    Störungen an einem Arbeitsplatz oder Betriebsmittel wirken sich weniger
     auf andere Arbeitsplätze aus.

Vorteile des Objektprinzips sind:
-    Die Komplettbearbeitung der Produkte ist möglich.
-    Es kann von den Mitarbeitern eine bessere Identifikation mit dem Produkt
     erwartet werden.
-    Der Steuerungsaufwand ist relativ gering.
-    Die Transportwege können je Produkt-Baureihe kurz gehalten werden.
-    Der Umlaufbestand an Material ist im allgemeinen geringer.
-    Rückmeldungen, z.B. über mangelhafte Qualität, erfolgen relativ kurzfristig.

**"Gemischte Strukturen" als Kombination von Objekt- und Verrichtungs-
prinzip**
-    Da jedes Organisationsprinzip seine Vorteile besitzt, ist es sinnvoll, das
     Organisationsprinzip auf die Charakteristik des jeweiligen Montageab-
     schnitts abzustimmen und für die Gesamtstruktur eine Mischform aus
     beiden Extremen zu entwickeln.

Aus dem Blickwinkel der Arbeitsbedingungen ist das Objektprinzip mit der Möglichkeit "Komplettmontage" dem Verrichtungsprinzip vorzuziehen, wobei das Verrichtungsprinzip durchaus wirtschaftliche Vorteile haben kann.

In Abbildung 6.13 ist eine Bewertungstabelle für Organisationsformen nach arbeitswissenschaftlichen Kriterien dargestellt.

Auf die Auswahl des geeigneten Organisationsprinzips der Materialbereitstellung hat die Teilestruktur einen wesentlichen Einfluß. Ziel der Wahl des Materialbereitstellungs-Prinzips ist es also, jedem Montageteil das geeignete Organisationsprinzip zuzuweisen, um den Ablauf der Materialbereitstellung optimal gestalten zu können. Die Basis hierfür bildet eine, über die zur Ermittlung von repräsentativen Produkten eingesetzten ABC-Analyse hinaus, weiterführende Teileklassifikation wie sie bereits zu Beginn dieses Kapitels angesprochen wurde.

Die geeigneten Organisationsprinzipien können anhand der in Abb. 6.14 dargestellten Tabelle ausgewählt werden.

Aufgrund der vielen unterschiedlichen Teilecharakteristika sind meist mehrere Organisationsprinzipien geeignet. Da zu viele im Betrieb eingesetzte Organisationsprinzipien zu unverhältnismäßig großem organisatorischem Mehraufwand führen, sollte sich der Planer auf so viele unterschiedliche Prinzipien wie nötig und so wenige Prinzipien wie möglich beschränken. Ziel einer anforderungsgerechten Auswahl von Materialbereitstellungs-Prinzipien ist es daher, alle Teile ca. 2-4 verschiedenen Prinzipien zuzuweisen.

Für die in Kapitel 5 vorgestellen Montagesystemtypen wurde in Abbildung 6.15 für beispielhafte Teile mit unterschiedlichen Charakteristika (A-M) unter Verwendung der Ergebnisse der Analyse eine Auswahl von Materialbereitstellungsstrategien vorgenommen.

Beurteilungskriterien		Organisationsformen			
		stationäre Objekte, stationäre Arbeitsplätze	stationäre Objekte, bewegte Arbeitsplätze	bewegte Objekte, stationäre Arbeitsplätze	bewegte Objekte, bewegte Arbeitsplätze
technisch	technische Nutzung der Mittel	○	◐	●	●
technisch	Flächenbedarf	●	○	◐	◐
technisch	Störungseinfluß von Anpaßarbeiten	○	◐	●	◐
organisatorisch	Abhängigkeit von der Stückzahl	○	◐	●	●
organisatorisch	Abhängigkeit von Montageablauf	○	◐	●	◐
organisatorisch	Anpassungsschwierigkeiten bei Auftragsschwankungen	●	●	○	○
organisatorisch	Durchführbarkeit von Sonderaufträgen	●	◐	○	○
organisatorisch	Transparenz des Montageablaufs für Mitarbeiter	○	◐	●	●
organisatorisch	Terminübersicht	○	◐	●	●
organisatorisch	Aufwand bei der Materialbereitstellung	●	●	○	○
personell	Arbeitsinhalt	●	◐	○	●
personell	Qualifikationsanforderungen	●	◐	○	●
personell	Möglichkeit zur individuellen Leistungsentfaltung	◐	●	○	●
personell	Möglichkeit der Vergrößerung der Arbeitsaufgabe durch - Arbeitserweiterung	◐	◐	◐	●
personell	- Arbeitsbereicherung	●	◐	○	●
personell	- Arbeitsplatzwechsel	●	◐	◐	●
personell	Möglichkeit für Belastungswechsel für Mitarbeiter	◐	●	○	●
personell	Möglichkeit zur Entkopplung Mensch › Mensch	●	◐	○	●
personell	Möglichkeit zur Entkopplung Mensch › Betriebsmittel	○	●	○	●
personell	Kommunikationsmöglichkeit	○	◐	○	●
personell	Möglichkeit zur Produktidentifikation	●	◐	○	●
personell	Einarbeitungsaufwand	●	◐	○	●
zeitlich	zeitliche Nutzung der Mittel	○	◐	●	●
zeitlich	Fehlzeitanteil	○	◐	●	○
zeitlich	Durchlaufzeit	●	○	○	○
finanziell	Kapitalbindung	●	◐	○	○
finanziell	Investitionsbedarf	○	◐	●	●
finanziell	Planungsaufwand	○	●	●	●

Legende: ○ gering ◐ mittel ● hoch   MML / 91 SU

Abb. 6.13:   Beurteilung von Organisationsformen

Teileklassifizierungskriterien	Materialbereitstellungsstrategie	Zusammengefaßte Auftragskommissionierung	Gesamtauftragskommissionierung	Teilauftragskommissionierung	Einzelkommissionierung	Zielsteuerung (JIT)	Periodische Bereitstellung	Kanban	Mehrbehältersystem	Handlager
Teilewert	teuer	X	X	X	X	X	(X)	X	-	-
	mittel	(X)	X	X	X	(X)	X	X	(X)	-
	billig	-	-	-	-	-	X	-	X	X
Teilevolumen	Großteile	-	▓	▓	X	X	▓	▓	(X)	-
	mittelgroß	(X)	▓	▓	(X)	(X)	▓	▓	X	-
	Kleinteile	X	▓	▓	-	-	▓	▓	X	X
Teilegewicht	groß	(X)	▓	▓	▓	▓	▓	▓	(X)	-
	mittel	X	▓	▓	▓	▓	▓	▓	X	-
	gering	X	▓	▓	▓	▓	▓	▓	X	X
Schutzbedürftigkeit	groß	X	X	X	X	X	▓	-	-	-
	klein	-	-	-	-	(X)	▓	X	X	X
Verwechslungsgefahr	groß	-	X	X	X	X	▓	▓	▓	-
	klein	X	-	-	-	(X)	▓	▓	▓	(X)
Verwendungscharakter	Gleichteil	▓	-	(X)	-	-	X	X	X	▓
	Mehrfachv.	▓	(X)	X	(X)	-	(X)	(X)	X	▓
	Variantent.	▓	X	X	X	X	-	-	-	▓
Verbrauchscharakter	gleichm.	X	(X)	(X)	-	(X)	X	X	X	X
	schwank.	(X)	X	X	X	X	(X)	(X)	(X)	X
	sporadisch	-	X	X	X	X	-	-	-	-
Wiederbeschaffungszeit	groß	-	▓	▓	▓	-	X	-	-	-
	mittel	-	▓	▓	▓	(X)	(X)	-	(X)	-
	klein	X	▓	▓	▓	X	-	X	X	X
Änderungshäufigkeit	hoch	-	▓	▓	▓	▓	-	-	-	-
	gering	X	▓	▓	▓	▓	X	X	X	X

Bild 43

Legende:
- X = Kriterium relevant
- (X) = Kriterium bedingt relevant
- - = Kriterium nicht sinnvoll
- ▓ = Kriterium nicht relevant

Abb. 6.14: Entscheidungstabelle für die Auswahl von Materialbereitstellungsprinzipien

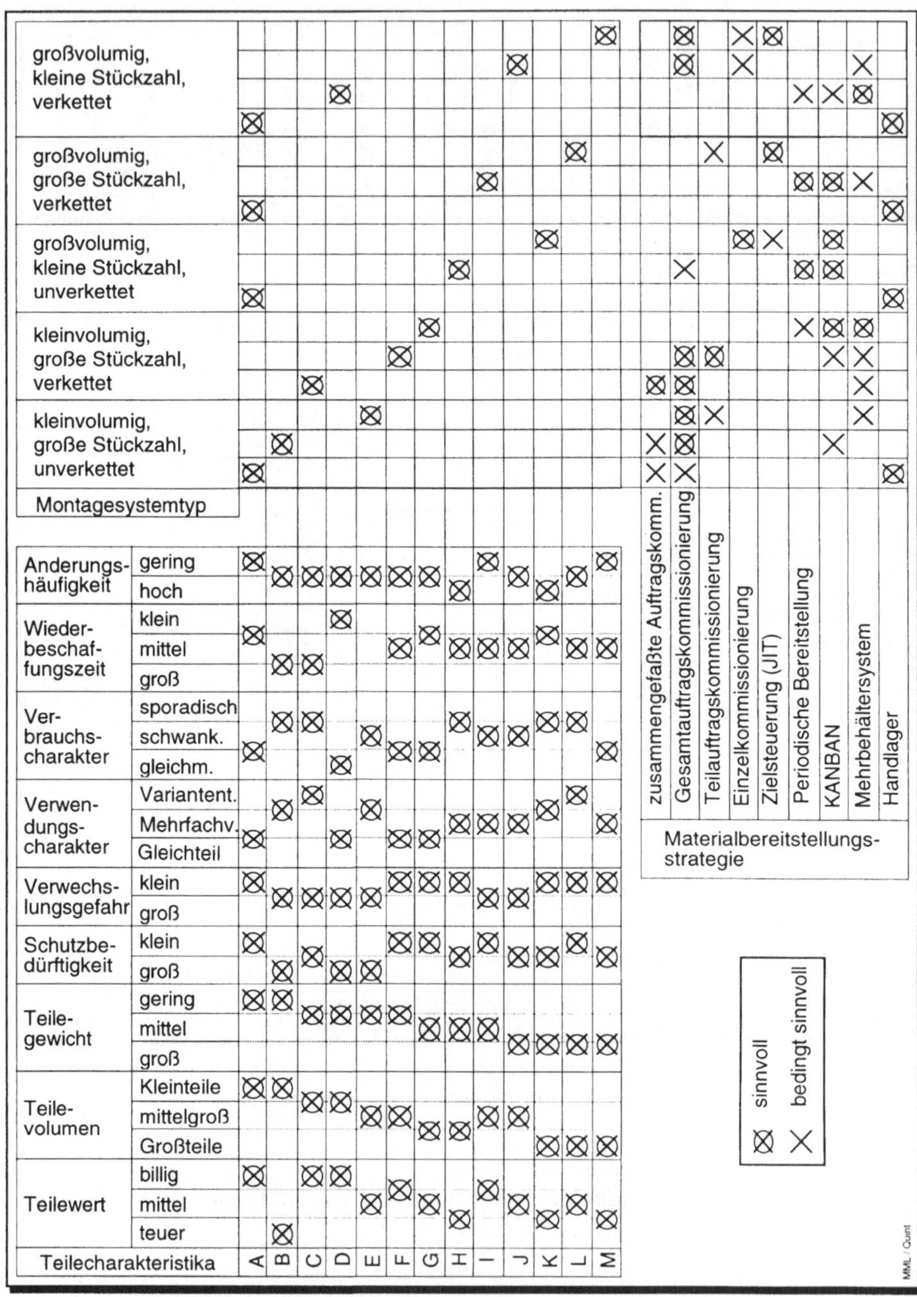

Abb. 6.15:   Zusammenhang zwischen Teilecharakteristika, Montagesystemtyp und Materialbereitstellungsstrategie.

6.2.3.2 Alternative Systeme planen

Ausgehend von der Montageablaufstruktur einerseits und vom Teilespektrum des Montagesystems andererseits werden alternative Montageabschnitte gebildet, wobei grundsätzlich die vorher definierten Muß- und Sollkriterien zu berücksichtigen sind.

Eine Reihe von Gestaltungskriterien zur Berücksichtigung von mitarbeiterorientierten Aspekten findet sich in Abbildung 6.16.

Für die alternativen Montageabschnitte wird die benötigte Kapazität (z.B. Anzahl Mitarbeiter) ermittelt. Aus dem Kapazitätsbedarf und dem vorgesehenen Kapazitätsangebot ergibt sich ein Optimierungsproblem, das auch als Kapazitätsteilungsplanung bezeichnet wird.

Da die Kapazitätsteilungsplanung im Falle hoher Typen- und Variantenvielfalt infolge des Planungsaufwands nicht für jeden Typ und für jede Variante durchgeführt werden kann, müssen planungsrelevante Typen und Varianten als Repräsentanten für die weitere Planung bestimmt werden.

Die kapazitive Abstimmung der Montageabschnitte (Abb. 6.17) führt zu einer Kapazitätsteilung die anschließend auf ihre technische Realisierbarkeit zu prüfen ist. Damit wird festgelegt:

o   Aufgabenteilung zwischen Mensch und Technik: Welche Aufgaben werden manuell und welche maschinell durchgeführt?

o   Arbeitsteilung innerhalb der Technik: Wie teilen sich die einzelnen Ablaufabschnitte auf geeignete Betriebsmittel auf?

o   Arbeitsteilung zwischen verschiedenen Mitarbeitern: wie verteilen sich die Tätigkeiten auf verschiedene Personengruppen, wie Montagemitarbeiter, Einrichter oder Materialbereitsteller; werden die Tätigkeiten an einem oder mehreren Arbeitsplätzen ausgeführt?

Ziele		Überdimensionierung	gemischte Arbeitsteilung	parallele Arbeitssysteme	Gruppenarbeit	Puffer	Blockbildung	gleitendes Abtakten	Arbeitsplatzwechsel	Nebenfluß	Umlauffluß
arbeitswissenschaftlich	Belastungswechsel	●			●	●			●		●
arbeitswissenschaftlich	Qualifizierungsmöglichkeit	●	●		●			●	●		
arbeitswissenschaftlich	Leistungsrückmeldung	●	●								
arbeitswissenschaftlich	Arbeitsbereicherung	●	●		●		●		●		●
arbeitswissenschaftlich	Arbeitserweiterung	●	●		●		●		●		●
arbeitswissenschaftlich	Förderung Informationsaustausch	●	●		●			●		●	
arbeitswissenschaftlich	Freiräume sachlicher Art	●	●		●	●	●			●	●
arbeitswissenschaftlich	Freiräume zeitlicher Art	●	●		●	●	●	●		●	●
arbeitswissenschaftlich	Reduzierung psychischer Belastung	●	●		●	●	●		●		●
arbeitswissenschaftlich	Reduzierung physischer Belastung						●		●		
arbeitswissenschaftlich	Reduzierung Unfallgefahren					●	●				
technisch/wirtschaftlich	Minimierung Platzbedarf	○	○	○		○				○	
technisch/wirtschaftlich	Minimierung Investitionsaufwand	○	○	○		○	○				
technisch/wirtschaftlich	Erhöhung Personalnutzung	●			●	●			●		
technisch/wirtschaftlich	Erhöhung Maschinennutzung	○			●	●			●		
technisch/wirtschaftlich	Reduzierung Durchlaufzeiten	○	●			○				○	○
technisch/wirtschaftlich	Produktqualität	●		●							●
technisch/wirtschaftlich	Fertigungssicherheit	●	●	●	●	●		●		●	
technisch/wirtschaftlich	Möglichkeit zum Kapazitätsausgleich						○	●			●
technisch/wirtschaftlich	Flexibilität bzgl. Kapazitätsteilung		●	●	●	●		●			
technisch/wirtschaftlich	Flexibilität bzgl. Personaleinsatz	●	●	●	●	●	●			●	●
technisch/wirtschaftlich	Flexibilität bzgl. Stückzahl	●	●	●	●	●	●	●		●	●
technisch/wirtschaftlich	Flexibilität bzgl. Typen/Varianten	●	●			●				●	●

Maßnahmen

MML / 93 SU

Legende:

● positiver Einfluß

○ negativer Einfluß

Abb. 6.16:   Gestaltungskriterien zur Planung alternativer Systeme

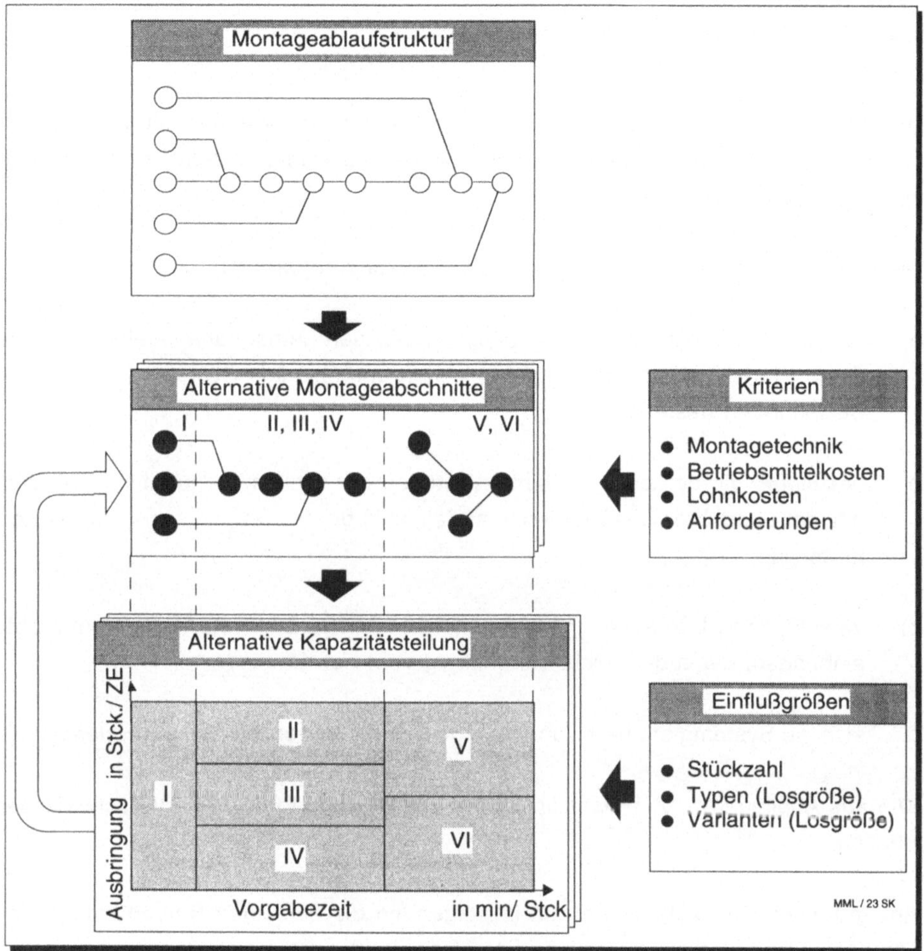

Abb. 6.17:   Optimierung von Montageablauf und Kapazitätsteilung

6.2.3.3 Bewertung der Systeme

Um die in den vorangegangenen Planungsschritten entwickelten alternativen Arbeitssysteme der Materialbereitstellung bewerten zu können, bedarf es der Ermittlung quantitativer und qualitativer Daten.

Die Komplexität der Bewertung ergibt sich insbesondere dadurch, daß

o   zwischen den technisch-wirtschaftlichen und den humanitären Zielen - mit anderen Worten: zwischen dem technischen und sozialen System - komplizierte Beziehungen bestehen.

o   besonders die personalorientierten Kriterien nur schwer zu quantifizieren sind, d.h. der Grad ihrer Realisierung zum Zeitpunkt der Bewertung nur schwer zu erfassen ist.

o   verschiedene Interessengruppen unterschiedliche Zielsysteme und -gewichte einbringen, die zudem nicht unabhängig voneinander sind.

o   sich die Systemmerkmale von Montagesystemen über der Zeit verändern.

Wie aus Abbildung 6.18 ersichtlich, erfolgt die Bewertung in drei unterschiedlichen Phasen.

Anhand eines Beispiels sollen nun im folgenden die einzelnen Bewertungsschritte veranschaulicht werden. Im verwendeten Beispiel (Abb. 6.19) sind verschiedene Alternativen einer innerbetrieblichen Materialflußkette aufgezeigt. Dabei wird die Materialflußkette in ihre kleinsten sinnvollen Glieder zerlegt und der Aufbau der Systembausteine des Ist-Zustands und der Planungsalternativen aufgezeigt.

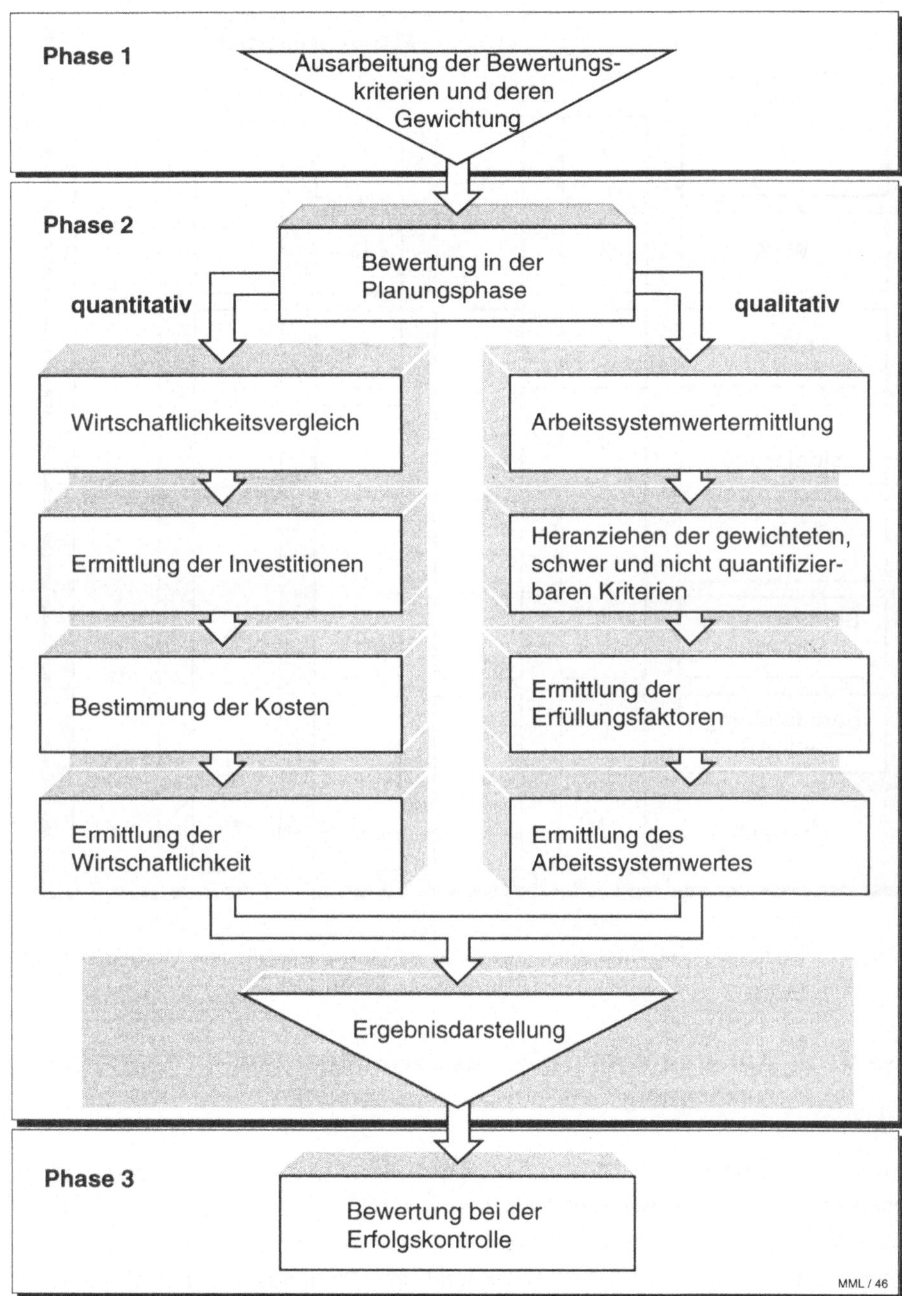

Abb. 6.18:   Ablauf der Bewertung

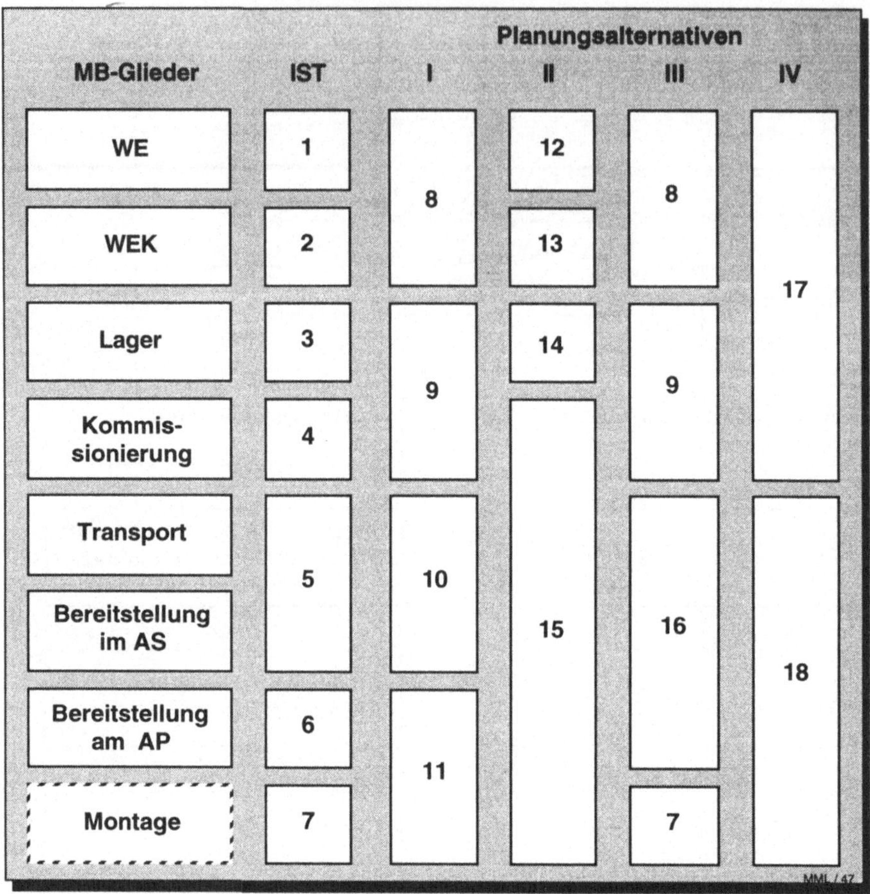

Abb. 6.19:   Beispiel - Planungsalternativen einer innerbetrieblichen Materialflußkette

Phase 1:   Ausarbeitung der Bewertungskriterien und deren Gewichtung

Aus den, wie in Kap. 6.2.2 beschrieben, erarbeiteten Zielen müssen nun Bewertungskriterien abgeleitet werden. Dazu hat ein Experte aus dem Planungsteam Überschneidungen innerhalb des bisherigen Zielsystems zu entflechten und Bewertungskriterien zu formulieren, die anschließend dem Planungsteam zur Abstimmung vorgelegt werden und folgenden Anforderungen genügen müssen:

o   Situationsrelevanz: Die Kriterien entsprechen den jeweiligen Planungsaufgaben.

o   Vollständigkeit: Alle wesentlichen Gesichtspunkte müssen berücksichtigt sein.

o   Unabhängigkeit: Scharfe Abgrenzung der Kriterien untereinander, um Überschneidungen und damit Doppelbewertungen zu vermeiden.

o   Handhabbarkeit: Überschaubare Anzahl der Kriterien zur Begrenzung des Bewertungsaufwandes.

Bei den Bewertungskriterien wird zwischen drei Gruppen unterschieden:

o   monetär quantifizierbare Kriterien (z.B. Fertigungslohn, Betriebsmittelkosten, ...),

o   monetär schwer bzw. nicht quantifizierbare Kriterien.

Die Übergänge zwischen diesen Gruppen können fließend sein, so daß die Quantifizierung eines Kriteriums mit dem daraus resultierenden Zeitaufwand abzuwägen ist. Dabei werden die monetär quantifizierbaren Kriterien und die in monetäre Größen transformierbaren Kriterien zum Wirtschaftlichkeitsvergleich herangezogen, die übrigen zur Arbeitssystemwertermittlung.
Kriterien für den Wirtschaftlichkeitsvergleich könnten z.B. die anfallenden Materialbereitstellungskosten pro Jahr, der Personalbedarf und die Investitionskosten für die Lager-, Transport- oder Bereitstelltechnik sein.

Dagegen tendieren die Bewertungskriterien für die Arbeitssystemwertermittlung eher in Richtung der Prinzipien der menschengerechten Arbeitsplatzgestaltung (vgl. Kap. 4) oder dem Qualifikationsniveau.

Da die Bewertungskriterien bei der Arbeitssystemwertermittlung u.a. nicht gleichwertig sind, müssen diese zusätzlich mittels Gewichtungsfaktoren gewichtet werden. Zur Gewichtung können wie schon in Kap. 6.2.2 erläutert, beispielsweise der paarweise Vergleich sowie die Vergabe von Gewichtungspunkten herangezogen werden.

Phase 2:   Bewertung der Planungsphase

Wirtschaftlichkeitsvergleich
Der Wirtschaftlichkeitsvergleich ist im wesentlichen ein Kostenvergleich (Warnecke ..
1981). Die Vorgehensweise besteht in der Ermittlung der Investitionen und der Bestimmung der Kosten:

o   Investitionen: Einmalig auftretende Kosten, wie z.B. Anschaffungskosten für Be-
     triebsmittel, Installationskosten sowie Ausbildungskosten und Entwicklungsko-
     sten, die in die Vorbereitungskosten eingehen.

o   Kosten: Alle weiteren laufend auftretenden Kosten, wie z.B. Personalkosten,
     Betreuungskosten und Abschreibungen.

Zur Ermittlung der Wirtschaftlichkeit werden nun die entsprechenden Beträge gegen-
einander abgeschätzt. Dazu können auch weitere Wirtschaftlichkeitskennzahlen wie
Amortisationszeit, Renditen usw. herangezogen werden.

Abbildung 6.20 und 6.21 beschreiben die oben aufgezeigten Vorgehensschritte anhand der in Abbildung 6.19 vorgestellten möglichen Planungsalternativen einer Materialflußkette. Dabei ist zu beachten, daß die unterschiedlichen Alternativen der Materialflußkette einen unterschiedlichen Automatisierungsgrad der Teilglieder bedingen. Beispielsweise ist bei der Übernahme der Kommissionierung durch den
Montagemitarbeiter eine andere Lagerform zu berücksichtigen, wie z.B. ein produkti-
onsnahes Lager mit einstufiger Kommissionierung.

Arbeitssystemwertermittlung
Bei der Arbeitssystemwertermittlung, die im Aufbau der Nutzwertanalyse entspricht,
werden die nicht monetär quantifizierbaren und die nicht quantifizierbaren Bewertungskriterien berücksichtigt. Außer bei der Berechnung der Arbeitssystemwerte sind
alle Vorgehensschritte innerhalb des Planungsteams durchzuführen, da eine ausführliche Diskussion der Erfüllungsfaktoren, wie schon bei der Ermittlung der Gewichtungsfaktoren für die Bewertungskriterien, notwendig ist.

Der Erfüllungsfaktor gibt an, in welchem Grad eine Planungsalternative ein Bewer-
tungskriterium erfüllt. Er kann direkt durch das Planungsteam durch Diskussion prognostiziert werden oder indirekt durch Heranziehen von standardisierten Bewer-
tungsinstrumenten wie FAA, AET, TBS usw..

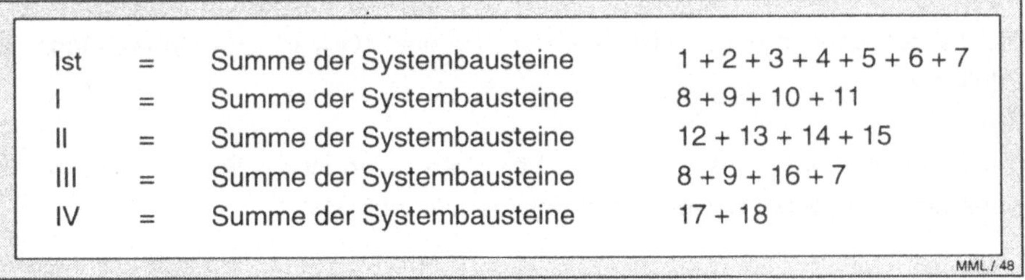

Ergebnis:

	IST	Planungsalternativen			
		I	II	III	IV
Investitionsbetrag [TDM]	805	1 035	985	965	1 000
Personalbedarf [Anzahl]	27	21	24	23	21
Kosten / Jahr [TDM]	1 762	1 442	1 613	1 549	1 433
Rang	5	2	4	3	1

Aufbau der Planungsalternativen:

Ist	=	Summe der Systembausteine	1 + 2 + 3 + 4 + 5 + 6 + 7
I	=	Summe der Systembausteine	8 + 9 + 10 + 11
II	=	Summe der Systembausteine	12 + 13 + 14 + 15
III	=	Summe der Systembausteine	8 + 9 + 16 + 7
IV	=	Summe der Systembausteine	17 + 18

Abb. 6.20:   Beispiel - Ergebnisse des Wirtschaftlichkeitsvergleiches

Beispiel	1	2	3	4	5	6	7	8	9
Nummer des Systembausteins									
Investitionssumme	15 000	10 000	500 000	150 000	100 000	30 000	0*	35 000	700 000
Personen / Schicht	6	6	5	4	4	2	-	9	9
Personalkosten / Jahr bei 60 000,- / Person	360 000	360 000	300 000	240 000	240 000	120 000	-	540 000	540 000
Betreuungskosten/Jahr ($\widehat{=}$ 5% der Investitionssumme)	750	500	25 000	7 500	5 000	1 500	-	1 750	35 000
Abschreibungen / Jahr (bei 8 Jahren Abschreibungszeitraum)	1 875	1 250	62 500	18 750	12 500	3 750	-	4 375	87 500
$\subset$ Kosten / Jahr	362 625	361 750	387 500	266 250	257 500	125 250	-	546 125	662 500

Beispiel	10	11	12	13	14	15	16	17	18
Investitionssumme	250 000	50 000	20 000	15 000	550 000	400 000	230 000	750 000	250 000
Personen / Schicht	3	- **	6	6	5	7	5	17	4
Personalkosten / Jahr bei 60 000,- / Person	180 000	-	360 000	360 000	300 000	420 000	300 000	1 020 000	240 000
Betreuungskosten/Jahr ($\widehat{=}$ 5% der Investitionssumme)	12 500	2 500	1 000	750	27 500	20 000	11 500	35 000	12 500
Abschreibungen / Jahr (bei 8 Jahren Abschreibungszeitraum)	31 250	6 250	2 500	1 875	68 750	50 000	28 750	93 750	31 250
$\subset$ Kosten / Jahr	223 750	8 750	363 500	362 625	396 250	490 000	340 250	1 148 750	283 750

*   da nur der Transport in der Materialflußkette berücksichtigt wird
**   da Montagearbeiter bei gleichbleibender Produktivität die Materialbereitstellung übernehmen

MML /49

Abb. 6.21: Beispiel - Systembausteine

Wie auch im Beispiel (Abb. 6.22) verwendet, empfiehlt es sich, den Erfüllungsfaktor E als Zahlenwert zwischen 0 und 10 anzunehmen, wobei 0 die nicht ausreichende Erfüllung und 10 die sehr gute Erfüllung des Bewertungskriteriums bedeutet.

Die Teilnutzwerte ergeben sich aus dem Produkt (G x E) aus Gewichtungs- und Erfüllungsfaktor.

Der Gesamtnutzwert und damit der Arbeitssystemwert ist die Summe aller Teilnutzwerte jedes einzelnen Bewertungskriteriums (vgl. Abb. 6.22).

Nr.	Bewertungskriterien	G	IST		Alternative I		Alternative II		Alternative III		Alternative IV	
			E	GxE	E	GxE	E	GxE	E	GxE	E	GxE
1	Reduzierung der Durchlaufzeiten	22	1	22	4	88	7	154	4	88	8	176
2	Anzahl der Materialflußschnittstellen	7	1	7	4	28	4	28	6	42	9	63
3	Informationsvernetzung	11	3	33	7	77	6	66	6	66	7	77
4	Möglichkeit zur Höherqualifizierung	15	2	30	5	75	5	75	6	80	8	120
5	Flexibilität bzgl. Personaleinsatz	15	2	30	5	75	5	75	6	80	8	120
6	Verlagerung von planenden und steuernden Materialbereitstellungsaufgaben in die operative Ebene	30	2	60	6	180	8	240	7	210	9	270
	Arbeitssystemwert			182		523		638		566		826

MML /50

Abb. 6.22:   Beispiel - Arbeitssystemwertermittlung

Ergebnisdarstellung

Zur graphischen Aufbereitung des Ergebnisses bietet sich das Balkendiagramm an. Dabei sollten Kosten und Nutzen aus Anschaulichkeitsgründen übereinander aufgetragen werden.

Neben dem Hauptergebnis (vgl. Abb. 6.23) sollten auch die Einzelergebnisse des Kostenvergleichs (vgl. Abb. 6.24) sowie der Nutzwertermittlung (vgl. Abb. 6.25) dargestellt werden.

Bei der Auswahl der geeigneten Planungsalternativen kann es möglich sein, daß die kostengünstigste Planungsalternative nicht den höchsten Arbeitssystemwert erhält.

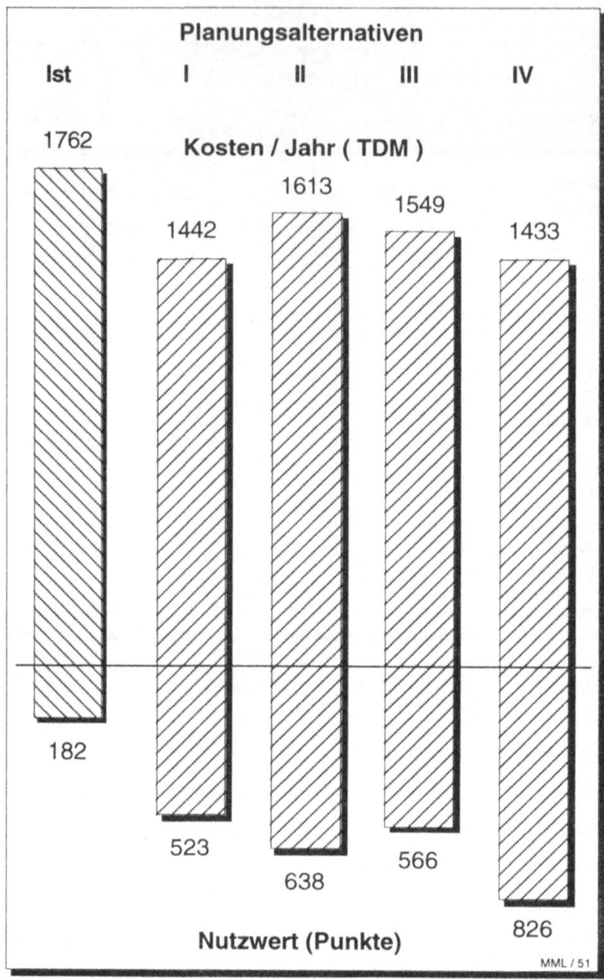

Abb. 6.23:   Beispiel - Hauptergebnis

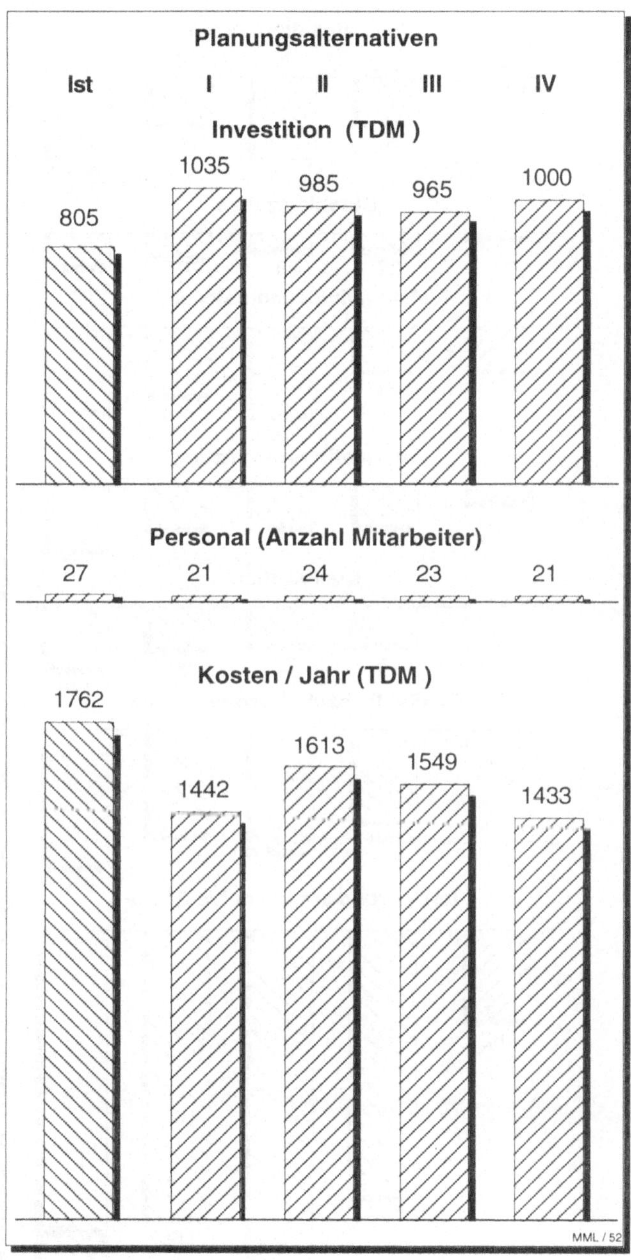

Abb. 6.24:	Beispiel - Einzelergebnisse des Wirtschaftlichkeitsvergleichs

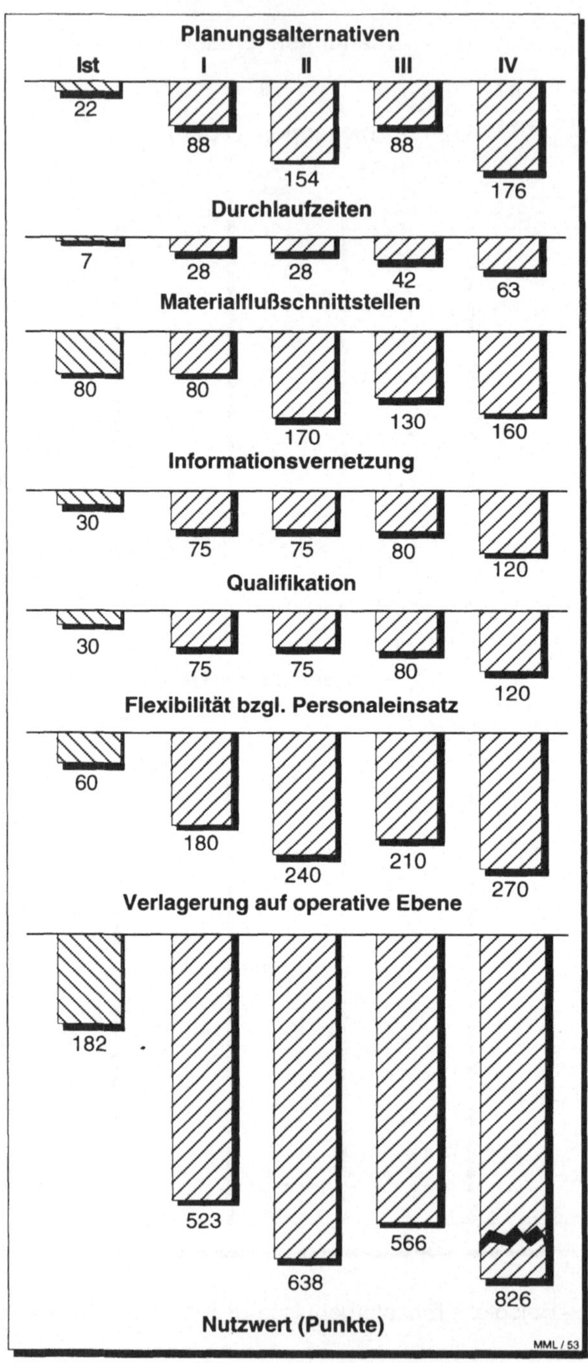

Abb. 6.25:   Beispiel - Einzelergebnisse der Arbeitssystemwertermittlung

**Phase 3:		Bewertung bei der Erfolgskontrolle**

Die dritte Phase bei der Bewertung der Materialflußplanung findet nach der Planungsrealisierung statt. Sie ist eine Erfolgskontrolle und somit ein Soll-Ist-Vergleich zwischen Planungsziel, Planungsprognose und Realisierung. Hieraus können wichtige Erkenntnisse und Einsichten über die Planungsqualität und damit über die Prognosesicherheit, der Qualität der Bewertung und der Bedeutung verschiedener Randbedingungen für die Planung und Bewertung gewonnen werden, welche aus Effizienz- und Qualitätsgründen in die nächsten Planungen der Materialbereitstellung mit einfließen.

Besonderer Aufmerksamkeit bedarf diese Bewertungsphase bzw. Erfolgskontrolle bei innovativen Planungsrealisierungen, z.B. der Einführung einer neuen Technologie bei der Materialflußorganisation, deren Auswirkungen in der Planungsphase und deren Bewertung schwer zu prognostizieren waren. Dies kann auch durch direkten Vergleich von konventionellem und neu realisiertem Arbeitssystem erreicht werden.

7 Zusammenfassung

Die Materialbereitstellung stellt ein zentrales Thema bei der Planung von Montagesystemen dar.

Zwei wesentliche Einflußgrößen zwingen zu einer Neuorientierung in der Planungsvorgehensweise:

o **Markt** - ist gekennzeichnet durch eine hohe Typen- und Variantenvielfalt, die sich besonders auf die Montage auswirkt. Die Folge sind kleine Losgrößen und eine große Teilevielfalt.

o **Mitarbeiter** - fordern in zunehmendem Maße attraktive, menschengerechte Arbeitsplätze. Das hohe Bildungs- und Lohnniveau stellt die tayloristische Arbeitsteilung in Frage. Heutige Arbeitsplätze müssen einen hohen Standard bezüglich Ergonomie und organisatorischer Gestaltung der Arbeitsaufgabe haben, um qualifizierte Mitarbeiter zur aktiven Lösungsbewältigung zu motivieren.

Derzeit verfügbare Planungsinstrumentarien haben ihren Schwerpunkt in der technischen Gestaltung, gehen aber auf Belange der Mitarbeiter nur ungenügend ein.

Im Rahmen des Buchs "Planung der Materialbereitstellung bei reduzierter Arbeitsteilung und erweitertem Handlungsspielraum" wurde eine Systematik zur Analyse und Bewertung der Materialbereitstellung in Montagesystemen entwickelt, bei der die mitarbeiterorientierten Kriterien im Vordergrund stehen.

Diese Systematik wurde auf sechs ausgewählte Montagesysteme angewendet, die als repräsentative Vertreter für das Gesamtspektrum der vorfindbaren Montagesysteme herangezogen wurden.

Damit konnten Restriktionen und Freiräume für eine mitarbeiterorientierte Gestaltung der Materialbereitstellung in Montagesystemen aufgezeigt werden.

Die Ergebnisse und Erfahrungen aus der Analyse und der Bewertung der Montagesysteme wurden zur Entwicklung von Regeln und Richtlinien für die Planung der Materialbereitstellung herangezogen und in einen Planungsleitfaden integriert.

8   Literaturverzeichnis

Ammermann, G.:
Lagerverwaltungssystem reduziert Zugriffszeiten.
In: Fördertechnik 1 (1987), S. 15-17

Beisteiner, F.:
Einheitliche Begriffe in Fördertechnik und Transportwesen.
In: f + h - fördern und heben 27 (1977) Nr. 5, S. 507-509

Biberstein, B.:
Logistik und integriertes Produktionsmanagement.
In: Technische Rundschau 48 (1988)

Bogert, A.:
Die neue Kunden-Lieferanten-Beziehung und ihre Konsequenz für die Logistik.
In: Handbuch Logistik und Produktionsmanagement, Bd. 1;
Hrsg.: Schmidt, K., Landsberg/Lech, Moderne Industrie 1988

Buck, H.; Ganz, W.; Pack,J.:
Betriebliche Gestaltungsfelder der Montage.
In: Aufbereitung von HdA-Gestaltungswissen für das Beratungsangebot der CIM-TT-Stellen.
Unveröffentlichter Projektbericht Stuttgart 1991

Bullinger, H.-J.(Hrsg.):
Systematische Montageplanung: Handbuch für die Praxis/[REFA].
München, Wien: Hanser 1986

Bullinger, H.-J.; Rieth, D.; Euler, H.-P.:
Planung entkoppelter Montagesysteme: Puffer in der Montage.
Stuttgart: Teubner 1993

Caninenberg, W.:
PC-Netz in der Lagertechnik.
In: Fördertechnik 5 (1989), S. 17-19

Czeguhn, K.:
Strukturen moderner Materialflußsysteme.
In: Fördertechnik 5 (1988), S. 18-21

Dolezalek, C.M.:
Planung von Fabrikanlagen.
Berlin, Heidelberg, New York: Springer 1981

Eversheim, W.:
Organisation in der Produktionstechnik. Band 1: Grundlagen.
Düsseldorf: VDI-Verlag 1990

Fischer, W:
EDV-gestützte Fördermittelauswahl für Stückguttransporte.
In: f+h fördern und heben 38 (1988) Nr. 10, S. 788-795

Grob, R.; Haffner, H.:
Planungsleitlinien Arbeitsstrukturierung: Systematik zur Gestaltung von Arbeitssystemen.
Berlin, München: Siemens-Aktiengesellschaft 1982

Großmann, G.; Krampe, H.; Ziems, D.:
Technologie für Transport, Umschlag und Lagerung im Betrieb.
Berlin: VEB Technik 1986

Hacker, W.; Richter, P.:
Spezielle Arbeits- und Ingenieurpsychologie - Psychologische Bewertung von Arbeitsgestaltungsmaßnahmen. Berlin: DVW 1980

Hartmann, H.:
Materialwirtschaft: Organisation, Planung, Durchführung, Kontrolle
Gernsbach: Deutscher Betriebswirteverlag GmbH 1983

Hlubek, J.; Schlechter, H.:
Denkanstöße für eine externe Beschaffungspolitik.
In: Dortmunder Gespräche 85, Fraunhofer-Institut für Transporttechnik und Warendistribution - Dortmund 1985

Ihde, G.B.:
Materialbereitstellung, Handwörterbuch der Produktionswirtschaft. Hrsg.: Kern W.,
Stuttgart: Poeschel 1979

Ihde, G.B.:
Distributions-Logistik. Springer: Stuttgart, New York 1978

Jünemann, Reinhardt:
Materialfluß und Logistik:
Systemtechnische Grundlagen mit Praxisbeispielen.
Berlin, u.a.: Springer 1989

Krampe, H.; Lochmann, G.:
CAM im innerbetrieblichen Transport Teil 3: Disposition der Transportmittel - Zielstellung, Prinzipien, Möglichkeiten.
In: Hebezeuge und Fördermittel 26 (1986), Nr. 9, S. 260-263

Kuhn, A.:
AWF-Seminar: Produktionslogistik, Fraunhofer-Institut für Transporttechnik und Warendistribution - Dortmund, Bad Boden/Ts., September 1987

Mahr, T.:
Produktionslogistik beim Zulieferanten - strategischer Erfolgsfaktor?
In: Fördertechnik 5 (1991)

Martin, H.:
Aufbau eines funktionellen und rationellen Transportflusses.
In: Fördertechnik 11/12 (1987); S.48-51

Martin, H.:
Förder- und Lagertechnik.
Braunschweig: Vieweg 1978

Meyercordt, W.:
Flurförderer-Fibel.
Mainz: Krausskopf 1972

N.N.:
Lagerplanung.
In: Sonderpublikation der Zeitschrift Materialfluß. Landsberg/Lech: Moderne Industrie Mai 1986

N.N.:
Logistikkonzepte für die Fabrik der Zukunft.
Ind.-Anzeiger 108 (1986) Nr. 70

N.N.:
Materialfluß und Fertigung zentral gesteuert.
In: f+h - fördern und heben, 8 (1984), S. 594-596

N.N.:
Methodenlehre des Arbeitsstudiums Teil 1, Grundlagen.
Hrsg.: REFA, Verband für Arbeitsstudien, München: Hanser 1984

N.N.:
Methodenlehre der Planung und Steuerung Teil 2.
Hrsg.: REFA, Verband für Arbeitsstudien, München: Hanser 1979

N.N.:
Methodenlehre der Planung und Steuerung Teil 3.
Hrsg.: REFA, Verband für Arbeitsstudien, München: Hanser 1985

N.N.:
Planung und Gestaltung komplexer Produktionssysteme
(Methodenlehre der Betriebsorganisation).
Hrsg.: REFA Verband für Arbeitsstudien, München: Hanser 1987

N.N.:
Wirtschaftliche Gestaltung der Fertigungslogistik.
Förderkreis der Betriebswirtschaftslehre an der Universität Stuttgart e.V.:
Stuttgart: Poeschel 1988

Nauheimer, K.:
Materialflußlogistische Integration automatisierter Transportsysteme in die rechner-
gestützte Fertigung.
In: FdZ 1987, S. 24-28

Norm DIN 15140 08.82.
Flurförderzeuge: Kurzzeichen, Benennungen.

Pack, J.; Buck, H.:
Personalorientierte Gestaltung von teilautomatisierten Montagesystemen.
In: Qualifizierung und Personalentwicklung; Hrsg.: D. Seitz; Rationalisierungs-Kura-
torium der Deutschen Wirtschaft e.V. 1991

Pawellek, G.:
Anforderungen an Programme für den Lagerbetrieb.
In: Fachbuch für Lagertechnik und Betriebseinrichtung
Hrsg.: Verband für Lagertechnik und Betriebseinrichtungen, Hagen 1985

Pfohl, H.-Ch.:
Logistiksysteme.
Berlin u.a.: Springer 1985

Rau, W.:
Systematische Auswahl von Förderhilfsmitteln für den innerbetrieblichen Material-
fluß.
Mainz: Krausskopf, 1977

Richtlinie VDI 2366 02.63.
Gliederung der Fördermittel.

Richtlinie VDI 2411 06.70.
Begriffe und Erläuterungen im Förderwesen.

Richtlinie VDI 3300 08.73.
Anleitungen für Materialflußuntersuchungen.

Röbke, R.:
Kennzeichen menschengerechter Arbeitsgestaltung.
In: Brokmann, W. (Hrsg.): Arbeitsgestaltung in Produktion und Verwaltung, Köln: Wirt-
schaftsverlag Bachem 1989

Rohmert, W. (Hrsg.):
Menschengerechte Gestaltung der Arbeit.
Mannheim, Wien, Zürich: BI-Wissenschaftsverlag 1983

Scheffler, M.:
Fördertechnik: Unstetigförderer.
Berlin: VEB Technik 1977

Schmidt, K.:
Just-In-Time-Grundlagen.
In: Handbuch Logistik und Produktionsmanagement, Bd. 1;
Hrsg.: Schmidt, K., Landsberg/Lech: Moderne Industrie 1988

Schulze,L.:
Integration von Material- und Informationsfluß.
In: Fördertechnik, 7/8 (1987), S. 35-38

Stolz, W.:
Materialbereitstellung in der Montage.
Aachen, RWTH, Fakultät für Maschinenwesen, Diss. 1988

Warnecke, H.J.; Bullinger, H.-J.; Hichert, R.:
Kostenrechnung für Ingenieure 2. Auflage.
München, Wien: Carl Hanser 1981

Wildemann, H.:
Reduzierung der Kapitalbindungskosten im Umlaufvermögen durch materialfluß-
orientierte Fertigungssteuerung nach japanischen Kanban-Prinzipien.
Hrsg.: Gesellschaft für Management und Technologie GmbH 1982

Wildemann, H.:
Materialflußorientierte Logistik.
In: ZfB Ergänzungsheft 2 (1984)

Wildemann, H.:
Just-In-Time Produktion; Integration von materialflußorientierten Fertigungsprinzipien
und Logistikkonzepten in der Werkstattsteuerung von Produktionsunternehmen.
In: BVL Bundesvereinigung Logistik 1984

Zeilinger, P.:
Just-In-Time bei einem Automobilhersteller.
In: CIM Management 3 (1989)